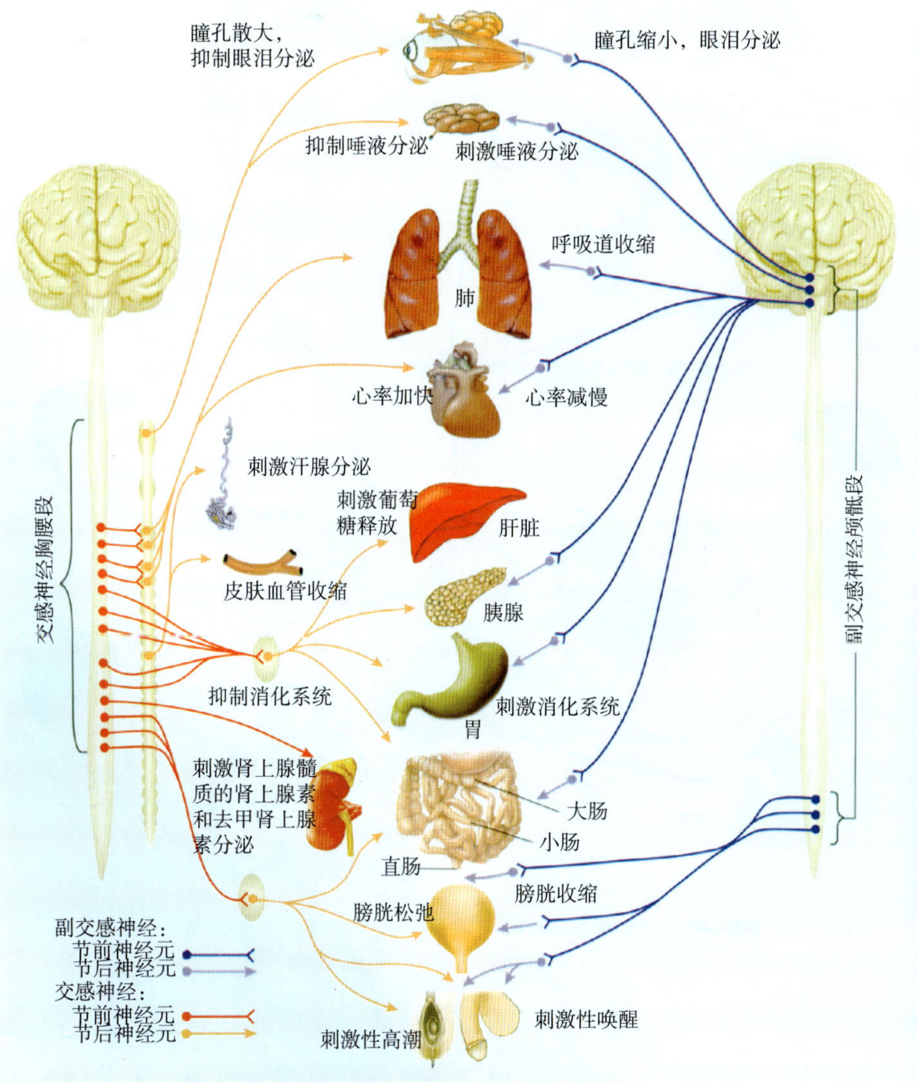

瞳孔散大，
抑制眼泪分泌
瞳孔缩小，眼泪分泌
抑制唾液分泌
刺激唾液分泌
呼吸道收缩
肺
心率加快
心率减慢
刺激汗腺分泌
刺激葡萄
糖释放
肝脏
皮肤血管收缩
胰腺
交感神经胸腰段
副交感神经颅骶段
抑制消化系统
刺激消化系统
胃
刺激肾上腺髓
质的肾上腺素
和去甲肾上腺
素分泌
大肠
小肠
直肠
膀胱收缩
膀胱松弛
副交感神经:
节前神经元
节后神经元
交感神经:
节前神经元
节后神经元
刺激性唤醒
刺激性高潮

彩图2-1　自主神经系统以及交感和副交感分支的靶器官和功能

彩图3-1　招贴设计（杨艳萍）

彩图4-1　路易斯·巴拉干的圣·克里斯特博马厩与别墅

彩图6-1　表示玻璃质感的图形信息之一

彩图6-2　表示玻璃质感的图形信息之二

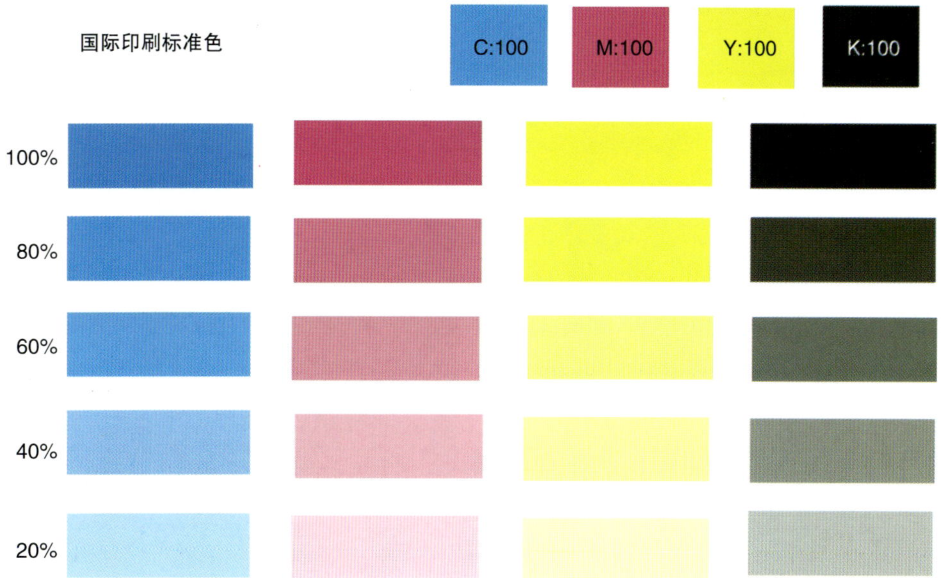

彩图6-3　标准色及明度的作用

彩图6-4　纯度的作用

a)　　b)　　c)

彩图6-5　物体的质感

a)坚硬　b)重　c)松软

a)　　b)

c)　　d)

彩图6-6　冷暖的色彩对比

a）暖调冷暖弱对比　b）暖调冷暖强对比　c）冷调冷暖弱对比　d）冷调冷暖强对比

彩图6-7　冷色调为主的构成与暖色调为主的构成合理配置

彩图6-8　明度、纯度和色相的对比

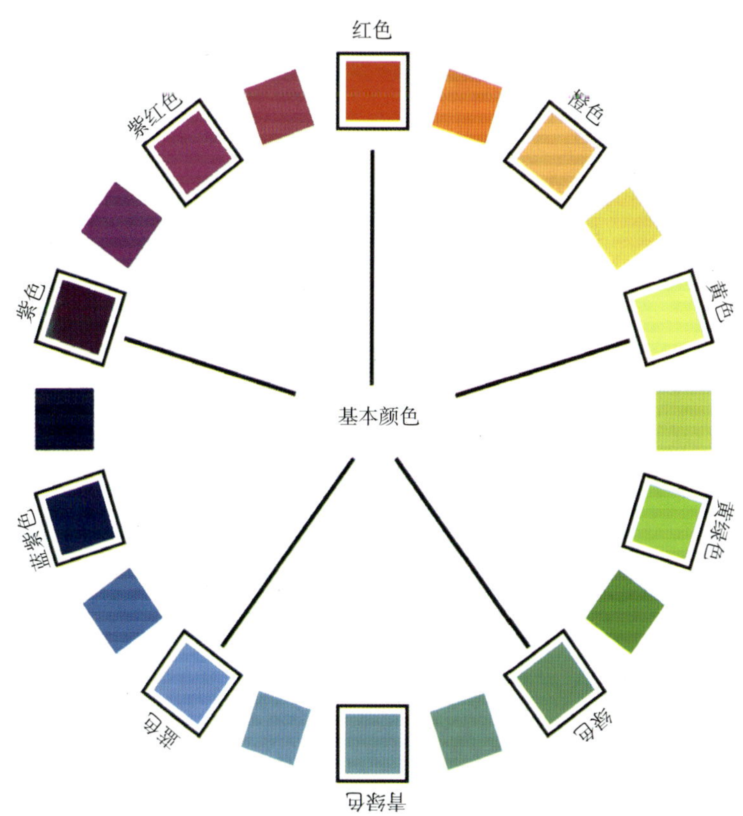

彩图6-9　24色环

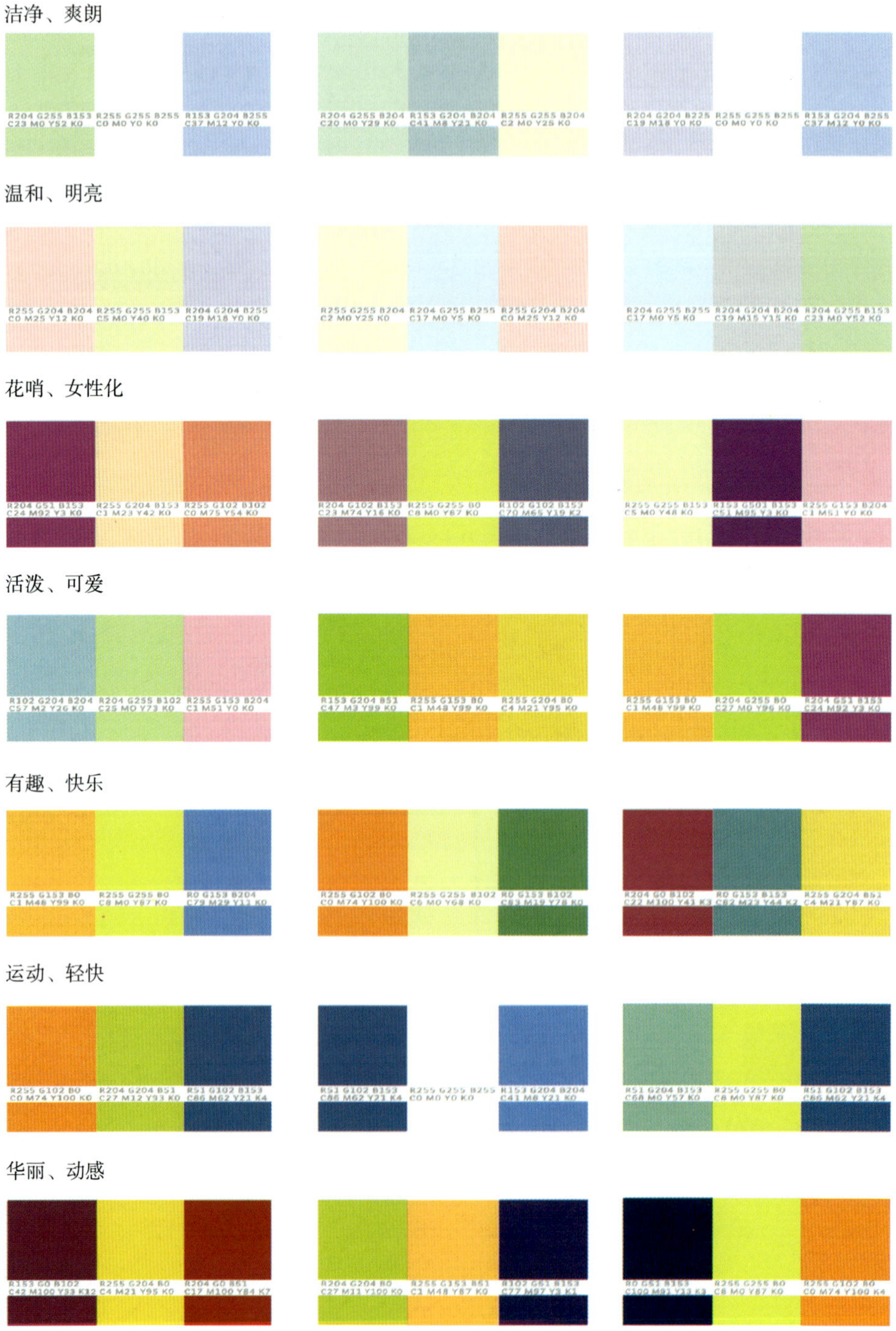

洁净、爽朗

R204 G255 B153 C23 M0 Y52 K0 | R255 G255 B255 C0 M0 Y0 K0 | R153 G204 B255 C37 M12 Y0 K0

R204 G255 B204 C20 M0 Y29 K0 | R153 G204 B204 C41 M8 Y21 K0 | R255 G255 B204 C2 M0 Y25 K0

R204 G204 B255 C19 M18 Y0 K0 | R255 G255 B255 C0 M0 Y0 K0 | R153 G204 B255 C37 M12 Y0 K0

温和、明亮

R255 G204 B204 C0 M25 Y12 K0 | R255 G255 B153 C5 M0 Y40 K0 | R204 G204 B255 C19 M18 Y0 K0

R255 G255 B204 C2 M0 Y25 K0 | R204 G255 B255 C17 M0 Y5 K0 | R255 G204 B204 C0 M25 Y12 K0

R204 G255 B255 C17 M0 Y5 K0 | R204 G204 B204 C19 M15 Y15 K0 | R204 G255 B153 C23 M0 Y52 K0

花哨、女性化

R204 G51 B153 C24 M92 Y3 K0 | R255 G204 B153 C1 M23 Y42 K0 | R255 G102 B102 C0 M75 Y54 K0

R204 G102 B153 C23 M74 Y16 K0 | R255 G255 B0 C8 M0 Y87 K0 | R102 G102 B153 C70 M65 Y19 K2

R255 G255 B153 C5 M0 Y48 K0 | R153 G503 B153 C51 M95 Y3 K0 | R255 G153 B204 C1 M51 Y0 K0

活泼、可爱

R102 G204 B204 C57 M2 Y26 K0 | R204 G255 B102 C25 M0 Y73 K0 | R255 G153 B204 C1 M51 Y0 K0

R153 G204 B51 C47 M3 Y99 K0 | R255 G153 B0 C1 M48 Y99 K0 | R255 G204 B0 C4 M21 Y95 K0

R255 G153 B0 C1 M48 Y99 K0 | R204 G255 B0 C27 M0 Y96 K0 | R204 G51 B153 C24 M92 Y3 K0

有趣、快乐

R255 G153 B0 C1 M48 Y99 K0 | R255 G255 B0 C8 M0 Y87 K0 | R0 G153 B204 C79 M29 Y11 K0

R255 G102 B0 C0 M74 Y100 K0 | R255 G255 B102 C6 M0 Y68 K0 | R0 G153 B102 C83 M19 Y78 K0

R204 G0 B102 C22 M100 Y41 K3 | R0 G153 B153 C82 M23 Y44 K2 | R255 G204 B51 C4 M21 Y87 K0

运动、轻快

R255 G102 B0 C0 M74 Y100 K0 | R204 G204 B51 C27 M12 Y93 K0 | R51 G102 B153 C86 M62 Y23 K4

R51 G102 B153 C86 M62 Y23 K4 | R255 G255 B255 C0 M0 Y0 K0 | R153 G204 B204 C41 M8 Y21 K0

R51 G204 B153 C68 M0 Y57 K0 | R255 G255 B0 C8 M0 Y87 K0 | R51 G102 B153 C86 M62 Y23 K4

华丽、动感

R153 G0 B102 C42 M100 Y33 K32 | R255 G204 B0 C4 M21 Y95 K0 | R204 G0 B51 C17 M100 Y84 K7

R204 G204 B0 C27 M11 Y100 K0 | R255 G153 B51 C1 M48 Y87 K0 | R102 G51 B153 C77 M97 Y3 K1

R0 G51 B153 C100 M91 Y33 K3 | R255 G255 B0 C8 M0 Y87 K0 | R255 G102 B0 C0 M74 Y100 K4

彩图6-10　14种经典配色方案一

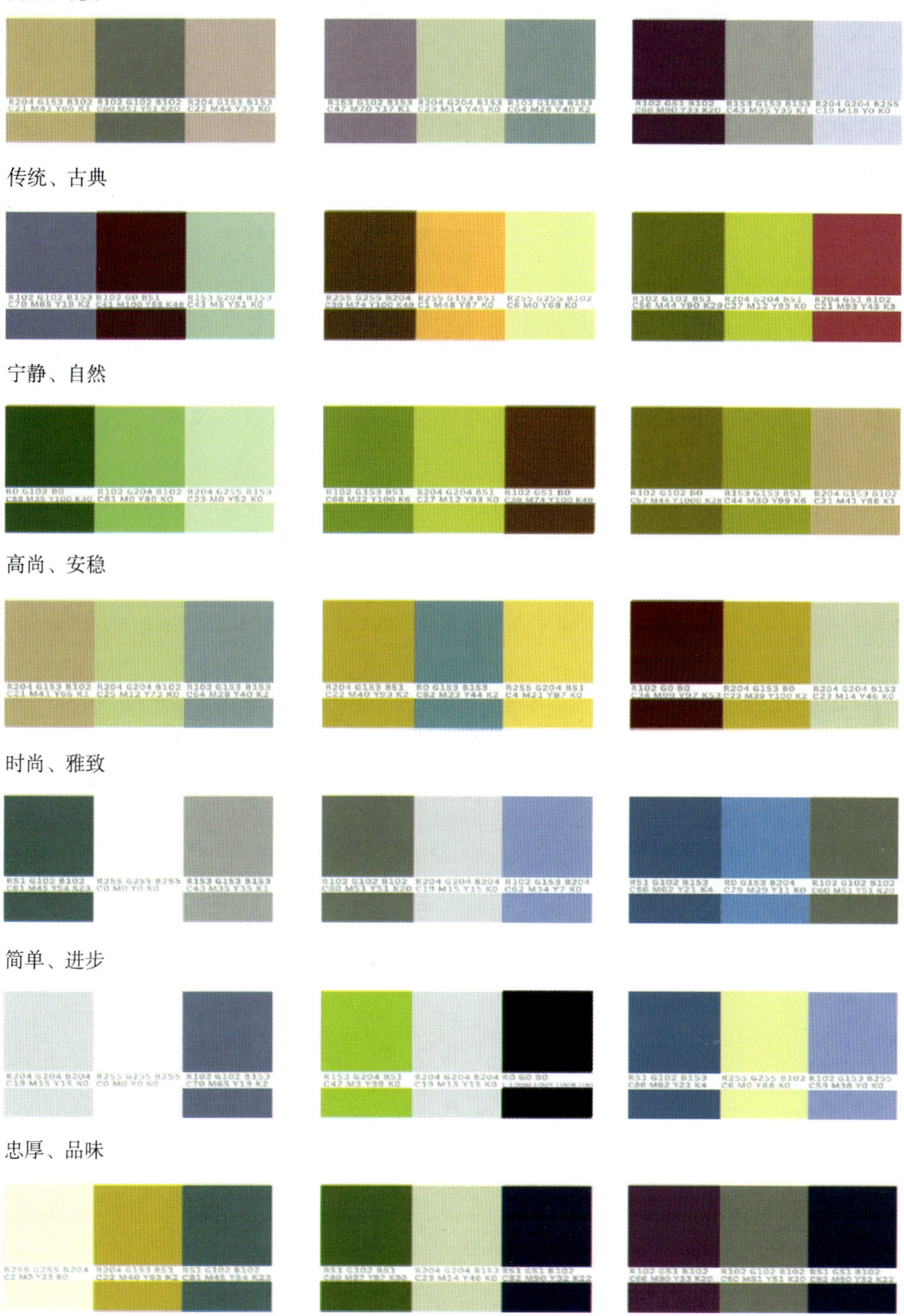

彩图6-11　14种经典配色方案二

A

B

彩图6-12　对比中的幻觉效应

彩图6-13　色彩对比变异

彩图6-14　诱导色的同化作用

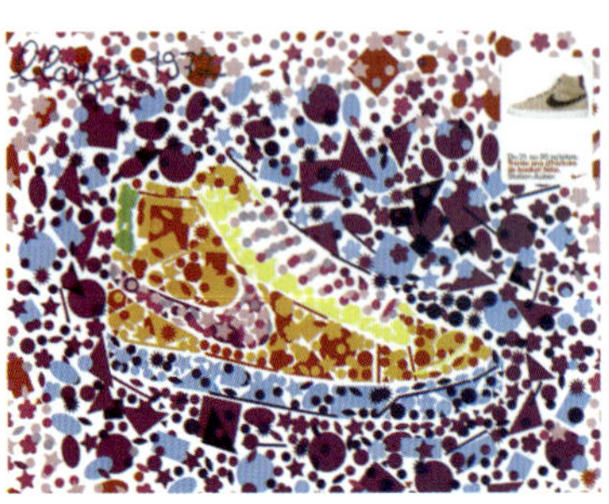

彩图6-15　色效

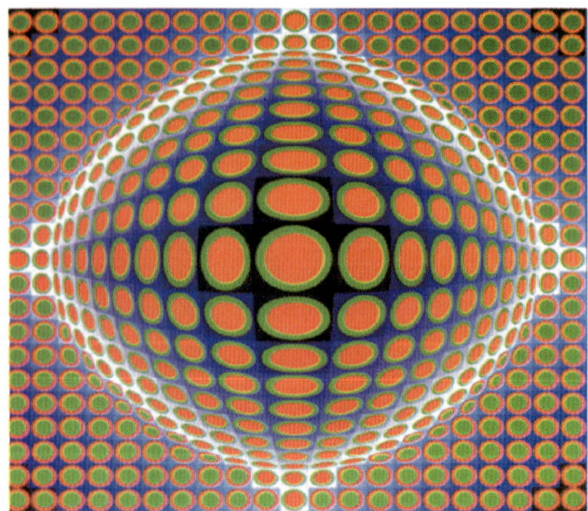

彩图6-16　色彩对比的光效应

第2版

赵伟军　编著

艺术设计类专业指导丛书

设计心理学

DESIGN PSYCHOLOGY

机械工业出版社
CHINA MACHINE PRESS

本书是作者在多年来设计实践与设计心理学课程教学体会基础上，参阅了心理学、美学和创造学等多种著作，特别是参考了国内各位学者关于设计心理学的界定和理论框架编写而成的。作为设计心理学研究的补充，本书建构了一个较为完整的构架，全书共分八章，包括绪论（设计心理学概述)、设计心理学的理论基础、个体行为与设计师心理、设计的审美心理、设计与消费者行为、视觉设计心理、情感化设计和设计尺度心理评价等内容。作者在广泛吸收和应用国内本学科领域已有的研究成果的同时，对愉悦设计原则、设计师心理、情感化设计和设计尺度心理评价等方面进行了较深入的阐述。

本书适合于高等院校艺术设计专业的师生使用，也适用于设计师和艺术设计爱好者。

图书在版编目（CIP）数据

设计心理学/赵伟军编著. —2版. —北京：机械工业出版社，2011.12（2018.7重印）
（艺术设计类专业指导丛书）
ISBN 978-7-111-36589-1

Ⅰ.①设… Ⅱ.①赵… Ⅲ.①工业设计—应用心理学—高等学校—教材 Ⅳ.①TB47-05

中国版本图书馆CIP数据核字（2011）第242406号

机械工业出版社（北京市百万庄大街22号 邮政编码100037）
策划编辑：宋晓磊 责任编辑：宋晓磊 宋 燕
封面设计：鞠 杨 责任印制：孙 炜
保定市中画美凯印刷有限公司印刷
2018年7月第2版第7次印刷
184mm×260mm · 12.25印张 · 250千字
标准书号：ISBN 978-7-111-36589-1
定价：39.80元

凡购本书，如有缺页、倒页、脱页，由本社发行部调换

电话服务
服务咨询热线：010-88361066
读者购书热线：010-68326294
010-88379203
封面无防伪标均为盗版

网络服务
机 工 官 网：www.cmpbook.com
机 工 官 博：weibo.com/cmp1952
金 书 网：www.golden-book.com
教育服务网：www.cmpedu.com

丛书序

设计，当然也包括设计艺术是一种智力型、整合性的系统创造活动。设计对重组知识、资源和产业结构，技术转化与开发、提升企业品牌竞争力和价值，塑造先进的社会文化，创造更合理和更健康的生存方式，构建可持续发展的和谐社会都会产生积极作用。

对于这套丛书的读者，也包括对艺术设计学勤于思考的人而言，不应该将艺术设计学深陷于科学和艺术之争中。艺术设计学是门新兴的艺术学二级学科，在它诞生的这十来年里，其目录下陆续涌现出不少社会急需专业方向，它们的涌现和发展是由社会需要和它们自身具备的内涵和外延特征所决定的。我之所以不提倡将艺术设计学深陷于科学和艺术之争中，是基于这么一个事实：一个成熟的设计者当接受一项设计任务之际，也就是说，一个设计者当他思考应该如何进行具体设计时，他就丝毫不会考虑当下所进行的工作是科学工作还是艺术工作，他会根据需要，实事求是地选择、组织、整合各种可能的方法和手段，这其中自然包括科学手段和艺术手段了。从这个意义上看，设计艺术是一种发现、分析、判断和解决人类生存发展问题的方法或途径。如果我们把艺术设计理解为人类第三种智慧系统中的一个子系统，或称之为人类第三种智慧系统的某一要素，不言而喻，其成果也就必然是科学与艺术相结合的结晶。据此而论，将设计艺术视为人类主动适应生存环境，重组生存结构的一种“创造”活动，进而形成的一个“新结构系统”并非言过其实。

随着心理学、符号学、经济学、人类学、社会学等学科专业的知识在设计艺术研究领域的应用和发展，特别是新型材料的运用和工艺技术的进步，使产品的结构方式、工艺流程，甚至包括形态细节和色彩都发生了一定程度的改变，由此促使人们开始注意对人因、语意、品位、品牌战略、可持续发展等问题的重新思考，而这类研究成果不仅对产品的消费、使用和服务方式产生了深刻影响，而且对当今社会意识形态或生产方式、生活方式的变革也产生着积极的促进作用。

然而，从我国现代工业技术多年发展的过程来看，一直存在着从蓝图进口到产品大量仿制，忽略产品研发机制建立的恶性循环现象，这致使中国一些企业的产品研发机体发生畸形。这种现象在国内大部分中小企业中尤为令人忧郁。因此，我国设计教育的责任就显得更为艰巨了。

设计艺术教育是一种能力和智慧的培养，总体来说，是从观念、思维方法、知识获得直至评价体系的建立，并在这一个范畴中整合科学与艺术“结构关系”方法论的培养。

本系列丛书包括《设计心理学》、《无障碍通用设计》、《景观设计程序及其方法》、《室内外手绘效果图表现技法》、《室内设计工程图学》、《住宅区空间环境规划与设计》和《动画艺术与创作》七部著作。这些著作涉及国内设计艺术实践和称之为“热门专业”所急需的内容，而这些著作的作者大都有着多年在中国改革开放前沿进行设计实践的背景，又具备多年立身设计教育第一线从事设计教育的经验，有的还有在国外研究进修的经历，他们曾经培养了许多设计艺术人才，所论之言，并非空洞无物。这七部著作凝聚了他们多年的经验、体会和感悟，其内容全面、知识点新颖；既有理论与基本概念，也有原理、方法和工作程序；而且还在介绍设计实践案例的过程中，运用点评的方法解析设计对象的同时，引导读者建立科学评价的意识，既能启发设计创意又能训练设计技巧，图文结合的形式会使该套丛书具有较强的可读性和学习性。

从丛书的读者定位情况来看，这套丛书的读者对象主要是初中级读者，也就是说，是专门为那些正在学习或者已经具有一定专业基础而想继续学习的读者写的。由读者定位所决定的写作内容、陈述方法和探究深度，与探索型的研究性著作是有区别的。实用性和即时性是设计艺术的一个重要特点，如何将前沿理论、新的设计理念和问题的思考方法深入浅出地体现在写作中，并让人看得懂，学得进，并能直接指导设计实践。其实，能够做到这一点并非是容易的事情。因为，这不仅要求作者对本专业甚至学科体系有深入正确的把握，还要求作者必须了解读者的学习动机和缺失所在。令人感到欣慰的是，这套丛书的作者们有着教育和设计实践的双重经历，有的作者还在国外接触和参与过世界性的前沿课题，他们的经历和专业背景为实现既定写作目标奠定了良好的基础。

设计艺术的即时性要求无论面对一项具体设计任务还是著书立论，都要求其成果能体现当今设计艺术研究的前沿及发展趋势。因为设计艺术的出现不仅与行业需求有关，而且还与行业发展紧密相联。从我可接触到的本丛书资料来看，这套丛书中的单本都较系统地从基本原理、专业内容、设计程序方法、实践评价等方面阐述了各自领域的基本内容，其中的几部著作在选题和内容上还补充了目前国内设计艺术教育方面的不足。总体来看，本丛书在设计艺术专业的各个研究方向上，初步构建了一个相对科学和较为完善的专业知识框架，其探索成果对完善我国设计艺术教育及相关领域的评价体系、建立一个适合中国的现代社会发展需要的设计研究方法也有直接的支撑作用。

我愿借此“序”与设计界和设计艺术教育界同仁分享，真诚希望国内设计艺术专业的学生和青年设计师们能在阅读这七部著作与交流互动中，获取观念、知识、方法、技巧、启迪和兴趣。

2008 年 6 月 2 日

再版前言

“十年树木，百年树人”。教育的发展在于积累，在于创新。可以说，当今我国设计学的发展迅速，特别是今年，艺术已经成为一个单独的门类，设计学被确定为一级学科，设计的理论体系的构建和完善越来越重要。然而，作为设计学的重要组成部分的设计心理学的研究，无论是理论体系，还是应用研究等方面还是较欠缺或不完善。

现代设计发展到现在，已经不再是一种纯粹的外观设计或功能设计，更多的时候它们成为一种与人交流的媒介。在20世纪60年代的多元化设计思潮强调设计是一项系统工程，心理学、生理学、人类工程学、工业工程等学科知识也融入到设计学科。所以，设计师应当从使用者的心理角度出发和考虑，让设计产品在功能上满足人们的基本需要，在心理上和情感上满足人们的欲望和需求。从心理上和情感上满足使用者的需求已经成为设计说服的关键。在中国，设计心理学研究还是一个新课题，在国际上，其研究的历史也不长。近年来，在设计艺术教育领域，一些教师、学者开始关注这一学科的建设和发展，并对设计心理学的界定和理论框架作了较为充分的研究。

本书是作者在多年来设计与心理学课程教学体会的基础上，参阅了心理学、美学和创造学等多种著作，特别是参考国内各位学者关于设计心理学的界定和理论框架编写而成的。作为设计心理学研究的补充，本书建构了一个较为完整的构架，全书共分八章，包括绪论（设计心理学概述）、设计心理学的理论基础、个体行为与设计师心理、设计的审美心理、设计与消费者行为、视觉设计心理、情感化设计和设计尺度心理评价等内容。尤其是，作者在广泛吸收和应用国内本学科领域已有的研究成果的同时，对设计师心理、情感化设计和设计心理评价等方面有较深入的阐述。情感化设计包括产品设计、广告设计和环境设计等方面；而设计尺度心理评价主要关注如何将用户主观体验的指标变成可操作性的设计元素和导向机制。

希望能够反映设计心理学研究的新动态和发展，提供一定的见解和观点，为以后的研究提供一定的参考。由于时间关系以及作者本人的知识阅历等方面的原因，本书自然会有一些值得继续深入探讨的地方。同时，本书难免还会有一些问题，希望得到广大师生、读者的批评指正。

作　者

目录

第一章 绪 论

设计心理学借助心理学基础知识，研究现代设计活动中设计者心理素质的形成与发展，探索用户与设计者的感觉与知觉、观察与记忆、思维与想象等认知过程，以及动机与需要、兴趣与气质、性格与个性心理。同时，设计心理学还以交叉学科的视角，研究设计与使用的审美创造心理、消费心理与购买行为等，力求扩展设计视野，提升设计价值。这一系列对设计活动中一般心理规律和行为表现的研究，构成了设计心理学研究的基本内涵。

第一节 设计心理学的界定

设计心理学作为一门新学科，以往学者对它所作的界定还不充分。1969 年，美国认知心理学家赫伯特 A. 西蒙在其著作《人为事物的科学》中，着眼于主体思维活动，对设计的论述多围绕设计思维，认为“设计可以作为一门人技科学的心理学”，将设计当做问题求解的思维心理学。另外一名美国认知心理学家唐纳德 A. 诺曼则在其著作《设计心理学》（《The Design of Everyday Things》）中，最早提出“物品的外观应为用户提供正确操作所需的关键线索”，“这是一门研究物品预设用途的学问”。诺曼通过大量的设计案例，分析了用户的使用心理，并认为这些关于日用品设计的原则“构成了心理学的一个分支——研究人和物互相作用方式的心理学”。“所有伟大的设计都是在艺术美、可靠性、安全性、易用性、成本和功能之间寻求平衡与和谐”，诺曼的这一定义至今看来仍极具意义。

近几年来，国内的学者也对设计心理学作出了自己的界定。比如，赵江洪认为设计心理学属于应用心理学范畴，是应用心理学的理论、方法和研究成果，解决设计艺术领域与人的“行为”和“意识”有关的设计研究问题。李乐山和李彬彬认为，设计心理学是工业设计与消费心理学交叉的一门边缘学科，是应用心理学的分支，它是研究设计与消费者心理匹配的专题。设计心理学是专门研究在工业设计活动中，如何把握消费者心理，遵循消费行为规律，设计适销对路的产品，最终提升消费者满意度的一门学科。一位青年学者柳沙认为以上学者的定义各有侧重，一部分学者是从消费者心理的角度出发，侧重于利用心理学原理来掌握不同消费群体的多样性需要，用于设计实践中；另一部分学者则综合心理学各方面的相关知识，以用来分析和解决设计领域中的问题。同时，柳沙界定设计心理研究是设计学与心理学交叉的边缘科学，它既是应用心理学的分支，也是设计学科的重要组成部分。

综上所述，我们认为，正如心理学是研究心理现象的科学，设计心理学则是研究设计活动中的心理现象的科学，包括设计主体（设计者）和设计客体（消费者或用户）的心理行为的研究。同时，设计心理学既是应用心理学的分支，也是设计学的重要组成部分。

第二节　设计心理学的研究对象、范畴和目的

一、设计心理学的研究对象

设计心理学的研究只能凭借主体的外显行为、现象来推测其心理机制，并且由于其学科属性，其研究应围绕与设计活动相关的主体行为来进行。设计艺术活动中的主体类型多样，但其中最主要的可分为设计主体（设计者）和设计客体（消费者或用户）两类。由于其心理和行为特征，柳沙将这两者视为不能直接窥视的“黑箱”，即消费者（用户）黑箱以及设计师黑箱（见图 1-1），它们是设计心

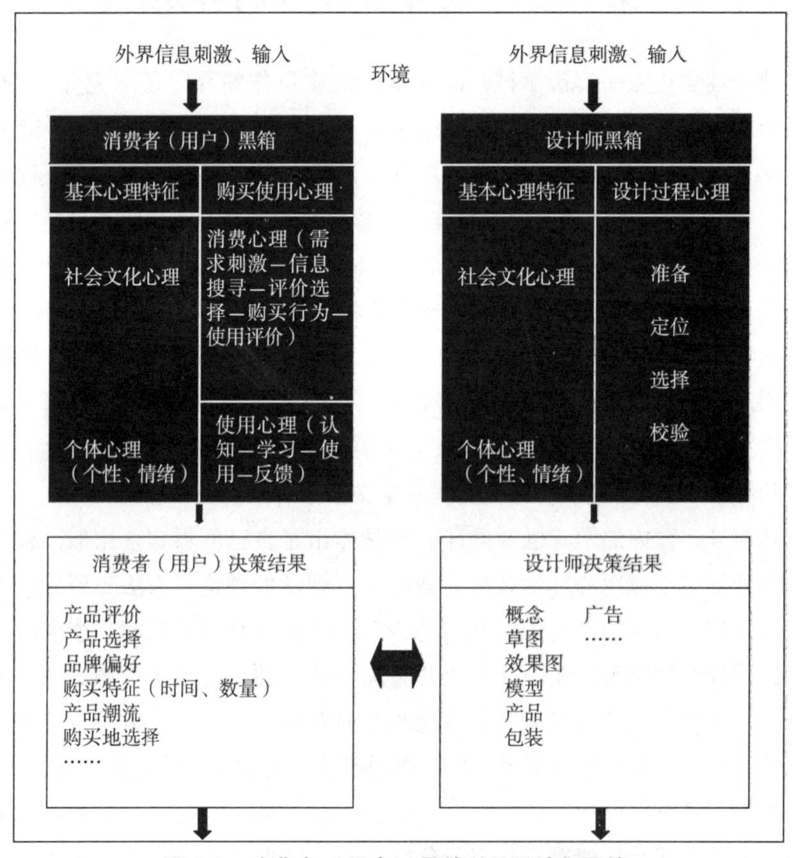

图 1-1　消费者（用户）黑箱以及设计师黑箱

理学的主要研究对象，也是研究的重点。

设计心理学的研究对象——设计行为和用户消费心理，也同样包含影响主体的心理活动因素的四个部分，并外显于围绕艺术设计的一系列行为之上。从用户的角度来看，包括了用户选择、购买拥有、使用甚至鉴赏这一系列消费过程中的心理活动和行为；从设计主体的角度来看，则是以“创造”为核心的一系列设计行为——构思、草图、选择、评价等；同时，围绕设计的其他主体行为——制造、营销、管理、维护、回收等也应在研究中加以综合考虑。

二、设计心理学的研究范畴

设计行为是一项有目的的创造性活动，具有实用与审美双重属性。设计之物，既是为了满足一定的实际需要而产生的，同时还成为了审美的对象，审美的结果会影响用户的决策、使用、评价产品的全部消费过程。设计作品不论在购前的鉴赏和选择或者购后的使用过程都能引起人们的各种情感体验——或者说审美体验，这也是以往美学的主要命题。当产品最基本的实用目的实现之后，人们更多的是将其视为诱发情感体验、进行审美对照的对象。

因此，设计行为的双重属性也决定了消费者心理的两个主要方面，即实用与审美，二者既有区别又有联系。首先，审美对象并不等同于实用对象。朱光潜先生曾经指出，审美对象与非审美对象的区分就是，“物乙”与“物甲”的区分、“物的形象”与“物本身”的区分、“美”与“美的条件”的区分。因此，审美对象是“物甲”、“物本身”或“美的条件”在人内心世界中创造的“物乙”、“物的形象”或“美”。现象学美学家杜夫海纳也非常重视审美经验，认为欣赏者的审美意识使艺术作品成为审美对象。因此，审美对象是人借助外在感官在内心中形成的印象，而并不属于实际的物体。而实用对象则可能被个体感知，成为审美对象，但是它主要与其使用过程、行为和使用结果密切相关，涉及其预期的用途和使用目的，而不涉及个体在审美经验中体验的东西。

其次，设计艺术本身既不是一般意义上的实用对象，也不是以审美体验为目的的艺术作品，它同时包含实用性和审美体验两个方面，并且这二者自然地、紧密地结合在一起。这种结合包括两个要素：一是存在一种使某个实用对象成为审美对象的中介，如不同造型的巧妙处理、不同材料的应用、色彩运用等，这种中介一般是非功能性的；二是设计对象的实用性以及使用这一对象的行为、过程、体验等，这也是个体审美体验的组成部分。

从设计主体（设计者）的角度来看，他们用其设计行为将设计物与服务消费者（用户）联系在一起。法国后现代著名理论家皮特·多默（Peter Dormer）在1990年出版《现代设计的意义》，根据他的观点，设计分为“显性设计”和“隐性设计”两类，其中“显性设计是风格设计；隐性设计是工程设计。显性设计的目的在于引导消费，而隐性设计决定设计品的功能。因此，风格设计家实际上是处于制造商、工程师及应用科学家与消费者之间的中间人，三者之间的关系有赖于共同的价值观念，如制造商获取利润，设计师获取收入，消费者的自信受到尊重，那么三者之间有了共同的语言，他们在对设计品的风格、材料及价格的看法都达成了一致，这种一致体现出常规的趣味，确定了阶级及相应的时尚。”这样看来，设计的重要职能就是联系制造商与消费者之间的桥梁。消费者对消费品的需要体现在两个方面：一是功能需要，在设计上体现为工程设计，工程师主要负责消费品功能的设计，艺术设计师主要是从身心需要角度，着力于物品使用方式或流程的革新；二是情感需要，艺术设计师从消费品之外的个体主观需要即情感需要入手，引导消费者采取相应的购买行为，促进产品消费。综上所述，为了正确沟通制造商与消费者（用户）之间的关系，艺术设计师就必须同时着眼于消费者（用户）对“显性”或“隐性”设计的双重需要，也就是对实用性和主观体验（情感）的需要。

综上所述，设计心理学对于“两个黑箱”的研究又可分为以下三个方面（见图1-2）：

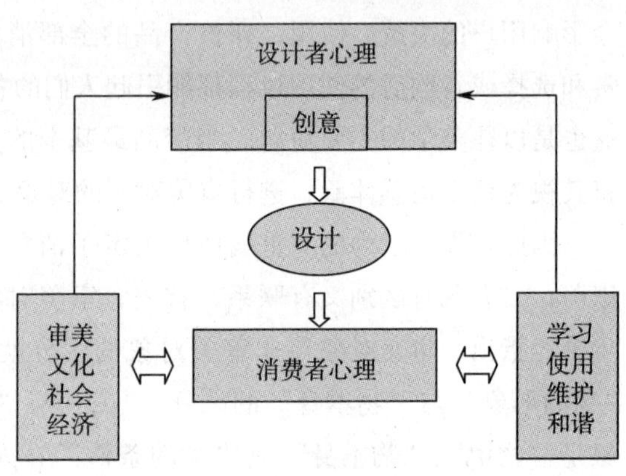

图1-2　设计心理学的研究范畴

1. 实用性设计

从消费者的角度，首先考虑的是最大限度地解决实际生活中遇到的问题。因此，设计要能够最大限度地实现其设计目的，这也是设计的基本出发点。尤其是对于工业设计、环境设计、界面设计等与消费者使用过程结合紧密的艺术设计学科，其设计首先应该能够更好地解决各种使用过程中存在的问题。从心理学角度分析，消费者的感觉、知觉、记忆等，让产品的设计能够在实现功能要求之外，更简易、安全、高效地适应消费者的使用需求和习惯，与使用环境相协调。

2. 情感化设计

现代设计已经成为产品营销中获得成功的关键因素，在这个层次的设计心理学主要研究消费者的“情感体验”问题。设计除了实现其首要的设计目的外，决定消费者购买和体验的因素还很多，涉及社会、经济、文化、个性等方面。现代社会消费者的需求变化加快，设计心理学除了研究使产品符合消费者的功能需要外，还要研究消费者在产品选择、购买、购买后的体验等一系列消费的过程中所包含的“情感”需要。如何在设计中体现消费者的情感，最大限度地满足人们的情感需求，给人们带来更多快乐的心理感受和情感体验，已经成为设计师必须考虑的重要内容。

3. 设计师心理

设计师作为设计主体，他们在设计过程或者围绕设计实践活动中所产生的心理现象（设计思维）和创造能力及其影响要素，也是设计心理学研究的重要内容之一。设计师心理研究有助于我们了解设计师的思维方式，帮助设计师提高其创造力。在这一层面上，设计心理学的研究目的在于运用心理学和思维科学的一般原理，研究设计思维的产生过程和特有属性，激发设计师灵感，帮助他们发展创造性思维；同样，也应该关注设计专业学生的心理，提高设计专业学生的培训水平和提高其设计创意能力。

从这三个层次的划分来看，消费者心理研究主要涉及了前两个层面，关注在购买产品、使用产品、评价产品及反馈信息的过程中，消费者（用户）的心理现象及影响要素。这些研究结果和最终目的都是针对第三个层面，是为了给设计师提供设计的素材、方法手段和灵感来源。

三、设计心理学的研究目的

迄今为止，中国对设计领域的心理研究尚处于刚刚开始的起步阶段。尽管广大设计者在设计实践中自觉或不自觉地应用心理学理论知识，调整自己的心理，完善设计成果，有的著作中也有所涉及，但系统地从心理学的视角研究设计与设计者的著作很少，而且设计心理也是近年来才形成的新概念。

随着经济全球化的发展和各国经济贸易活动的增加，产品在世界市场上的竞争愈演愈烈。产品的性能、质量与价格，产品的附加值，产品的低能耗、低污染和可持续开发的程度等，都向产品的设计者提出了严峻的挑战。设计者究竟以怎样的设计心理素质，设计专业的学生怎样面向未来，求得知识、能力与素质的和谐与强化，设计心理学无法提供解决这些问题的全部答案，但愿能够提供获取答案的方法。

1. 明确设计的主要目的，建立新的设计伦理观

不管是设计师、设计主管还是设计教育者，设计界的许多人士都深信，设计的主要目的是为人的生存、生活服务，使人的生活达到美好的境地。在过去的一个世纪里，设计的目标在不断演变，不仅包括商业目的，如易于制造、可靠性、适于销售、商业外观和外貌，而且包括其他的目标，如对“人的因素”的重视和对用户关系的重视等。后来的这些目标建立是因为人们逐渐意识到所设计的产品可能对顾客产生有利或者不利的影响。设计师付出某些努力并创作良好的作品，使我们学会制造更好的产品，降低或消除危害，避免在制造和产品使用中受到各种不良因素的危害。

学习新学科知识并将其运用到产品和服务设计之中，会带来更好的产品和更好的用户体验，也会为在实践中运用这些知识的设计师创造更多的新机会和认识。在顾客使用中，表面看上去很好但是功能不可靠或者不适合的产品，就不能认为是一个“好”的设计。在设计师了解并结合设计心理学领域的知识后，“适合潜在用户”这样的态度就可以与“好”设计概念进行结合。

2. 用心理学的思维方式，建立设计需要的客户模型，发展新的设计程序

设计需要的客户模型包括任务模型和思维模型。任务模型是分析客户完成各

种操作任务的过程，而思维模型则是分析客户的知觉、认知、学习和操作的出错特性。以客户模型作为人、物和环境关系或人机界面的设计基础，就可以发现设计引起的问题，如安全问题、可用性问题、疲劳问题、操作出错问题和客户学习负担等。通过客户操作心理分析，可以通过设计为客户提供有利的行动条件，主要包括目的引导、计划引导、操作引导和评价引导；通过人机界面设计为客户操作提供有利的心理条件，主要包括知觉条件、认知条件和操作动作条件。要实现“以人为本”的设计，就要根据人的心理特性，先设计人与机器的关系，从人机界面特性提出对机器内部的功能设计要求。

3. 研究设计思维的特有属性，发展有效的设计人才的培养模式

设计心理学的目的在于运用心理学、特别是创造心理学和思维科学的一般原理，研究设计思维的特有属性，帮助设计师发展创造性思维，激发灵感。同时，设计心理学还帮助设计专业的学生或未来的设计者，明确设计师必须具备什么样独特的思维品质和合理的知识结构，如何有效的学习，以及培养什么样的核心能力。

第三节　设计心理学的形成与发展

一、设计心理学的形成

20世纪40年代末期，以心理学、生理学、解剖学、人体测量学等学科为基础的人机工程学和心理测量等应用心理学科都迅速发展起来。在第二次世界大战以后，西方国家对消费者行为的研究由宏观经济导向转向运用行为科学的方法探求消费者的心理。因此，实验心理学、工业心理学、人机工程学等学科的发展都是与当时的生产和生活相适应的，为设计心理学提供了坚实的理论基础。随着以消费者为中心的市场观念占据统治地位，为了能在激烈的市场竞争中获得优势，商品的多样化和差异化日益盛行，消费者行为和心理的研究已经成为企业销售研究中不可或缺的部分。最后，在美国发达的市场经济条件下，设计职业化成为必然，设计已成为商品生产的重要环节。而且，设计师的设计范围广泛，效率高，重点放在适应市场需要上。后来的职业设计师意识到应该真正为使用者设计，其中的代表人物是美国设计师德雷夫斯（Henry Dreyfuss），他把产品功能与人的生理结构有机结合起来，特别强调设计艺术的人性化。

德雷夫斯认为适应于人的机器才是最有效率的机器，1951年出版的《为人的设计》（《Design for People》）就收集了大量的人体工程学资料，1961年又出版了《人体度量》（《the Measure of Man》）。德雷夫斯成为现代工业设计“人体工程学”的创始人，建立了第一个适用于设计师的人机学模型。他的设计以建立舒适的人机学计算为基础的工作条件为中心，外形简练、与人相关的部件设计合乎人体的基本适应要求，这是工业设计的一个非常重要的进步与发展。德雷夫斯还提出可用性测试和所谓的“残余造型”（Survival Form）等观点。虽然当时还没有设计心理学，但是，德雷夫斯所提出的许多观点都是围绕用户的心理满足而展开。

二、设计心理学的发展

20世纪60年代以后，随着社会经济，特别是科学技术的飞速发展，消费心理学、广告心理学、工业心理学和人机工程学的研究取得了巨大成就。

第一，由于消费需求的变化加快，市场竞争异常激烈，如何最大限度地满足消费者的需求来实现企业目标，成为各个大型制造企业必须考虑的内容。广告效果的分析，产品测试，预测消费者动机、态度和购买行为的研究变得越来越重要。实证研究成果大量涌现。

第二，信息技术的发展拓展了相关的研究领域，更多新产品的诞生使设计师在设计产品时面临更多的问题，需要考虑更多的因素。例如，人机界面设计涉及目前生产、生活的各个方面，也成为工业心理学、人机工程学的重要研究领域。

第三，研究方法越来越先进和科学，使相关研究成果更加科学、可靠。除了传统研究中的调查法、问卷法、实验法、访谈法之外，许多现代电子技术、数字技术设备被加入到研究方法中。此外，先进设备和仪器的运用使研究手段更加多样化，包括了眼动仪、心电图、脑电波分析仪、速示器、虚拟现实等。

除了以上的研究成果之外，设计应用心理学研究还衍生出许多崭新的交叉学科，具有代表性的有感性工学和可用性工程等。

最早将感性分析导入工学研究领域的是日本广岛大学工学部的研究人员。1970年，以在住宅设计中开始全面考虑居住者的情绪和欲求为开端，研究如何将居住者的感性在住宅设计中具体化为工学技术，这一新技术最初被称为“情绪工学”。当时参与研究的副教授长町三生经过近20年的研究，认为感性工学（Kansei Engineering）主要是一种以顾客定位为导向的产品开发技术，一种将顾客的感受和意向转化为设计要素的翻译技术。感性工学的实用化在汽车制造业取得成功。例如，日产汽车分析消费者心理，把突破造型外部形式作为研发中心；马自达汽车则设计出符合使用者心理的宽敞感和舒适感的个性化车饰。目前，感性工学的研究包括两个方面：一是通过收集用户对产品的感性评价建立以计算机为基础的感性数据库和计算机推理系统，以辅助设计师设计或帮助顾客作出符合自己意愿的选择；二是与生物学结合的研究方式，以心脑科学的研究为主要趋向和基点，代表人物是筑波大学的原田昭教授。他自1997年起，致力于通过摄像机、计算机和机器人等装置记录和实验，描述人在艺术欣赏过程中的行为特征，了解人欣赏行为中的感性因素，使感性的东西转化为一种可测量的理性结果。可以说，感性工学为我们重新认识设计，进行设计创作提供了新的视角和方法。

可用性工程（Usability Engineering）是为IT产品及其用户界面开发的一种工程方法论。20世纪90年代以来，可用性工程在美国、日本、印度等国和欧洲诸国IT工业界被普遍应用，它贯穿于产品整个生命周期的各个阶段，包括从需求获取、可用性问题分析、设计方案的开发以及测试评估在内的一整套实用方法，泛指以提高产品可用性质量为目的的一系列过程、方法、技术和标准，其核心是以用户为中心的设计方法论（User-Centered Design，UCD）。它强调以用户为中心来进行产品的设计开发，这使它有别于传统和常规的开发方法。IBM、微软、惠普、甲骨文、太阳计算机系统有限公司、摩托罗拉、诺基亚、飞利浦、西门子等企业都有十几年甚至更长时间的可用性工程实际运用历史。20世纪80年代，认知科学和心理学家唐纳德 A. 诺曼（Donald A. Norman）撰写了《设计心理学》，他在书的序言中写到“本书侧重研究如何使产品的设计符合用户的需要”，“重点在于研究如何设计出用户看得懂、知道怎么用的产品”。诺曼虽然强调产品的可用性设计，但他同时认为设计师应设计出“具有创造性又好用，既具美感又运转良好的产品”。

近年来，设计心理学的发展历程中又出现了以消费者情感为中心的设计观点。产品发展到现在，已经不再是一种纯粹的实物形态，更多的时候它们成为一种与人交流的媒介。所以，设计师应当从使用者的心理角度出发和考虑，让产品在功能上满足人们的基本需要，在心理上和情感上满足人们的欲望和需求。因此，对于现代的设计师而言，可用性已经是必须达到的要求，而他们最需要实现设计说服的要素是从情感上满足消费者的需要。2004年，诺曼出版了第二部著作《情感化设计》（《Emotional Design》）。这本书提出了以下两个重要观点：

1）情感是非常重要的，我们不应该忽略它。情感是与价值上的判断相关的，而认知则与理解相关，二者紧密相连，不可分割。

2）设计存在三个层面，感官层面（Visceral）、行为层面（Behavioral）和反思层面（Reflective）。其中，感官层面涉及的是感受知觉的作用，如味觉、嗅觉、触觉、听觉和视觉上的体验。行为层面是指产品在功能上是否出色。反思层面与个人感受和想法有关，是人们对自我行为的思考，以及对他人看法的关注。反思层面随着文化的不同会存在非常大的差异。

“设计评价”历来是设计界关注的综合性、系统性问题，回答这个复杂问题，显然需要多学科的知识和各方面专家的协同参与，方能找出比较科学和令人信服的结果。在设计尺度评价的硬指标同质化的今天，人们对体验经济和主观感受指标越来越重视。李彬彬于2005年首次提出了“设计效果心理评价”的研究概念，研究的主题为满意度导向的设计——满意度导向产品设计、满意度导向品牌设计、满意度导向广告设计和满意度导向企业设计（CIS设计和BPR设计）等的相关课题。在设计尺度心理评价的研究中，设计心理学的眼动实验的测量研究方法和实验设计也越来越受到国内外学者的重视。近年来，随着国内一批“眼动仪实验室”的建成，眼动心理学的实验研究成为国内实验心理学的一个新热点。但是，心理学中的眼动实验研究主要集中在阅读和图形认知方面，就设计心理学领域来说，研究最多的还是图形认知的眼动特征。

相对于国外设计心理学的研究，中国的设计心理学还处在初级发展阶段。以前的相关研究主要涉及美学或者消费心理的研究内容，理论研究还没有形成比较系统的框架。例如，在用户心理研究中，部分学者倾向将艺术设计作为审美对象所具有的审美价值来进行研究；另一部分学者则倾向于从用户使用过程中的生理、心理行为着手，研究如何利用这些心理规律提高设计的使用功能。这两个方面显然都是用户心理研究中非常重要的方面，但却很少有人将两者结合起来加以分析研究，并找到两者之间的相互联系。

目前，越来越多的学者开始探索将认知心理学、工业心理学、美学等研究与设计艺术学结合起来，但是相关理论研究的结合还不太完善。有些设计者也尝试将设计、销售、调研等实践经验进行提炼和总结，但是还缺乏严谨的心理学理论基础，使经验总结只能停留在比较肤浅的表面分析上，不能上升到更高的理论层次，也不能有效地指导具体的设计实践，这也是设计心理学在设计师中没有得到更多重视的原因之一。

设计心理学是一门新兴的交叉学科，在理论上，需要心理学与设计艺术学的紧密结合；在实践上，需要设计实务中经验的不断总结，对原有理论进行升华，进一步指导设计实践。这些方面需要国内外相关学者和实践者进行长期的探索和研究。

第二章 设计心理学的理论基础

设计心理学作为一门交叉性很强的学科，许多相关学科中都有涉及设计心理学的研究，设计心理学的理论根据和基础也来源于这些学科，结合设计艺术领域中的实际问题，将这些研究成果与设计学专业知识有机地结合起来，才能使设计心理学发展成为一门系统化、层次化、专门化的设计工具学科。因此，参考杨鑫辉所著的《心理学通史》对于基础心理学理论的分类依据，结合设计知识和理论，从繁多的心理学理论和流派中找到与设计艺术学科相关的理论知识和要点。

第一节 脑和行为的生物学基础

人的行为与大脑有什么关系？人的大脑只有一个柚子那么大，重约1.4kg，由大约1 000亿神经细胞构成。在高倍显微镜下观察人的大脑时，就像进入了一个奇妙的世界。那里，到处都像是纵横交错的蜘蛛网，密布着细细的纤维和一些透明的小球。更为奇妙的是，还可以看到四处飞驰的电脉冲，而所有的物体又都浸泡在一个运动着的化学物质海洋中。

神经细胞又叫神经元，它们负责传递和处理信息，也负责激活肌肉和腺体。人们的一切思想、行动和感觉都与神经元的活动有关。没有神经元的活动，我们将不能阅读，不能写作，不能去发现治疗各种疾病的方法。大脑中每一个神经元都连接着大约15 000个神经元，这个网络使我们能够学习和保存大量的知识。事实上，人脑中的神经元之间的通路的数量很可能超过宇宙中原子的数量。

科学家们早就认识到，大脑是人的意识和行为的器官，但一直找不到好的方法向人们证明这一点。直到最近，科学家德尔盖多（Jose Delgado）令人信服地证明了脑对行为的控制作用。德尔盖多进入斗牛场，不仅手执斗牛士的斗篷，另外手里还拿着一个无线电遥控器。公牛朝德尔盖多冲过来了，他后退了两步，正对着狂奔而来的公牛没有躲避，当公牛在就要顶到德尔盖多之前的刹那间停住了。这是为什么？这是因为德尔盖多手中的遥控器发出了信号，使深埋在公牛大脑里的电极给脑特定的控制中枢施以刺激，大脑发出的指令使公牛骤然停住。生理心理学就是一门研究大脑活动的生物过程的科学，其中重点是行为的生物过程和涉及行为的神经系统。

一、神经元和神经系统

1. 神经元的结构和功能

人脑是控制肌肉运动的器官。这可能听起来有些过于简单，可是从根本上说，支配运动（或行为）是神经系统最主要的功能。为了做出有用的动作，人脑必须知道周围环境中正在发生的事情。因此，身体里必须要包括已经分化成能够监测环境中事件的细胞。当然，像我们这样复杂的生物并不只是自发地对环境中的刺激作出反应。我们的大脑非常灵活，能指挥我们根据现存的情况和以往的经验作出不同的反应。除了感觉和动作，我们还能记忆和决策。所有的这些功能都是通过神经系统里上亿个细胞来完成或控制的。

环境中的信息通过光波、声波，气味、味道，或者直接接触的方式被分化的细胞——感觉神经元所收集。运动神经元控制着肌肉的收缩，从而完成运动。在感觉神经元和运动神经元之间是中间神经元，这种神经元全部存在于中枢神经系统。局部中间神经元把局部的神经元连接成环路，分析少量的信息；中间神经元把人脑不同区域的局部神经环路联系到一起。通过这些联系，大脑中的神经环路完成许多至关重要的功能，如知觉、学习、记忆、决策和控制复杂的行为。人类的神经系统中有多少神经元？有的人估计在1千亿~1万亿，但是还没有谁曾经数过它们。

神经系统大体上可以分为两个部分：中枢神经系统和周围神经系统。中枢神经系统包括脑和脊髓，被颅骨和椎骨包绕着；周围神经系统存在于这些骨头之外，包括神经和大部分感觉器官。为了理解神经系统控制行为的机制，我们首先要理解组成神经系统的细胞。

（1）神经元。神经元就是神经系统的细胞，是神经系统中极重要的细胞。中枢神经系统包括大脑和脊髓，周围神经系统包括神经和部分感觉器官。

神经元由四个基本部分组成：细胞体、树突、轴突和轴突终扣（见图2-1）。它们通过位于轴突膜段的突触彼此交流信息。当动作电位沿着轴突传导时，轴突终扣分泌化学物质，从而抑制或激发与它相关的神经元。神经元环路通过这些抑制或者激发过程支配着我们的知觉、记忆、思维和行为。神经元细胞有

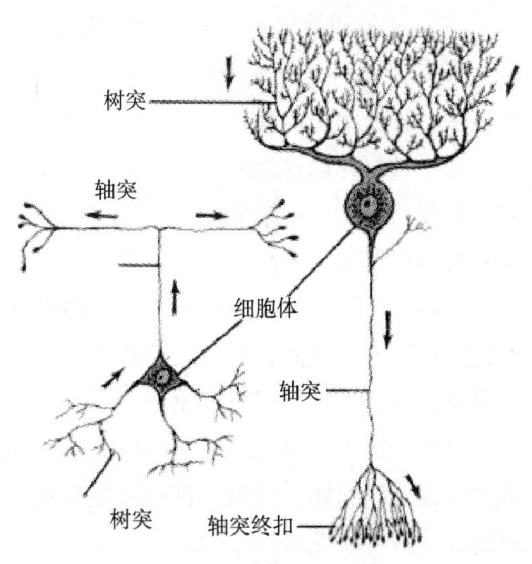

图2-1　神经元的结构

大量的细胞质，在细胞质外面是一层脂质膜。在细胞膜中镶嵌着有多种功能的蛋白质分子，如协助物质进出细胞的载体。细胞核内含有神经元的遗传信息，为有机体蛋白质的复制提供模板。微管和其他蛋白质结构构成细胞骨架，协助化学物质的运输。线粒体是大部分化学反应的场所，在这里，化学物质中的能量释放出来。

（2）神经元之间的信息传递。突触是一个神经元的轴突终扣与另一个神经元细胞体或者树突细胞膜直接形成的间隙（见图 2-2）。当动作电位沿着轴突传导至轴突终扣时，轴突终扣释放神经递质，影响突触后神经元细胞膜产生去极化或者超极化。神经元轴突放电的频率取决于与它的细胞体和树突相连的兴奋性或者抑制性突触的相对活性，即神经整合的作用。

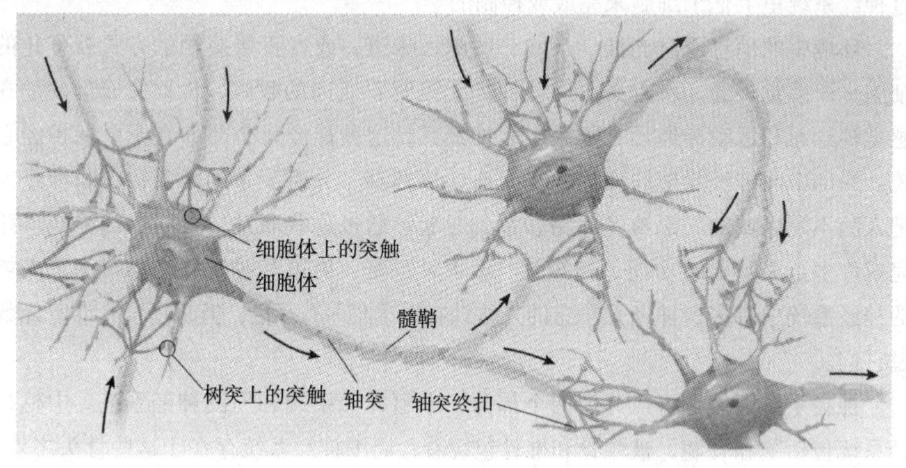

图 2-2　神经突触简图（箭头方向代表信号传递的方向）

2. 神经系统

（1）神经和神经元。神经和神经元是不是一回事？我们能够看见的神经实际是一束束轴突和树突。许多神经是白色的，那是一些裹着髓脂的轴突。在大脑和脊髓中，神经细胞的外部有一层薄膜，叫做神经膜或神经鞘保护着神经元的纤维。

对于被损坏的神经纤维，神经鞘形成了一条“隧道”，使其能够顺着“隧道”自行修复。因此，如果能够对一根手指成功进行断指再植手术，那么，神经纤维便有机会以每天 1 毫米的速度很快再长出来。

一般认为，如果大脑和脊髓中的神经元受到损坏，便不可能再生长出新的神经元取代它们。因此，如果人的脊髓在某一处被截断或受到损伤，那么，就可能造成创伤处以下躯体部分的永久性瘫痪。同样，如果一个神经元的细胞体受到损坏，那么，这个神经元的轴突和树突就会坏死。小儿麻痹症的病因就是控制肌肉的神经元受到损坏。然而，目前研究发现，当一些脑神经细胞损坏后，使其功能得到恢复的可能性是存在的。

（2）神经系统的结构。神经系统是一个完整结构。但为了便于理解，我们可把它分成中枢神经系统和外周神经系统两大部分。中枢神经系统由大脑和脊髓组成，外周神经系统由通往中枢神经系统并负责传递信息的神经纤维组成。大脑是神经系统的“中央计算机”，通过脊髓、外周神经系统及其他通道与躯体各部分进行信息交换。

外周神经系统包含两部分：一是负责传递来往于中枢与感觉器官和骨骼肌之间信息的躯体神经系统；另一个是负责传递内脏器官和腺体信息的自主神经系统。一般情况下，躯体神经控制的行为是随意性的，如由躯体神经传递的信息能使你的手移动；而自主神经控制的行为是非随意性的，如由自主神经传递的信息能刺激消化或改变你的心率。

自主神经系统又可分为交感神经系统和副交感神经系统两部分（见彩图 2-1）。在情绪反应中，诸如心跳、出汗、哭泣，以及其他一些非随意性行为都与这两个部分有关。自主神经系统和躯体神经系统共同协调着我们的内部状态和外部行为。例如，当一条样子很凶的大狗朝你冲过来时，你的自主神经系统将升高你的血压，加快你的心跳速率，同时，你的躯体神经系统将帮你调整好肌肉状态，做好搏斗或逃跑的准备。交感神经是一个“应急”的系统，其功能是在危险性或情绪性情景出现时使躯体兴奋起来，以便采取搏斗或逃跑的行动。

副交感神经的功能是使躯体保持平静，或使兴奋起来的躯体返回到较低的唤醒水平。因此，副交感神经会在突发事件结束后或情绪活动之后很快被激活。此外，副交感神经还负责使心率、呼吸和消化功能保持在维持生命所必需的水平。

二、大脑的结构和功能

人们常说“心理是脑的属性”，脑是中枢神经系统中最重要的结构，心理活动依赖于脑的参与。人脑是低水平的脑结构，包括大脑（包括端脑、间脑）、小脑、脑干（包括中脑、脑桥和延脑）等部分（见图 2-3），简单的分工如下：

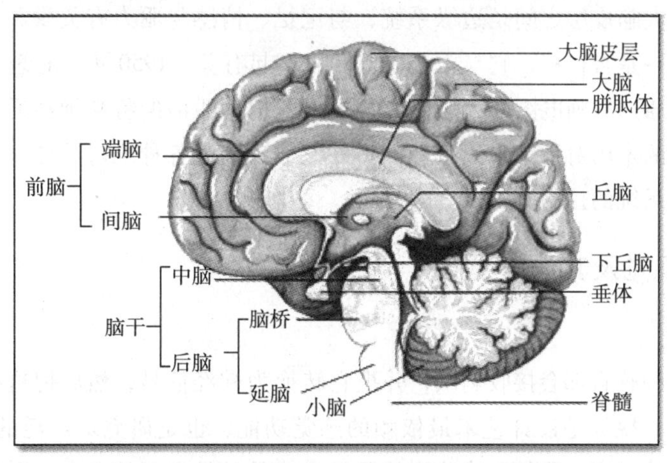

图 2-3　大脑结构

（1）大脑皮层。大脑皮层是覆盖大脑半球的神经纤维，按部位可分为四个区域：额叶、顶叶、枕叶和颞叶。其中有些小的已知区域控制肌肉运动，负责接收躯体感觉信息。尽管如此，大部分皮层，也就是它们的联合区，并没有这些功能，因而可以自由加工其他的信息，可以参与复杂心理过程，如逻辑推理、形象思维等。

(2) 小脑。小脑负责运动协调，调节肌肉紧张程度和躯体运动，维持身体的平衡。

(3) 脑干。脑干开始于脊髓隆起形成延髓的地方，控制着心跳和呼吸。在脑干中，网状结构控制唤醒。脑干的上方是丘脑，大脑的感觉平台。小脑与脑干的后部相连，协调肌肉运动。

1. 大脑两半球

大脑是人脑中最重要的组成部分，是思维的器官，负责调节高级认知功能和情绪功能。大脑分为左右对称的两个半球，之间由一较厚的神经纤维——胼胝体联系起来。脑将其工作划分为专门化的子任务，然后将神经网络上得到的各种输出信息进行整合。因此，我们的情感、思维和行为都是许多脑区协调整合的结果。生物心理学研究发现，大脑的两个半球各有相对独立的意识功能，一般来说，左半球包含所谓的语言中枢，负责抽象思维、逻辑推理、分析、综合等思维活动，主管人的语言、言语理解、阅读、书写、计算、推理、分类、回忆和时间感觉；右半球主要的功能是处理表象，是形象思维中枢，主管人的知觉辨认、空间定向、形象记忆、想象、做梦、模仿、音乐、美术、舞蹈、高级情感、态度等。

通过对切断了胼胝体的脑病人进行实验，使我们对每个大脑半球的特定功能有了精确的认识。分别测试两个半球，研究者们证实，对于大多数人而言，左半球更具言语性，而右半球则具有视觉、知觉的优势；对有健全大脑的健康人情感识别的研究则证实，就脑的完整机能来说，每个半球都具有不可替代的作用。

2. 脑干与边缘系统

脑干和大脑皮层之间是边缘系统，与记忆、情感与驱力有关联。边缘系统的神经中心之一是杏仁核，它与攻击和恐惧的唤起有关。1950年，心理学家林斯利（Lindsley）通过对脑电图的大量研究，提出了情绪激活的特殊神经通道理论，以神经生物学的术语对情绪加以解释。另外，下丘脑与各种维持功能、愉快的奖赏以及内分泌系统的控制有关。

三、视觉及其他感受器

1. 视觉

人的每种感官都会接收刺激，并把它转换为神经信号，然后把这些神经信息传递到大脑。视觉是设计艺术最依赖的感觉功能，也是研究最广泛的感觉通道，眼睛是视觉的器官。我们所体验到的可见光能量只是广阔的电磁辐射光谱中很少的一部分。我们知觉到的光的色调和亮度取决于波长和强度。光线射入眼睛并被与照相机相似的晶状体聚焦后，作用于视网膜。视网膜上对光敏感的杆体细胞和对色彩敏感的锥体细胞把光能转换为神经冲动，并对其进行编码，然后通过视神经传入大脑。

（1）人眼的主要构造。人眼的主要构造包括：角膜、瞳孔、虹膜、晶状体、视网膜等。瞳孔是虹膜上的开口，虹膜通过控制瞳孔的舒张和收缩能控制进入眼球的光线；晶状体相当于相机中的透镜，具有光学调节作用，能控制将不同距离的物体准确聚焦于视网膜上。视网膜中央有一凹入部分，称为中央窝，它是感光细胞最为集中的地方，具有分辨物体细节的能力（见图2-4）。

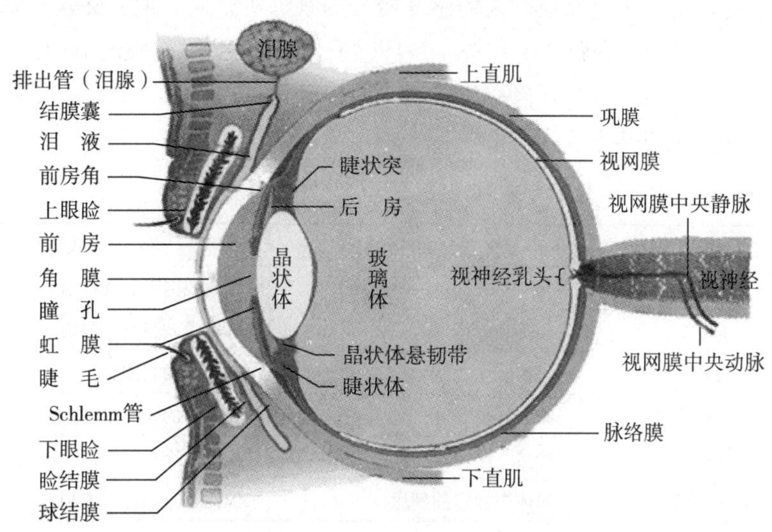

图2-4　眼球的结构

（2）视觉信息加工。大脑皮层中的单个神经元，被称做特征觉察器的细胞，能够对视觉刺激的特定特征进行反应，它们的信息会被集中起来由高级大脑细胞加以分析。视觉的子维度（颜色、运动、深度和形状）是分离且同时加工的，表现了大脑平行加工的能力。视觉通路会如实地呈现视网膜刺激，但是大脑的表征则结合了我们的假设、兴趣和期望。

人在观看对象时，眼肌会带动眼球向上下左右运动，以确保物体成像在视网膜上，这称为眼动。眼动包括三种基本类型：注视、眼跳和追随运动。瞳孔是光线进入眼球的通道，瞳孔缩小，减少光线进入量；瞳孔放大，增加光线进光量。有两种情况能使瞳孔的大小发生变化：一是光线强时瞳孔缩小，光线弱时则瞳孔放大；二是人们在观看远处时瞳孔放大，观看近处时瞳孔缩小。当人们在注意力提高，兴奋起来的状态下，瞳孔会放大。

（3）颜色视觉。光照变化条件下的颜色恒常性现象表明，我们的大脑构建了我们对颜色的视觉体验。不同波长的光线（电磁波）是无色的，但当它们刺激人的视觉系统时就产生了颜色视觉。因此，颜色是视觉系统接受光刺激后的产物。物体之所以显现颜色，就是因为它们反射光线到我们的视觉系统。

颜色视觉有以下三种特性：

1）明度，与其物理刺激的光波强度相对应。

2）色调，与其物理刺激的光波波长相对应。

3）饱和度，与其物理刺激的光波纯度相对应。这三个维度可以构出一个颜色立体模型，所有的颜色体验都可以从这三个维度来描述。

2. 其他感受器

人体的感受器是人体内接受感觉刺激的器官，感受器上分布着神经末梢，神经末梢受到一定刺激后能产生兴奋性冲动，并通过上导神经通道传递到大脑的感觉区，引起感觉并作出反应。人的感受器分为视、听、触、味、嗅等，每种感受器只能对一种性质的刺激产生兴奋，并且感受器所能感觉的刺激也具有一定的范围（见表2-1）。前面我们已经介绍了视觉的感受器——眼睛，下面，我们再简单介绍一下其他几种感受器。

表2-1　感觉的种类及成因

感觉的种类	感觉受到的外界刺激	感觉的接收器官
视觉	光	眼睛视网膜的视细胞
听觉	声音	耳道中鼓膜及听细胞
嗅觉	气味	鼻黏膜的嗅细胞
味觉	味道	舌部位的味细胞
触觉	冷热、压力、伤害	皮肤的冷点、湿点、压点、痛点
肌体感觉	对体内器官的刺激	体内器官的神经末梢
平衡感觉	身体运动及位置变化	前庭平衡器官细胞
运动感觉	肌体动态变化	肢体神经

（1）听觉。耳是人的听觉感受器，耳所能感受的刺激是声波。我们所体验到的声音压力波的频率和振幅是变化的，与频率和振幅对应的是我们听觉到的音调和响度。耳朵经过一系列的过程，声波通过听觉管道传播，造成极小鼓膜的振动。然后经过中耳的听小骨传递到充满液体的耳蜗，这些振动会造成微小毛细胞的运动，并激活神经信号，最后传递到大脑。人所能感觉的声波具有一定阈限，一般是20～20 000Hz。听觉除了要限定在一定频率范围内，对于同一频率的声音，还具有振幅的感受范围。例如，对于1 000Hz的纯音，人能感受的振幅是0～120dB。我们通过觉察每只耳朵所接收到的声音在强度和时间上的微小差异来定位声音。

（2）触觉。当人的全身体表的神经末梢受到外界的刺激时，或者说感觉点感受到触压、冷热、疼痛等生理现象时，即为触觉。实际上我们的触觉有四种——压力、温、冷和疼痛——它们互相结合可以产生其他感觉。人对触觉的感觉发生在大脑皮层。皮肤是触觉的感受器，皮肤浅层上有一些长圆柱状的小体，它是触觉的感觉细胞，人们能对于一定压力产生触觉。

（3）嗅觉。鼻是嗅觉的感受器，鼻腔上有一层嗅黏膜，上面布有嗅细胞，能对气味分子产生神经冲动。嗅觉也是一种化学感觉，但是不像触觉和味觉那样有基本的感觉。视网膜的感受器细胞可以分为不同种类来感觉颜色。与之不同，500万个嗅觉感受器细胞及其1 000种不同的感受器蛋白质却只能分别识别单个的气味分子。有些气味会触发一系列的感受器。和其他刺激一样，气味可以同时唤起记忆和情绪情感。

（4）味觉。味觉是一种化学感觉，具有五种基本感觉——甜、酸、咸、苦和辣——那是一种与来自味蕾的信息有交互作用气味的综合物。味觉和嗅觉总是联系在一起，即所谓的味道，有时我们感觉食物鲜美并非依赖味觉而是嗅觉，嗅觉对味觉的影响是感觉交互作用的一个例证。

第二节 认知心理学

一、格式塔心理学

格式塔（Gestalt）可以直译为"形式"，一般被译为"完形"，格式塔心理学也可以被称为完形心理学。1912 年，惠特海姆（Wertheimer）、考夫卡（Kurt Koffka）和科勒（Wolfgang Kohler）在似动现象的基础上创立了格式塔心理学。它始于视觉领域的研究，但又不限于视觉领域及整个感知觉领域，而是包括了学习、回忆、情绪、思维等许多领域。它强调经验和行为的整体性，认为知觉到的东西要大于单纯的视觉、听觉等，个别的元素不决定整体，相反局部却决定整体的内在特性。

格式塔心理学是设计心理学最重要的理论来源之一，它主要包括以下四个方面：

（1）格式塔心理学揭示了人的感知，特别是占主要地位的视知觉，它不像我们一般认为的必须通过"较为高级"的理性思维的加工分析，知觉本身就具有"思维"能力。视知觉并不是对刺激物的被动重复，而是一种积极的理性活动。人的视知觉能直接选择、组织和加工所看到的各种图形。

（2）格式塔心理学发现的大量的知觉（主要是视觉）规律，对于设计实践具有重要的实际价值。

（3）格式塔心理学提出审美对象的形体结构能唤起人的情感，即所谓的"异质同构"。

（4）格式塔心理学认为艺术创作是一种过程，设计师对于理想的形象构图创造和追求，是不断逼近、不断清晰和不断完善的过程。

下面简单介绍几种格式塔心理学的关于"形"的研究成果。

（1）图形与背景。格式塔心理学有一条基本原则是组织，组织原则首先是图形和背景，即在一个视野内，有些形象比较突出鲜明，构成了图形，有些形象对图形起了烘托作用，构成了背景，即烘云托月或万绿丛中一点红。

（2）接近性。空间上彼此接近的部分，距离较短或互相接近，容易组成整体。

（3）相似性。在视野中，如果各部分的距离相等，但它的颜色有异，那么颜色相同的部分就自然组成为整体。

（4）完整和闭合倾向。直觉印象随环境而呈现最为完善的形式彼此相属的部分，容易组成整体；反之，彼此不相属的部分，则容易被隔离开来。

（5）共同方向运动。一个整体的部分，如果共同方向的移动，则这些共同方向移动的部分容易组成新的整体。

（6）连续性。具有良好连续的几条线段，容易组成整体。

二、拓扑心理学

拓扑心理学是在拓扑图形学的基础上发展起来的一种学说，代表人物是德国心理学家勒温（Kurt Lewin）。拓扑心理学注重行为背后的意志、需要和人格的研究，试图用心理学的知识解决社会实际问题，它的研究超出了格式塔心理学原有的知觉研究范围，是格式塔心理学的重要补充，为社会心理学开辟了新的道路。

1. 心理动力场理论

勒温提出，心理环境也就是实际影响一个人发生某一行为的心理事实（有时也称时间）。这些事实主要由三部分组成：① 准物理事实，即一个人在行为时，对他当时行为能产生影响的自然环境；② 准社会事实，即一个人在行为时，对他当时能产生影响的社会环境；③ 准概念事实，即一个人在行为时，他当时思想上的某事物概念，这一概念有可能与客观现实中事物的真正概念之间存在差异。在这里，勒温提出了所谓的“准事实”，他是想借用这个概念来说明影响人行为的事实非客观存在的全部事实，而是指在一定时间、一定情境中实实在在具体影响一个人行为的那一部分事实。

2. 心理生活空间

为了更好地说明心理动力场，勒温又提出了新的概念——心理生活空间，有时也简称生活空间。按勒温的说法，生活空间可以分为若干区域，各区域之间都有边界阻隔。个体的发展总是在一定的心理生活空间中随着目标有方向地从一个区域向另一个区域移动。生活空间是一个心理场，是一个人运动于其中的那个空间。勒温认为，心理空间的每一部分都可以有一个区域，区域没有数量大小的区别，但有质的规定。生活空间包括自己、他人和觉察到的对象。生活空间按边界划分区域，每个区域可以看成一个心理事实。

这些理论提示我们，当研究设计中的主体心理时，要特别重视环境因素对于人的心理状况和行为的影响和制约，设计物不仅是作为相对主体的客体环境的组成部分对主体心理存在重要影响，并且其与人的交互活动本身也受到其他环境因素的影响和制约。拓扑心理学是近年来逐步发展的应用心理学——环境心理学的主要理论来源。

三、信息加工认知心理学

信息加工认知心理学是20世纪50年代中期在西方兴起的一种心理学思潮，其研究涉及人的认知的所有方面。1967年，美国心理学家奈瑟（Neisser）所著的

《认知心理学》一书的出版，标志着信息加工认知心理学已成为一个独立的流派，其主要代表人物是跨越心理学与计算机科学领域的专家艾伦·纽厄尔（Newell）和赫伯特 H. 西蒙（Simon）。信息加工认知心理学的核心是将人的思维活动认同为信息加工的过程，这一加工过程与计算机处理信息极为类似，都是信息输入—加工—输出的过程。其主要目的和兴趣就是解释人类的复杂行为，如概念形成、问题求解等，但与其他同样侧重研究人类复杂行为的心理学流派（如格式塔心理学和新行为主义）不尽相同，“认知心理学主要研究从低级的感知到高级的记忆、思维的流动”，因此它使心理过程的研究领域扩大，心理实验通过对心理物理函数的获取走向对内部心理机制的探索。

信息加工认知心理学以人的认知过程作为研究的对象，把人看成类似于计算机的信息加工系统，试图用信息加工观点来说明各自的具体研究对象。

首先，认知是信息的加工过程。持有这种观点的心理学家在信息加工认知心理学中占优势地位。他们认为，认知就是刺激输入的变换、简化、加工、储存以及使用的过程，他们强调信息在体外的流动过程，并试图通过计算机程序来模拟人的认知过程。

其次，认知是问题解决。持有这种观点的心理学家把问题解决作为认知的核心，认为认知是利用外部和内部信息解决问题的过程。由于这种观点把认知仅仅局限于问题解决领域，缩小了信息加工认知心理学的研究范围，因而遭到一些心理学家的反对。

最后，认知主要是指思维。持有这种观点的心理学家认为，认知主要就是指思维，包括言语思维、形象思维、概念形成及问题解决等。他们把思维作为主要的研究对象，以探索思维活动的特点、规律和模式作为根本任务。这种观点在信息加工认知心理学中占很大一部分市场。

认知心理学的观点和模型可以分析和解释设计过程和产品使用过程中出现的许多心理现象。例如，人机系统模型常常在人机界面设计中使用；消费行为模型在消费者行为分析中使用；消费者动机模型以及视觉传达设计中使用的信息传达模式等。此外，认知心理学中的知觉理论、模式识别、注意、记忆、问题求解等内容也可以被广泛地运用于设计心理学的各种研究。

第三节 人格心理学

一、精神分析心理学

精神分析学派产生于19世纪末，是四大心理学取向之一。精神分析学派主要代表人物是弗洛伊德（Freud）和荣格（Jung）。最初，它主要是一种探讨精神病病理机制的理论和方法，由于它对人心理活动内在机制的关注，对人格和动机等方面的崭新观点，给心理学界带来了巨大的冲击和影响。到20世纪20年代，它已经渗透到社会科学的各个领域，并发展成“新精神分析学派”，成为包罗万象的人生哲学。精神分析学派的理论都在于承认人的无意识的存在，以及无意识对人行为的驱动作用，但他们各自又从自己的理解出发，对无意识的形成和结构作出了不同的解释。

精神分析学派的创始人弗洛伊德把人的心理结构分成三个领域，即意识、前意识和无意识。这就是大家比较熟悉的“冰山理论”：人的意识组成就像一座冰山，露出水面的只是一小部分（意识），而隐藏在水下的绝大部分（无意识）却对其余部分（意识和前意识）产生影响。

人的心理活动有些是能够被自己觉察到的，只要我们集中注意力，就会发觉内心不断有一个个观念、意识或情感流过，这种能够被自己意识到的心理活动叫做意识。意识与前意识在功能上接近。例如，某一目前属于意识的内容，当不再注意它时，它就不再是有意识的了；当注意它时，它就是意识的了。前意识使之能够变成意识到的东西。比如，我们对待特定经历或特定事实的记忆不是一直意识到的，而是一旦有必要时就能突然回忆起来。前意识处于无意识和意识之间，担负着“稽查者”的任务，严密防守，把住关口，不许无意识的本能和欲望随便侵入意识之中。但是当“稽查者”丧失警惕时，有时被压抑的本能和欲望也会通过伪装而迂回地渗透意识之中。一些本能冲动、被压抑的欲望或生命力却在不知不觉的潜在境界里发生，因不符合社会道德和本人的理智，而无法进入意识被个体所觉察。这种潜伏着的无法被察觉的思想、观念、欲望等心理活动被称为无意识。在弗洛伊德看来，无意识在人的精神生活中占主要地位。精神分析所研究的对象应当是无意识的内容，而不是仅限于意识内容的研究。

弗洛伊德认为，人格可以分为“本我”、“自我”、“超我”。“本我”是人格中与生俱来的最原始的无意识结构部分，是人格形成的基础。“本我”是趋乐避苦的，为快乐原则所支配，无节制地寻找满足感的随时实现而不考虑其后果，这种快乐特指性、生理和感情的快乐。它是无意识的，不被个人所觉察。“本我”是人格深层的基础和人类活动的内驱动力。“本我”这一概念是精神分析学派的理论基石。“自我”是在“本我”的基础上发展起来的，是人格结构中的管理和执行机构。“自我”要同时满足现实、“本我”和“超我”的要求，并在三者之间进行协调。“自我”遵循现实原则活动，其基本含义在于对生存条件的适应与服从。“超我”代表良心、社会准则和自我理想，是人格的高层领导。它按照至善原则行事，其功能是监督“自我”去限制“本我”的本能冲动。“超我”的监督作用是由自我理想和良心实现的。

荣格是另外一位著名精神分析学派的心理学大师，他进一步发展了弗洛伊德的“无意识”理论，提出人类社会中艺术创作的推动力、艺术素材的源泉、艺术欣赏的本源都是与人类深层心理中的“集体无意识”，及其“原型”密不可分的。

荣格描绘了两种水平的无意识心灵。在我们的意识觉察之下是个人无意识，它包含着在个人生活中被压抑或遗忘的记忆、冲动、欲望、模糊的知觉和其他一些经验。无意识的这一水平隐藏得并不深。来自于个人无意识的事件可以很容易地返回到意识觉察水平。个人无意识中的经验群集成情结。情结是一些有着共同主题的情绪和记忆模式。通过专注于某些观念（如权利或自卑），一个人表现出某种情结，因而影响着行为表现。因此，情结在本质上是整个人格中的较小的人格。在个人无意识下面这一水平上是集体无意识，它是个体不了解的。集体无意识中包含着以往各个时代累积的经验，包括我们的动物祖先遗留下来的那些经验。这些普遍性的、进化性质的经验形成了人格的基础。但是请记住，集体无意识中的那些经验是无意识的。它不像个人无意识中的那些内容，我们并不能觉察到它们，也不能回忆起或者具有它们的表象。

与现代心理学的崇尚实证的取向不同之处，弗洛伊德、荣格的理论对艺术和艺术创作的解释具有浓厚的思辨色彩，显得含糊和神秘。但是，它是唯一涉及人的无意识、行为之下的潜在动因的心理流派，对于我们理解设计的消费者（用户）的潜在需要和行为动机，以及设计师的创意来源都具有重要意义。

从精神分析心理学研究中，我们可以发现，设计师通过对产品功能、结构等客观条件的把握和分析，运用一定的设计原则进行最优化设计。同时，还需相当程度的艺术创造，那一部分更多地涉及了设计师的“无意识”的过程，其他心理学理论均缺乏对这一过程的解释和分析。因此，有些研究者开始运用精神分析的理论和研究方法，来挖掘消费者潜在的动机和需要。基于这种认识，有些营销专家和设计者相信通过分析消费者潜在需求，可以利用外观、包装、广告、环境等设计要素，刺激消费者，唤醒部分个体的一些特定的潜在需要。设计师在试图迎合消费者（用户）的需求时，必须同时兼顾三重人格的需要，即“自我”、“本我”和“超我”的需要。例如，许多设计师为了设计提供对“本我”的吸引力，在设计中利用“性的暗示”或是其他一些欲望的吸引（见图 2-5），但如果过分强调这一层次，可能会引起他的“超我”和“本我”的排斥，从而使消费者产生焦虑和犹豫不决。

图 2-5　T. B2 服装品牌的广告

二、行为主义心理学

行为主义心理学自 1913 年问世以来，即受到众多心理学家的欢迎和拥护，发展到 20 年代末期，它已成为美国最具影响和势力的心理学流派。这一时期的行为主义心理学也称为早期行为主义心理学或古典行为主义心理学。其后，自 20 世纪 30 年代到 60 年代约 30 年的时间里，早期行为主义心理学经历了诸多内部变革，形成了各具特色的新体系。尽管这些新体系在基本观点、概念体系、术语名称等方面各不相同，但其行为主义心理学的基本立场却是一致的，因此它们被统称为新行为主义心理学。新行为主义心理学的出现不是偶然的，它是当时社会历史条件、思想背景及心理学自身发展的内部需要等共同作用的结果。

反射是最基本的神经活动，也是实现心理活动的基本生理机制，是感受器受到刺激后引起的神经冲动，先通过内导神经纤维传至神经中枢，经过神经中枢的加工，再通过外导神经纤维传到效应器（肌肉和腺体）引起的活动。反射可以分为无条件反射、经典性条件反射以及工具性条件反射。

1. 无条件反射

无条件反射，即本能，是动物先天遗传下来的行为形式的基础，它是动物为了维持生命所必需的。例如，人在吃食物的时候会分泌唾液，在寒冷的环境下会打寒战，碰到烫的物品会缩手等。无条件反射是自动的行为，无需大脑思维活动的参与。无条件反射具有适应性，即针对不同刺激而做出不同行为。

2. 经典条件反射

20世纪初，俄国著名生物学家巴甫洛夫通过一系列经典实验发现了两种信号的条件反射，被人们称为经典条件反射（见图2-6）。它以无条件反射为基础，例如食物没有进到嘴里时，光看到食物，人们可能已经开始分泌唾液，食物就与分泌唾液的行为形成了对应的关系。概括而言，即当一个刺激和无条件刺激同时出现若干次后（心理学称之为强化），就可能直接引起它原本不能引起的，属于无条件刺激引起的活动，这就是所谓的望梅止渴的效应。巴甫洛夫还指出，人的大脑有两种信号系统，第一信号即具体的信号，如光、声、味、触等；第二信号是抽象的信号，如语言、文字。第二信号不能脱离第一信号而单独存在，是在第一信号的基础上建立起来的。这是人比动物的反射行为高级的地方所在，虽然某些高级动物也可能对符号产生条件反射，如猿猴等，但只能对极为简单的符号产生反应。

图2-6　巴甫洛夫的经典条件反射

条件反射刚形成时，具有泛化的现象，即对于类似的刺激都具有相似的反射。如果只对其中某种刺激进行强化，而对近似的刺激不给予强化，泛化反应就逐渐消失，这种现象称为条件反射的分化。正是基于这一点，我们才可能通过组合不同的符号——声音的或视频的，来代表不同的刺激源，这才出现了丰富多彩的音乐、美术等艺术作品，并使人们产生各种不同的感官刺激。例如，人们听到某些节律的音乐就会感觉愉悦，而某些节律则引起感觉悲伤。此外，条件反射行为形成后，并非一成不变，如果长期得不到强化就可能消退。比如，长期不向狗提供食物，而仅仅摇铃，若干次后它就不再分泌唾液了。

3. 工具性条件反射

美国心理学家斯金纳（B. F. Skinner）通过实验发现，经典条件反射理论存在一些问题，并提出了工具性条件反射理论。这个著名的实验是将动物放进一个箱子中，当动物碰到机关就能掉出一块食物；开始动物在箱子里面乱动，如果碰巧碰到机关，食物就掉出来，之后它们就越来越少碰其他地方，直到最后只碰机关（见图 2-7）。因此，针对以上问题，斯金纳提出了工具性条件反射理论，将这种习得的反应称为“行为的塑造”，认为行为结果能塑造新的行为，这是人类能不断学习和掌握新的行为的关键原因，它成为了经典条件反射理论的重要补充。根据他的理论，人们最初很艰难地进行某些操作，需要不断通过推理、计算、选择、判断等，做对后人们则重复这一行为（强化），做错则避免这一行为，多次做对后这个行为就变得自动化了，也就是习惯或技能的形成。并且与无条件发射一样，工具条件反射也存在消退、泛化和分化等特征。在艺术设计中，产品的使用方式都是后天习得的行为，有时需要某种技能，斯金纳的“行为塑造”理论对于设计艺术中的新行为的塑造、技能学习等方面的研究具有重要意义。

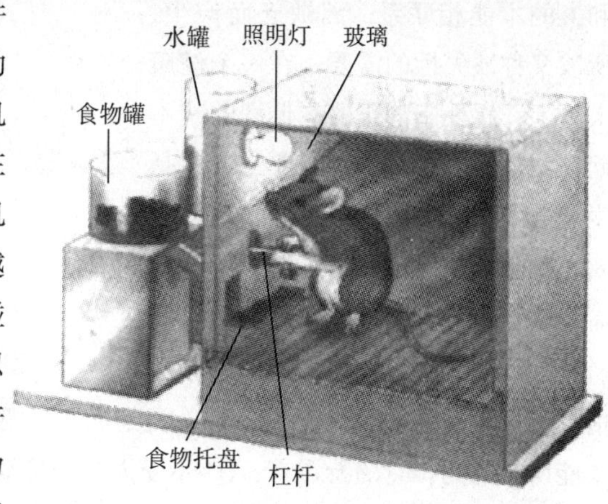

图 2-7 工具性条件反射，行为塑造理论

三、人本主义心理学

人本主义心理学于 20 世纪 50 年代兴起于美国，在 60 ~ 70 年代得到迅速发展。它是西方心理学的一种新思潮和革新运动，又被称为现象心理学或人本主义运动。人本主义心理学主张研究人的本性、潜能、经验、价值，反对行为主义的机械的环境决定论和精神分析以性本能决定论为特色的生物还原论，所以在西方它被称为心理学的第三势力。目前，它已成为当代心理学中的一种新的有重要影响的研究取向。人本主义心理学是美国特定的时代背景和心理学自身的内在矛盾相互冲击的产物，也是吸收当时先进的科学思想并融合存在主义和现象学哲学观点而发展起来的。

1. 需要层次论

马斯洛以他对人类的需要的理解阐明了一种动机理论，需要层次论既是一种需要理论，也是人本主义心理学的一种动机理论。他认为，动机是人类生存和发展的内在动力，动机引起行为，而需要则是动机产生的基础和源泉。需要的性质决定着动机的性质，需要的强度决定着动机的强度，但需要与动机之间并非简单的对应关系，人的需要是多种多样的，但只有一种或几种最占优势的需要成为行为的主要动机。

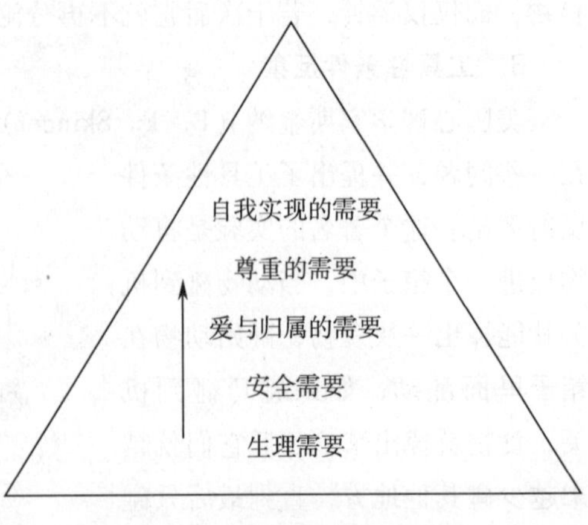

图2-8　马斯洛的需要层次论

马斯洛从总体上把人的需要分为两大类。一类是基本需要，这类需要和人的本能相联系，因缺乏而产生，所以又称缺失性的需要。在一个健康人身上，它处于静止的、低潮的或不起作用的状态中。这类需要主要包括生理需要、安全需要、爱与归属的需要、尊重的需要。基本需要属于低级需要，是由低到高逐渐发展的。马斯洛认为，低层次的需要未得到满足之前难以产生高一层次的需要。另一类是成长性需要或心理需要，这类需要是不受本能所支配的，它的特点有：① 不受人的直接欲望所左右；② 以发挥自我潜能为动力；③ 这类需要的满足会使人产生最大程度的快乐。这类需要包括自我实现的需要（见图2-8）。

2. 高峰体验论

在马斯洛的自我实现理论中，高峰体验是一个重要的概念。高峰体验是人在进入自我实现和超越自我状态时所感受得到的一种非常豁达与快乐的瞬时体验。这种体验是每一个正常的人都可以产生的，但自我实现者能更多地体验到高峰时刻的出现。

高峰体验在不同人身上表现方式不同，甚至同一个人身上由于从事不同的活动，表现方式也是不同的。它可以是作家完成了自己的一部得意之作，也可以是音乐家的一次成功的演出；可以是工匠完成一件精湛的雕刻，也可以是一次陶醉的艺术品欣赏；可以是家庭生活的美好感受，也可以是对自然景观的迷恋；可以是某一科学真理的发现，也可以是某一项发明创造。高峰体验既可以是极度的快乐，也可以是宁静而平和的喜悦。

第四节　其他应用心理学

一、工程心理学

工业心理学是心理学的一个分支，也是心理学的应用领域之一，它主要研究工作中人的行为规律及其心理学基础。工业心理学的发展主要始于第一次世界大战，第二次世界大战进一步推动了它的发展。不但在人员选拔训练上有所提高，而且注意到机器、武器的设计要适合人的特点，要使人容易感知、理解、判断和操作，其后形成了“工业心理学”。第二次世界大战后，美国总结了大战期间的工作经验，并在军工、民用工业中广泛加以推广，人的因素成了一个重要的研究领域。第二次世界大战以后发展起来的新兴理论如信息论、系统论、控制论等，也影响着工业心理学的发展方向。现在，工业心理学的研究内容主要包括工作环境的研究、组织关系、生产过程自动化、消费需求以及人—机系统五个方面。工业心理学发展至今，其理论和思想已日趋完善，主要包括管理心理学、工程心理学、劳动心理学、人事心理学等。

其中，工程心理学主要涉及的人机工程学是设计艺术学科的重要基础学科，它也可以被称为人因工程学、人类因素学、人类工程学，日本称为人间工学。工程心理学是以人—机—环境系统为对象，研究系统中人的行为及其与机器和环境相互作用的工业心理学分支，主要包括三个方面的研究：

（1）研究与技术设计有关的人体生理心理特点。它为人—机—环境系统的设计提供有关人的数据。

（2）人机界面的设计。人机信息交换的效率，很大程度上取决于显示器和控制器分别与人的感知器官、运动反应器官特性的匹配程度。为使两方面匹配得更好，就要研究显示器和控制器的物理特性与人的感知、记忆、思维、运动反应等身心特点的关系。

（3）工作环境的空间设计。它主要包括：工作空间的大小，显示器和控制器的位置，工作台和座位的尺寸，工具和加工件的安排等。工作空间的设计要适应使用者的人体特征，以保证使用者能够采取正确的作业姿势，达到减轻疲劳、提高工效的目的。因此，研究特殊环境条件对人的行为的影响，对设计空间舱和地下、水下工作的人—机系统具有重要意义。

二、环境心理学

不同城市的生活节奏是不一样的。在人们的印象中，有些大城市中每个人都走得飞快，另一些城市中的人们却悠闲地散步，还不时地停下来观赏景致。

心理学家莱文（Robert Levine）和他的学生们对美国36座城市的生活节奏进行了测量和比较。为了评价城市的节奏，他们考察了四个指标，其中包括行走速度、工作速度、讲话速度和不同性别者戴手表的比例。莱文等人发现，生活的节奏与心脏病有关。人群之中，A型人格是一种易发心脏病的性格；而城市之中，好像也同样存在A型城市。A型人格者最有可能被快节奏的A型城市所吸引，到了那里，他们会努力使自己适应快的节奏。

莱文等心理学家们所探讨的是环境与人的行为之间的关系，这属于心理学一个分支——环境心理学的研究领域。环境心理学研究中涉及两种环境：自然的或人工的物理环境和社会环境。社会环境是由一群人组成的环境，如一场舞会、一次商务会议或晚会。环境心理学家们也特别关注对行为场所的研究，行为场所是指环境中的一些有特定用途的场所，如办公室、衣帽间、教堂、赌场或教室等。众所周知，不同的环境和行为场所对人的行为有不同的要求，有些场所甚至有严格规定。例如，在学生活动中心的休息室里大家可以谈笑风生，而在图书馆里则要保持肃静。

环境心理学的研究主要包括下列内容：个体空间、领地行为、应激环境，建筑设计、环境保护，以及许多相关问题。

环境心理学在环境的影响作用研究中有一个重要发现，即人的多数行为在一定程度上都受着特定环境的控制。例如，购物中心和百货商场大都设计得像迷宫，顾客们要在里面绕来绕去，这样就能让顾客在商品前多徘徊或逗留一会儿。再如，大学教室的设计也清楚地表明了师生关系，学生座位固定在地板上，老师面对学生而立，这样可以限制学生们在课堂上交头接耳；公共浴室中的座位不多，人们只能洗完就走，而不可能舒舒服服地坐在里面开会。

心理学家们还发现，环境因素的变化影响着公共场所中故意破坏公物行为发生的数量。在心理学研究结果的基础上，现在很多公共场所都选用了新型建筑材料，不可能在上面乱涂乱画，使此类破坏行为不再发生。没有门的厕所隔间和瓷砖墙面也是防范措施之一，还有一些措施是为了使人们降低乱涂乱画的欲望。比如，在一块广告牌周围种上一些花，人们不愿意践踏花草，因而也就不会走过去乱画了。

在当今世界依然存在着许多环境问题。但我们欣喜地看到，至少在某些问题上可以通过设计改变影响人的行为，从而找到解决的方法。当然，创造和保持一个有益健康的环境也是我们和子孙后代所面临的主要挑战之一。

三、消费心理学

消费心理是消费者在进行消费活动时产生的一系列心理活动。消费心理学是研究消费者商品购买行为、使用行为和服务规律的商业心理学分支，它涉及商品和消费者两个方面。它来源于20世纪50年代后期发展起来的消费者导向的营销策略，当时由于科学技术和生产力水平的迅速提高，营销商们意识到，与其去游说消费者购买产品，不如去生产消费者需要的产品，而消费者需要什么样的产品，就是消费心理学研究的主要内容。消费心理学是一个跨学科的研究领域，与社会心理学、社会学和经济学有着密切联系。与之相关的研究包括广告、商品特点、市场营销方法等，以及消费者的态度、情感、爱好及决策过程等。总之，消费心理学是一门研究消费者心理活动的行为科学，它是以观察、记述、说明和预测消费者心理活动为目的的科学。

近年来，从着重研究消费者购买活动转向于更一般、更全面地研究消费者，其研究重点有所改变，主要体现在以下三个方面：

（1）消费者行为。消费心理学要全面研究消费者的行为，研究影响这个行为的一系列社会的、个人的和法律的各种变量。它不仅要研究说服消费者购买已有产品的问题，还要研究消费者需求发展以及消费者安全等问题；同时，进一步还要研究消费行为的两个方面，即社会对消费者的责任和消费者对社会的责任问题。

（2）产品测验。产品测验是研究产品的特点和消费者对产品特点的反应。这种研究通常采用蒙目测验来确定产品的非视觉特点的特征，如饮料味道的改进和新产品使用的行为分析等，通过产品测验的数据从消费者那里获得有效信息。

(3) 消费者调查。消费者调查主要是了解消费者的态度和意见。这种调查既包括消费者对现有产品和服务的意见，也包括有助于新产品设计的一般意见。消费者调查一般采用问卷调查法，可以用客观量表，也可以用投射量表。

四、审美心理学

审美心理学是研究和阐释人类在审美过程中心理活动规律的心理学分支，是一门主要研究人们在美的欣赏和美的创造中心理运动规律的科学。审美主要是指美感的产生和体验，而心理活动则是指人的知、情、意。审美心理学着重审美体验的心理学分析，因此，审美心理学也可以说是一门研究和阐释人们美感的产生和体验中的知、情、意的活动过程，以及个性倾向规律的学科。

审美经验即审美感受，是审美心理学的研究对象，是审美中的生理和心理感受，是一个流动的动态的体验过程。李泽厚先生提出，广义的“美感”即审美经验，包括了从审美知觉——感知、理解、想象、情感——审美愉悦这一过程；狭义的“美感”仅指审美经验中审美愉悦（包括审美感受和审美判断）这一部分。

精神分析学派、格式塔学派、行为主义学派、信息论学派和人本主义学派，他们分别从不同的方面对审美心理学的形成和发展作出重要的贡献。精神分析学派认为审美经验的源泉存在于无意识之中，揭示出审美心理的深层结构。格式塔学派运用格式塔心理学的原理和“力”与“场”的概念去解释审美过程中的知觉活动；行为主义学派提出观赏者对艺术品刺激所作出的生理性反应，就是产生愉快、兴趣和审美经验的原因和机制；信息论学派通过对审美知觉的研究认为，知觉者欣赏艺术品时会唤起一种期望模式，当期望得到肯定时就会产生愉快和美感；人本主义学派认为美感是一种高峰体验，是对自我的审美观照。

我们可以认为，审美心理学并不满足于描述审美心理现象，而要在了解审美心理规律的基础上进一步提高审美活动的成效，因为“心理学就是人类为了改造客观世界并改造自己而了解自己的一门必要的科学”。同时，因各国、各民族社会历史的不同而形成人的审美经验的认知差异，审美心理学还要研究审美心理的个性和共性，以及社会文化对于审美心理的影响等诸多方面。

第三章 个体行为与设计师心理

人类的行为非常复杂，个体与个体之间存在的差异也非常大。人类的幼稚期远较其他任何动物长，这一点也许对人的行为具有特别重要的意义。人与人之间的差异较其他任何类动物的差异也大得多。

第一节 个体的发展

个体的发展与学习是指，在个体生活期内，其行为方式上产生连续性与扩展性改变的过程。在这个过程中，个体行为改变的方式包括由简单到复杂、由粗糙到精致、由分离到调和等分化整合的过程；它同时包括量的改变（生理）和质（心理）的提高。

一、人类行为发展过程

人类行为受遗传、成熟、环境和学习四个主要因素交互作用影响，并能发展成个体所独有的行为模式。遗传是个体行为发展的基础，提供了行为发展的水平和模式特征。成熟是指生理上的成长和身体的发育，尤其是大脑和神经系统的发育，因此，成熟是个体行为发展的前提。环境包括个体出生前的环境、出生后的家庭环境和社会自然环境等。环境对个体行为发展具有重要影响，为行为发展提供现实条件。学习对人类行为，尤其是社会性行为的形成具有决定性作用。“活到老学到老”，说明学习对行为发展的重要性。

在个体的发展过程中，许多能力与成熟有关。个体的行为发展都是以成熟为基础的，而且也是循序渐进的。伴随着个体成熟程度的发展，行为的发展也会出现特定的适合学习的阶段。奥地利研究动物自然行为模式的习性学家洛伦兹（Konrad Lorenz）用实验证明，雏鹅一生下来就有跟随它们看到的第一个活动的物体的倾向。对母鹅的跟随行为是在关键期内获得的，这种快速、早期习得的永久性行为模式称为印记（Imprinting）。对许多动物来讲，这种印记的效果会持续一生。对于婴儿而言，他们在出生的第一年会对他们的父母或者主要养育者形成情绪依恋，而且这种依恋会影响他们以后的学习能力和适应能力，生命早期缺乏关爱将给婴儿留下终身的情绪伤害。

人类行为的发展是一个连续的、渐变的过程。例如，瑞士心理学家和哲学家皮亚杰（J. Piaget）认为，个体从出生至儿童期结束，其认知发展要经过感知运动阶段（0～2岁），前运算阶段（2～7岁），具体运算阶段（7～11岁）和形式运算阶段（11～15岁）四个阶段。但是，人类行为的发展也存在关键期（Key Period），即人的行为发展具有明显的阶段性，当处在这个阶段时，只有在适当的环境刺激下该阶段的特定行为才会发生。比如，儿童口头语言发展的关键期在1～3岁，如果他们不在有人的环境下生活，无人教导，那么他们语言能力就不发达，而且很难弥补。再如，1～7岁是人格发展的关键期，7岁以前是智力发展的关键期。

二、儿童期的行为发展

儿童和成人对世界的理解是不同的。许多心理学家对儿童如何学习和智力行为的发展非常感兴趣。其中，皮亚杰的认知发展理论对于我们认识儿童具有重要的价值。他认为，儿童智力行为发展主要分为四个主要阶段。第一阶段是感知运动阶段（0～2岁），儿童的心智发展大多是非语言性的，他们的认知仅限于直接感觉到的物体和简单的运动学习而认知的东西，一个更加有序、可预测的世界取代了婴儿时期混乱、毫无联系的感觉世界（见图3-1）。第二阶段是前运算阶段（2～7岁），儿童开始出现符号思维，开始使用语言，但是儿童的思维中主要是直觉思维，很少使用推理和逻辑。第三阶段是具体运算阶段（7～11岁），儿童开始使用关于时间、空间、逆向思维，可以进行逻辑思考。第四阶段是形式运算阶段（11～15岁），儿童的思维可以更加抽象，儿童的心智在这个阶段充分发展，达到成人的水平。皮亚杰还指出，从青春期开始，心智能力的提高取决于知识、经验和学识的增长，而不再与先天的潜能有太大的关系。

图3-1　2岁儿童的空间感觉

许多心理学家从儿童绘画的角度来研究儿童行为的发展。例如，皮亚杰的“三山实验”（Three Mountain Task）说明，以自我为中心使七岁以下的儿童只能主观地看世界，而不能客观地分析。在这个实验（见图3-2）中，在一个立体沙丘模型上错落摆放了三座沙丘，首先让儿童从前后、左右不同方位观察这座模型，然后让儿童看四张从前后、左右四个方位所拍摄的这三座沙丘的照片，让儿童指出和自己站在不同方位的实验用的娃娃所看到的沙丘情景与哪张照片一样。前运算阶段的儿童（7 岁之前）无一例外地认为，别人在另一个角度看到的沙丘和自己所站的角度看到的沙丘是一样的。这个实验证明，年幼的儿童缺乏逻辑性的表现之一是不具备观点的选择能力——从他人的角度来看待事物的能力，因此，他们的绘画只是属于知觉的写实画，无法以较客观的立场或者他人的角度来表现绘画内容。

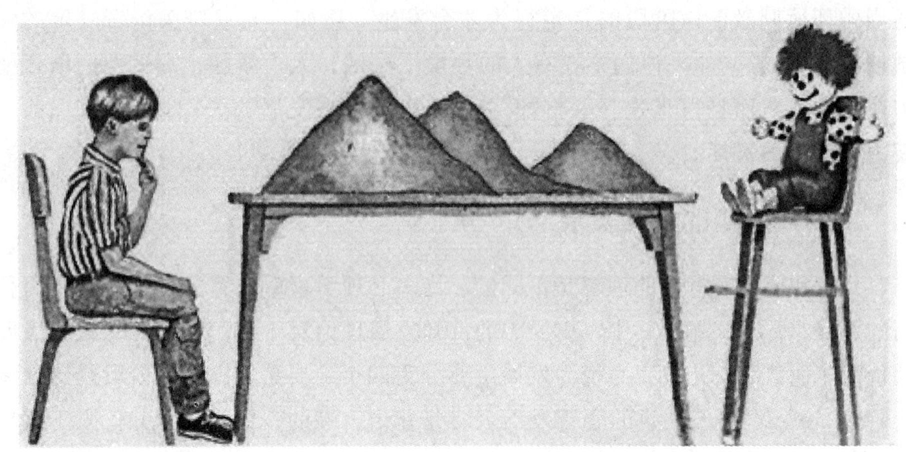

图 3-2　皮亚杰的“三山实验”

美国当代著名的美术教育家、心理学家维克多·罗恩菲德（Viktor Lowenfeld）将儿童的绘画发展与空间表现分为以下六个阶段：

（1）涂鸦期（2～4 岁）。在涂鸦期，儿童只是随意进行涂画，见图 3-3，最初乱涂乱画的，杂乱、毫无组织和毫无控制，见图 3-3a。随着运动和视觉行为的协调性加强，涂鸦逐步变得具有组织性和控制性，见图 3-3b。三岁半左右的儿童渐渐能够给自己的涂鸦命名为自己认识的人或物，显示出儿童具有一定的形象思维，认识到绘画形象与外界之间存在关系。

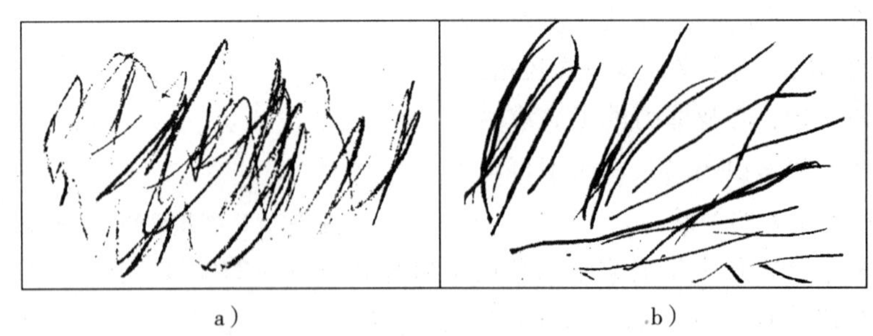

a）　b）

图 3-3　2～4 岁儿童涂鸦

（2）前图式化阶段（4～7 岁）。在前图式化阶段，儿童在自我意识基础上用符号表达思想和情感。前图式绘画主要特点是知识性现实主义，即画其所知而非所见。例如，儿童在画房子时，不会考虑墙的遮挡关系，会把房子的外形、房内的家具和人都画出来，因为儿童知道这些而不是因为他们一定看到，这被称为透明性。此时的儿童画开始显示出对环境的注意，如空间排列，儿童开始依靠几何线或几何形进行描绘。图3-4就是这个阶段儿童画的周围长满树木的池塘，所有树木都沿池塘周围以下面竖直的角度生长。

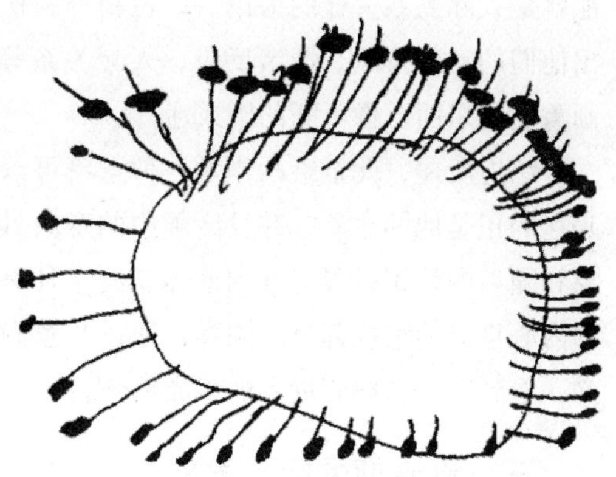

图3-4　5岁儿童画的长满树木的池塘

（3）图式期（7～9岁）。在图式期，儿童开始依照基底线（基底、地形）、地平线或其他参照标记进行空间组织，同一幅画里不同事件有组织地集合在一起，这个阶段是有形体概念的形成阶段。

（4）写实萌芽期（9～11岁）。在写实萌芽期，儿童注意到一种透视现象，获得重叠形式的表现能力，不画出隐蔽部分，如天地相接；物体后的其他物体只是部分可见，线条更具现实性而非几何化；程式化图式和基线安排的现象消失，发现了平面的形式。

（5）拟写实期（11～13岁）。在拟写实期，儿童能够画出物体从任何角度实际看上去的样子，并开始学会表现三维空间，所画的人物形象具漫画性，极少个性化。他们很少画自画像——“认同危机”，用色彩表现心境和情绪，其自我批评能力增强。

（6）青春危机期（13～17岁）。这是儿童绘画发展的决定性时期。在这个阶段，儿童对环境的批评意识增强，强调价值关系，能够进行语言抽象，通过演绎能力进行预测，能进行审美思考。

罗恩菲德认为，这些阶段是来自遗传的知觉程序自然展开的结果。虽然各个儿童有不同的发展特征和速度，但整体的形式和步骤却是相似的。儿童需经过一个阶段才能进入下一阶段。既然这些阶段是自然发展的，因而教师对儿童美术的学习就不该予以干涉。不要试图教儿童怎样绘画，而应该只是提供材料和刺激，让儿童自我表现，以自己的速度、自己的方式发展他们的美术能力。

奥地利医生、精神分析学家和心理学家弗洛伊德曾对儿童画进行了大量的研究，并将儿童对图像的认知归结为下意识或潜意识图形，即梦幻般的意识。儿童绘画是他们对生活的稚拙表达，作品中出现的艺术趣味，并不是儿童有意的追求，是他们情感的自然流露和绘画能力受到局限的一种反应。因此，儿童画也是一种心理意象，它是儿童心理和表现能力结合的产物，是其内心潜意识的一种流露。皮亚杰曾指出，“幼儿绘画是信号性功能的一种形式，它被看做象征性游戏和心理表象之间的中介……是把客观现实吸收到主体自己图示中的一种自发的同化作用”。心理医师认为，儿童绘画可以看出他们的个人物质指标，画中缺乏人物，可能就是人际关系欠佳的警讯。一位精神科医师说，在儿童游戏与绘画中，可以看出他们的动作发展、情绪反应、人际关系等重要指标。例如，自闭症儿童很喜欢画重复的东西，像不断的圆或迷宫。

综上所述，儿童绘画作为一种意象可以透视出儿童的心理。儿童画中的图像表达的正是他的意象，并且绘画中的意象具有一定的象征性。不管一个人通过意象和随后的认识过程觉察到或体验到了什么，它们都会成为这个觉察者或体验者的内心世界的组成部分。同样，通过儿童画可以觉察、体验画面中意象的象征意义，看到儿童的内心世界的组成部分。

三、青春期的行为发展

青春期是儿童期和成年期之间的一个过渡阶段。儿童完全依赖父母获得抚养和教导，成年后则能够独立生活，青春期原则上不以年龄为根据，因为文化和社会环境在很大程度上决定了什么年龄才获得充分的心理独立性。因此，青春期主要是指个体生理特征的变化。女孩的青春期一般在 8 ~ 12 岁，而多数男孩的青春期则在 11 ~ 14 岁。

青春期是人生中最好的年华，是一个充满变化、探索和活力的时期，同时也是一个充满情绪骚动、精神错乱和问题的阶段。青春期的生长发育和性成熟会引起极大的心理困惑。调查表明，当被问及青春期第二性征发育时的反应时，只有极少数青少年表现得很成熟；相当多的青少年，尤其是女孩感到担忧或者焦虑；有少数显得惊慌失措。青春期遇到的重要的心理问题是情绪不稳定和缺乏安全感。很多男孩或女孩不知道自己应该自立还是依赖父母，在异性追求、学业前途等方面的压力容易使他们产生焦虑，缺乏自信和希望。青春期的另一个问题就是理想与现实的不一致。处于青春期的孩子充满热情和抱负，富于理想主义，但是对社会现实缺乏了解。由于抱负和理想，使他们好高骛远、想入非非，可是现实又很容易让他们心灰意冷，甚至忧心忡忡。青春期是生长发育的高峰期，也是心理发展的重大转折期，因为身体迅速发育而要求独立，又因为心理发展的相对缓慢而保持儿童似的依赖性和成人似的独立。青春期就是在这种相互矛盾的心理状态中挣扎。因此，青春期是一个更需要调适和发泄压力与困惑的时期，也是设计与艺术需要重视和发挥功能的重要阶段。

艾里克森（E. H. Erikson）指出，相比人类成长的其他时期，青少年期的发展是最喧闹和最引人注目的一个时期。艾里克森将人生发展的八个阶段称为心理社会发展阶段，以区别弗洛伊德提出的心理——性发展阶段。艾里克森认为，在个体发展的不同时期，社会对个体提出了不同的要求，在个体自身的需要和能力与社会要求之间就出现不平衡现象，这种不平衡给个体带来紧张感。他根据个体在不同时期的心理社会危机的特点，将个体人生发展过程划分为八个阶段（见表 3-1）。每个阶段都有其特定的发展任务，每个阶段都存在着特有的心理危机。他认为个体人格的发展过程是通过自我的调节作用及其与周围环境的相互作用而不断整合的过程。

表 3-1 艾里克森划分的人生发展阶段

年 龄	标准危机	年 龄	标准危机
0~1 岁	基本信任与不信任	青春期	自我同一性与角色混乱
1~2 岁	自主与羞怯、怀疑	成年早期	亲密与孤独
3~5 岁	主动性与内疚感	中年期	繁殖与停滞
6 岁初情期	勤奋与自卑	老年	自我完善与绝望

当今，随着 Hip-Hop（包括说唱乐、打碟、涂鸦和街舞）在世界的流行，涂鸦艺术也成为一种全世界时尚年轻人的标志。涂鸦是表现青少年的情绪和困惑，蕴藏着一种属于年轻人的自由感和豪放不羁的野性，这些是在成人艺术中所找不到的新鲜元素。例如，那些在街头风吹雨淋的涂鸦字体被广泛运用在设计中，世界著名品牌路易・威登（Louis Vuitton，LV）出品了一款涂鸦手袋（Graffiti Alma），在 LV 旅行袋中演绎街头涂鸦文化。社会、学校和家庭应该理解青春期心理和行为的发展，尝试用不同的方式帮助青少年正确地表达自己的情感，避免不良情绪和过大的压力。

四、人类的学习与条件反射

1. 学习的过程

我们每天的活动无不与学习有关。想象一下，如果你突然把学过的所有东西都忘记了，什么都不会了，不会阅读，不会写字，忘了回家的路，又不知道如何用语言表达自己，你将怎样办？学习的重要性是不言而喻的。

学习是由经验引起的相对持久的行为变化。注意：这个定义不包括因为动机、疲劳、成熟、疾病、受伤或者药物所引起的暂时的行为变化。虽然那些因素都能改变行为，但都不能称为学习。

学习是练习的结果吗？如果只是单纯地重复一个反应，并不一定能产生学习。在经典条件反射和操作性条件反射中，强化是学习的钥匙。强化是指增加一个反应再次发生的可能性的任何事件。反应是指任何可以被确认的行为，包括诸如眨一下眼或吃一块糖等可观察到的行为，也包括诸如心率变化等内在的反应。

如果你想教狗一个“本领”，如让它坐起来，你就要在狗每次坐起来的时候给它一些食物，以强化它的正确反应。同样，你也可以在一个孩子收拾玩具的时候给予赞扬，以强化他保持整洁的行为。学习也会发生在另一类情境中，如一个女孩被蜜蜂蜇过，她因此学会“害怕”蜜蜂。这是另一种强化作用，即女孩的恐惧是因为她一看到蜜蜂就想到疼痛。经验对学习有着促进作用。

为了更加深入地理解学习，我们首先需要注意在一个反应之前和之后都发生了哪些事情。引起反应之前所发生的事件为“前因”，随着反应而出现的效应为“后果”。只有了解学习的前因和后果，才能够理解学习的本质。

2. 条件反射的情绪反应

人类的学习到底有多少是建立在经典条件反射基础之上的？从本质上看，形成经典条件反射的基础是反射反应。反射是天生的、固定的“刺激—反应”联系。例如，疼痛会引起身体各个部位的退缩反射；在强光照射下，眼睛的瞳孔会反射性收缩等。对于人类而言，把一个新的刺激与各种反射行为联系在一起是完全有可能的。

（1）条件性情绪反应。条件反射以非常微妙的方式影响着我们的生活。面对各种新的刺激，我们不但学会了许多简单的条件反射，还形成了许多复杂的条件反射，如某种情绪反应。例如，在你小的时候，当你受到责骂时，脸就会涨红，脸红是你情绪反应的一部分；现在，每当你感到尴尬或害羞时，你的脸同样会涨得通红。

通过条件反射，许多不随意的、自主神经系统反应（如自主性反射）都能和新的刺激或情境结合在一起。当然，这也同样适用于动物。狗的主人最常犯的一个错误就是叫狗过来而它不过来时打它，这样一来，主人的呼唤往往会成为狗恐惧和退缩的条件刺激，狗也不愿意靠近主人了。因此，打骂或体罚孩子往往是父母们所犯的同样性质的错误。

恐怖症是情绪性条件反射的又一个例证。恐怖症是习得性恐惧，是指一个人即使在真正的危险不存在的情况下仍然体验到恐惧感，包括恐惧某种动物、某种东西、水火、雷电、臭虫、置身于高处、乘电梯，等等。这是因为人在想到这些事物时，往往会回忆起并感受到真正遇到这些恐惧的对象或者刺激时所受到的惊吓及伤害。这种类型的反应被称为条件性情绪反应。条件性情绪反应是指对中性刺激的一种习得性反应。通过刺激泛化，条件性情绪反应可以发展成为恐怖症。

毋庸置疑，人们的喜怒哀乐许多都是通过条件性情绪反应学会的。例如，在一项研究中，让大学生对一些彩色几何图形进行评价。某些图形在呈现时伴随着电影《星球大战》中的主题音乐，研究者认为这样能够引起被试者的愉快情绪。此时，彩色的图形是条件刺激，令人兴奋，音乐是无条件刺激。在评价时，被试者将形成条件性情绪反应。测验结果证明，大学生们对愉快音乐条件呈现的图形给予很高的评价，而对于那些在没有任何背景音乐下呈现的图形则评价很低。根据这个道理，广告商们总是让令人愉悦的画面和音乐与他们的产品同时出现。

（2）间接性条件情绪反应。条件性情绪反应也可以间接习得。例如，一个信号灯亮过之后，被试者受到电击；此时，你只是在一旁看着，从没受到过电击。之后，你在看到信号灯后，也会产生类似的情绪反应，即对电击的同样的条件性情绪反应。生活中，孩子们看到父母对雷电的惊恐反应，也就学会了对雷电的恐惧。

间接性条件反射是在我们观察其他人对某种刺激的情绪反应时形成的，并使我们也学会了对这个刺激的情绪反应。在很多情况下，这种间接的学习会影响到我们的情绪。例如，父母、朋友和亲戚的情绪都可能对我们有很大的影响。

一个城市中长大的儿童可能从未见过蛇。但怎么就学会了对蛇的恐惧呢？为什么会对蛇的图片有恐惧性情绪反应？人们对蛇、山洞、蜘蛛、高处和其他一些东西的恐惧可能是从恐怖电影中学到的。你可以告诉孩子说："蛇是危险动物。"但孩子并不会听你一说就害怕蛇。可是，当儿童看到电视中蛇的图像并观察到人们"谈蛇色变"的恐惧表情后，就会产生这种条件性情绪反应。推而论之，我们对于一种食物、一件事情、一个政党或一类人的态度，不仅可能通过亲身的经验形成，也可能通过间接的方式形成。

第二节　个体行为的动机、情绪和认知

一、个体行为的动机

人为什么喜欢某些事物，而讨厌另一事物？为什么在艰难困苦的条件下，有些人仍然能够坚持工作和学习？为什么有些人对某些品牌或产品具有特别的偏好？这些都是与人的动机有关的问题。心理学对动机有不同的看法。一般而论，动机是由一种目标或者对象所引导、激发和维持的个体活动的内在心理过程或内部动力，或者说，动机是我们行为开始、维持、导向和终止的原动力。许多活动的引发都是从需要开始的。例如，寻找食物的需要是由于缺乏食物；接下来，需要引起某种内驱力的增强；寻找食物的内驱力就是饥饿。内驱力激发人进一步的反应，即一个行动或一组行动。最后，特定的目标实现了，人的特定需要得到满足后，动机就消失。动机产生的过程见图 3-5。

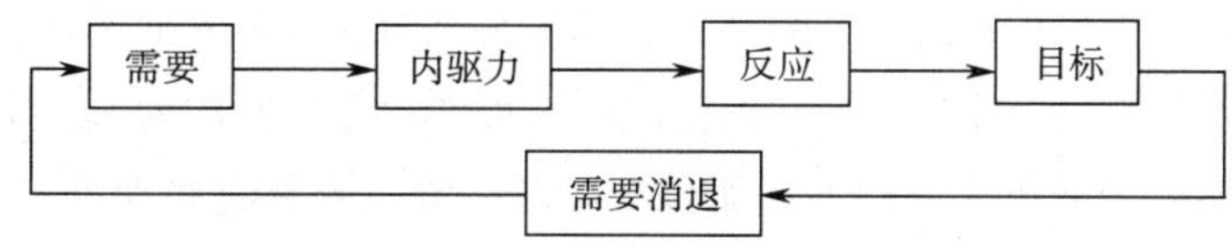

图 3-5　动机产生的过程

1. 需要与刺激

（1）需要。动机构成人类大部分行动的基础，动机的产生需要内驱力，而决定内驱力强度的主要有需要和刺激两个因素。需要就是个体缺乏某种东西的状态，这种状态是个体对内部环境或外部环境的一种要求。这种不平衡的状态包括生理不平衡，如解决饥饿和渴、对空气和睡眠的需要、维持正常体温等；也包括心理的需要，如权力的需要、亲密关系的需要、获得认可的需要等。需要是个体活动的基本动力，推动人类从事基本的摄食到生产和劳动、进行创作和科技发明创造等。在需要得到满足时，这种不平衡的状态暂时消失；当新的不平衡产生时，新的需要又产生了。正如马斯洛（Abraham H. Maslow）把人类的需要分为生理需要、安全需要、爱与归属的需要、尊重的需要和自我实现的需要五个等级，同时，这些需要构成了不同的等级或水平，在高级需要出现之前，必须先满足低级需要。

因此，当一个人不能满足温饱或为自己的安全感到担忧时，他是不会追求爱的需要或者尊重的需要的。就现代社会而言，人类的低级需要如生理需要容易满足，所以对人类的支配力量较小，而爱与归属的需要、尊重的需要等高级需要对人类的影响力更大，满足这些需要要具备良好的外部条件，因此更难以满足。

（2）刺激。刺激是产生动机的另外一个因素。刺激是能够激起个体的“定向行为”，并能满足某种需要的外部条件或刺激物。例如，美食激发人的食欲；时装引发人的购买欲；挑战能够激发人的成就感。刺激可能是物质的，如美味佳肴；也可能是更复杂的事情，如对成功、地位的追求等。刺激有积极和消极的区别，积极的刺激对个体有吸引力（如美食），消极的刺激是个体回避和逃避的（如疼痛）。

2. 动机

只有了解一个人的动机，才能比较准确地解释和分析他的行为。与需要相对应，可以把动机分为生理性动机和社会性动机。起源于有机体生理需要的动机称为生理性动机，如摄取食物、寻求住所等。起源于社会性需要的动机称为社会性动机，如获得相应的地位和成就。由于社会性动机是后天习得的，因此在人与人之间有着很大的个体差异。以个体操作水平为例，在相同的操作条件下，个体操作效果的差异，有时候不能用技术水平、知识、能力、训练等因素来解释，行为背后的动机可能是导致操作水平差异的主要原因。

动机与行为之间的关系非常复杂，动机是不可见的，它是联系需要、反应和行为的中介，只能通过间接的方法判断其特性。第一，相同的行为背后可能存在不同的动机。例如，虽然是购买相同的服装，顾客的购买动机可能是各种各样的，有的顾客是确实需要买衣服；有的是为了模仿某个明星或名人的风格；有的是看重产品对身份和地位的体现。第二，相同的人可能存在不同的动机。不同文化背景的人表现出来的动机是不同的，而且个体的差异也导致有些动机占主导地位。有的顾客的主导购买动机是满足基本的生理需要，但是同时也有满足好奇、探索、争强好胜等需要，这些动机处于从属地位。第三，相同的动机可能由不同的行动表现出来。例如，个体喜欢某件物品，可能表现为炫耀，也可能表现为藏匿。

（1）生理性动机。生理性动机是以个体的生理需要为基础，尤其是处于婴儿期的个体，其行为主要来源于生理需要。成年后，饥饿、渴、性等基本需要仍然是产生动机的重要因素。

1）饥饿和渴。不管在什么时代，饥饿动机的研究都是广泛的心理学课题。饥饿导致进食是体内平衡机制的一个方面。但是，饥饿动机引发的生理和行为的过程是复杂的。个体必须首先能够察觉到内在的食物需要，产生进食行为，还要觉察到饱足并停止进食。许多学者的研究表明，除了内在的饥饿感，食物的味道、气味、色泽等是重要的外在信号，让人感到愉快和享受。人类的进食欲望确实是由生理状态所推动的，即体内化学变化和下丘脑的活动，然而饥饿并不仅仅是满足胃。在现代社会，虽然许多人已经解决温饱问题，但是进食障碍、肥胖、狂食症、减肥等问题都与人的饥饿动机有关。查尔斯曾经说过："戴安娜实际上是一个非常不自信的人，她近乎天真烂漫地想为别人做好事，以此把自己从常常的无价值感中解脱出来，而进食障碍仅仅是她无价值感的一种征兆。"

渴是由体内缺乏水分引起的不平衡状态。与饥饿动机相比较，渴具有更强的驱动力。研究表明，渴与饥饿都是由下丘脑调节的，而非与口腔及喉部的干燥程度有关。此外，渴在很大程度上也受个体经验和文化价值观的影响。正常情况下，人的饮水行为能够保证体内水的平衡。口渴时，个体会选择不同的饮料，如白开水、绿茶、果汁等。在建立这种学习行为的过程中，初级的渴的动机是重要的。但是，一旦行为习得以后，初级信号就不再有原来的重要性，反而是条件刺激支配着饮水的行为。具有独特包装和吸引人的广告的饮料，如软饮料、茶、咖啡等，一旦成为条件刺激就会产生体内缺水信号而改变饮水行为。许多人有餐后饮茶的习惯，几个人边饮边聊比一个人独处要饮得更多，而且由于茶具有一定的文化象征意义，促使有些人偏爱饮用，而不管身体是否需要。

2）性。性是一种强烈的个体动机，它不像饥饿动机、渴动机一样，不是个体生存和维持生命所必需的，但它是种族生存和延续所必不可少的。性驱动力是由性激素的刺激引起的，但是程度有限。在人类社会中，理性、文化和情绪因素等都会影响性驱动力。按照一般社会的传统惯例，婚姻是唯一合法的性生活方式，其他性行为一般都是受到谴责的，某些情况下还被法律禁止。所以，人们的性行为受到社会习俗和道德评价的影响，而且在同一社会里，不同时期对性行为的观念和宽容度也可能发生变化。性意识对于艺术和设计都是非常敏感和极富挑战的心理因素。在现代许多的广告设计和产品设计中都会利用与"性"有关的元素吸引消费者。

3）好奇。好奇也是人体的一种内在的需要，但是严格意义上讲，它不是生存所必需的。这一类动机源于认识食物源、危险源以及其他重要环境信息的需要。好奇在动物身上就有体现。实验证明，猴子宁愿花费两个小时的时间把箱子打开取得食物，而对散落满地、随手可得的食物置之不理。个体的好奇与生理上的需要无关，而是取决于外部的刺激。刺激越新奇越复杂，好奇的驱动力就越大。不同的人对新颖、特殊、意外的刺激反应方式不同。高强度刺激寻求者更加浪漫，更愿意变革，更有可能参与高危行为，如滥用药品和危险性行为等；低强度刺激寻求者则更加传统，更加喜欢安静。婴儿能下地走路后，家里几乎所有的东西都成为他们的玩具，而且很有可能被他们破坏。

（2）社会性动机。社会性动机以人的社会文化的需要为基础，来自后天习得的需要、内驱力和目标。社会性动机的形成是个体在一定的社会文化背景下，逐渐习得的。初生的婴儿不具有社会性动机，在以后的成长中，会逐渐学会获得父母的称赞，成人后则要求参加一定的群体，与人交往，获得成就。这些都是通过学习形成和发展起来的。社会性动机有助于解释和分析人类行为的多样性和丰富性。有研究认为，社会性动机是以生理性动机为基础，经推演扩大而获得的，但是，一旦形成某种行为的动机后，就会脱离其生理性动机，具有一种独立支配个体行为的功能，这也是为什么社会性动机可以用来解释很多人类的复杂行为。例如，许多人为某种信仰宁愿放弃优越的生活，以生命为代价也不觉得艰苦。

1）恐惧。恐惧能驱使个体产生某种活动，也能够引起个体逃避某个恐惧物的行为。恐惧常常是由外界刺激引起的，这些刺激可能构成直接的威胁，也可能是不具体存在的。大多数人在看到蛇或蜘蛛之类的动物时都会害怕。有研究表明，人类的这种恐惧心理是在进化过程中形成的，这种现象可以追溯到非常遥远的远古时代。人类的恐惧是一种警报系统，可以使人类远离危险或者保护自己。对敌人的恐惧，使人类团结起来战斗；对惩罚或者报复的恐惧，使人类停止相互伤害。恐惧使人类认识到问题，并思考相应的对策。在人的精神世界中，恐惧是非常强大和极具支配力的，人所要面对的最大恐惧是死亡、鬼神和未知事物的不确定性。因此，许多设计艺术作品表现恐惧也宣泄恐惧。例如，许多公益广告利用人对死亡的恐惧来告诫人们拒绝毒品、避免吸烟的危害、防止传染性疾病等，这些广告具有很好的说服性。

2）攻击。在动物和人类的行为中，攻击是指具有侵略性和破坏性的暴力行为。对于动物而言，攻击动机大部分是受饥饿、安全、繁衍后代和领地占有等需要而产生的，是维持生命的合理部分。对于人类而言，攻击是导致他人身体上或心理上的痛苦的有意伤害行为。攻击动机是后天习得的，其诱因也许是为了事物或是异性，攻击对象可能是同类，可能是异类，也可能是环境中的其他物种。攻击可以分为目的性攻击和手段性攻击。目的性攻击的目的是给他人造成痛苦或伤害；手段性攻击，也存在伤害他人的动机，但伤害是为了达到其他目的，而不是给他人造成痛苦。从心理问题的严重程度来看，前者比后者要严重得多。有学者认为，人类攻击动机的产生是由于个体的其他动机受到挫折的后果。但是，儿童的攻击性行为并不带有敌意，仅仅是排除障碍。彩图3-1是一位大学设计教师杨艳萍设计的招贴，表现的是一个被恐怖活动致伤，造成血流满头的人在呐喊、在抗议恐怖主义的行径。设计通过强烈的图形语言，来表现出反恐怖是爱好世界和平的人们共同的希望。

3）交往。人类不但受饥饿和繁衍的驱使而形成某种动机，而且还具有与他人建立联系，甚至可能在持久亲密的关系中强烈地依恋某个团体或某些人的渴望。交往动机促进人们结交朋友、寻找安全感，与人建立良好的关系。实际上，人类花费大量的时间来处理现实中的社会关系，他们需要得到自己认为重要的人的包容、接纳和理解，这种归属感使个体形成自尊、热情等积极的感情，并且愿意帮助他人。如果被社会或团体拒绝和排斥，个体会感到孤独和压抑，甚至会促使个体极端的行为发生。希尔（N. Hill）认为人与其他人交往有四个主要原因：通过将自己与他人比较以减少不确定性；获得情感支持；获得他人的注意或赞赏；受到社会认可的刺激。具有较高交往需要的人，更愿意与人建立亲密关系，他们更能得到更多的社会支持，生活方式更健康，患心理障碍的可能性更低，寿命更长。

正如鲍迈斯特和利里所说，人类是根本地和普遍地受到归属需要的激励。因此，交往和归属的需要是人类动机的重要驱动力，也是企业产品设计和企业形象设计中必须考虑的重要因素。

4）成就。对大多数人来说，工作是生活中的重要组成部分。成就动机是个体工作效果的决定因素。成就动机是指个体愿意从事具有一定意义的活动，并能够取得完满的结果，这也是后天习得的动机。成就动机对个体活动具有重要作用。许多研究发现，在两个智商大体相同的个体之间，具有高成就动机的人取得的成就会更多。在对杰出学者、运动员和艺术家的研究中发现，这些人成就动机高，自律，愿意每天把时间花在他们追求的目标上。这些超级明星的成功之路不在于他们先天的才能，而是在于他们日常的艰苦训练。成就动机高的人倾向于选择有难度和挑战性的任务，而不选择容易的或非常困难的任务。对于设计和艺术活动而言，成就动机或满足成就需要是非常重要的。对于消费者而言，拥有某个产品或者品牌也可能是满足他们成就动机的重要标志。

二、个体行为的情绪

人类在认识世界和发现世界的过程中，与周围环境发生交互作用，与现实的人或事发生多种联系。人在日常生活中，总会遇到各种情况，对客观事物产生不同的认识，并总以带有某些特殊色彩的体验形式表现出来。因此，人的一生会不断体验高兴与喜悦、悲伤与焦虑、生气与憎恨、震惊与恐惧、爱慕与敬佩等各种情绪。情绪塑造了人类的生活、行为与人际关系，给我们的日常生活增添了色彩。

情绪是以生理唤起、主观感觉、面部表情和适应性行为为特征的状态。情绪是心理的，也是生理的，无论怎样的情绪都涉及机体活动。情绪的唤醒涉及自主神经系统的活动，在激动、紧张的情绪中，人的呼吸加速，心跳加快，血压和血糖上升；突然的惊吓，会使呼吸的短暂中断，脸面变白，出冷汗等。在许多情况下，唤醒是具有适应性的，考试时的警觉（适度的唤醒）是有好处的。

主观感觉是个体对生理唤醒所产生的自我感受，人的主观感受与外部反应存在固定的关系。愉快和兴奋的体验常常伴随笑容和手舞足蹈。因此，情绪是个体的主观体验，情绪产生时，喜、怒、哀、乐、忧，只有自己才能体验，虽有外显行为变化，但是情绪本身是主观和内在的意识经验。

除了个体内在的主观感觉之外，情绪具有独特的外部表现形式。表情包括面部表情、姿态表情和声调表情。面部表情由额头、眉毛、五官等全部面部肌肉变化组成的模式。例如，惊奇时，我们的眉毛上扬，眼睛瞪大，嘴巴张大；厌恶时，我们皱起眉头和鼻子，面部肌肉收紧等。面部表情是区别不同情绪最有效的方式，也是情绪表达的主要标志。当然，面部表情也是因人而异的。不同文化背景、性别或是不同情境下，面部表情会有所不同。我们是否能够通过男子的表情（见图3-6）准确地判断人的情绪呢？单看图3-6a中的这位先生的面部表情，他似乎很悲痛。在缺乏背景信息的情况下有时很难对面部表情和体态表达的情绪进行准确判断。实际上，他和他的妻子刚刚得知，他们所买的彩票中了100万美元大奖（见图3-6b）。

a）

b）

图3-6 男子的表情

除了面部表情，人类的情绪还可以通过姿态表情（如手势、身体姿态、动作），以及语调表情（如声调、语音、速度和节奏等）来表达。面部表情虽然能够反映情绪的性质，但是它的组合是比较复杂的。例如，在某人受到不公平待遇时，他的眉毛、面部和眼睛可能表达的是愤恨，而嘴角却流露出悲伤。因此，可以通过身体姿态来感觉情绪的不同。当一个人愉快时，身体姿态会比较挺拔和放松；当喜欢某件事物时，人体会倾向于所喜欢的对象；当一个人撒谎时，习惯性动作会增多，打手势不会像平时那样自然。除了面部表情和姿态表情，人的声调也是表达情绪的形式。例如，高兴时语调高亢、语速较快；悲伤时语调低沉、语速较慢。此外，惊奇、烦闷、恐惧、轻蔑等情绪将会伴随声调的变化。

“emotion”（情绪）一词的同根是“move”（动）。情绪确实能使人采取适应性行为。例如，具有愉快情绪的销售人员会带着满腔的热忱、好点子、喜悦和好奇心与顾客见面，跟他们谈话，学习某些东西，教他们一些购物的经验。人体在特定的情绪状态下被唤起，这种生理唤起使得我们在各种活动中体验到激动或感动。再如，个体也常常会由于愤怒、害怕或恐惧的情绪而采取攻击行为、躲避行为、寻求舒适、帮助别人等。适应性行为的作用是使人能够顺应环境的变化而生存下来。

综上所述，情绪是人类行为中最复杂的一面，也是人类生活中最重要的一面。整个世界的文学、戏剧和电影都是关于人的情绪和人的情绪体验的，设计与艺术也是有关情绪的。在设计作品中，设计师应该了解消费者的情绪性质，正确地唤醒消费者的积极情绪，或者准确地表达作品所应该表达的情绪。

与情绪密切相关的一个概念是情感，情感经常表示具有稳定而深刻社会含义的高级感情。情绪强调的是一种感觉产生的心理过程，一般与当时的环境相适应，持续时间较短。而情感具有较强的稳定性和持久性，如对于祖国的热爱、集体的荣誉感、对美好事物的欣赏等。情绪是情感的外在表现，而情感是情绪的内在内容和深度。有时候，并不能严格区分这两个概念。现代社会活动丰富多彩，娱乐活动提供了一种简单的快乐，可能是生理快乐，而艺术作品展现的是一种亚里士多德式的情绪，一种解释世界的心理快乐。

在产品设计、视觉传达设计和环境设计中，都是以引起人们的某种情感、情绪为基础的，这些情感产生的原因包括与生俱来的本能，也包括人类在成长过程中不断累积的体验、后天学习的知识，它们最终都会不同程度地反映于各种生理和心理的表达上，不同情绪的生理唤醒模式各不相同。例如，人们欣赏优美的图像、倾听动人的音乐时会呼吸均匀、情绪放松、感觉愉悦；看到刺激和暴力的画面，听到刺耳的噪声时会感觉紧张、呼吸加速、注意力集中，处于一种戒备的状态。从柏拉图和亚里士多德时代开始，人们便意识到艺术唤起人的情绪。在很多情形下，艺术设计的目的正是唤醒人们的某些情绪，以激发相应的生理和心理反应，使受众采取相应的适应性行为。

三、个体行为的认知

20 世纪 60 年代，随着信息理论、系统论、控制论和计算机科学与技术的发展，西方心理学出现了新的研究方向，即认知心理学。与行为心理学不同，认知心理学研究的是那些不能被观察的内部机制和过程，如感觉、知觉、记忆的加工、存储、提取和思维等。1967 年，奈瑟（Neisser）出版了《认知心理学》，标志着认知心理学的诞生。20 世纪 80 年代，完整的认知心理学体系基本形成。

1. 认知的概念

奈瑟（Neisser）在《认知心理学》中认为，认知心理学是感觉输入的变换、减少、解释、储存、恢复和使用的所有过程；认知是指信息感觉输入的变化、简化、加工、存储、恢复以及使用的全过程。这种观点强调信息在人脑中的流动过程，从感知信息开始直到最终作出行为结束。关于认知的定义，1982 年里特（S. K. Reed）进一步提出，认知通常被简单地定义为对知识的获得，它包括许多心理技能，如模式识别、注意、记忆、表象、言语、问题解决、决策等。1985 年格拉斯（A. L. Glass）在《认知》一书中指出，我们所有的心理能力（知觉、记忆、推理等）组成一个复杂的系统，它的综合能力就叫认知。多德（D. Dodd）在《认知的心理结构及过程》中强调，认知是为了一定的目的，在一定的心理结构中进行信息加工的过程。我们发现，所有这些关于认知的定义有一个共同点，即认知是作为产生许多事件的一系列过程，而且都强调了认知的成分。

奈瑟关于认知的定义中，还有储存和恢复信息的能力，显然我们能够长时间地储存我们创造的表象，也能容易地恢复或重建表象。因此，认知产生了人们使用的表象。对于奈瑟和许多认知心理学家而言，认知具有一种功能意义：它使人们能够完成许多较复杂和较高级的心理任务。例如，如果要求某人回忆他童年时一起玩耍的伙伴的样子，在他的心里，就可能意识到伙伴的意象突然出现在他面前，而且与真实的照片惊人的一致。在他的心里，甚至可以“扫描”到这种意象，伙伴的脸颊、眼睛、鼻子等。可以说，他就是用表象进行心理操作，表象就像照片，但不是照片。表象一般不太稳定，更像是一个个的片断，而且具有个体差异性。某个人青年时读一本书时产生的表象与他晚年时读这本书的产生的表象是不同的。由于视觉的重要性，大多数人都比较清晰地和经常性地发生视觉表象。很多实验和案例说明，科学家和艺术家通过视觉的形象思维能完成富有创造性的工作。艺术创作也是以鲜明的艺术形象或者声音在人们心中引发或者欢快，或者凄凉的景象。

2. 记忆

记忆是人类在长期的学习过程中，对头脑中积累和存储的信息保存和提取的过程。认知心理学认为，记忆就是对输入信息的编码、存储，并在一定条件下进行检索和提取的过程。因此，人类的记忆过程被划分为三个阶段：信息编码（习得）、信息存储（保持）以及信息提取。

信息编码是人的记忆对外界刺激信息进行某种方式转换与编码的过程。新输入的信息必须与人的已有知识与经验形成某种联系，才有可能形成新信息与巩固所获得的知识与经验。信息编码的过程可以是自动加工和注意性加工。对时间、空间和频率的信息编码一般属于自动加工，不需要意志努力。有些信息和知识是需要意志努力去编码的，如对于一些概念、电话号码、单词等。另外，个体对外界信息的接受是有选择的，只有那些对个体有意义的信息才会被有意识地记忆。

信息存储是记忆的核心，它是在信息编码的基础上，将已经加工的信息保存在记忆系统中，这些信息可以是感知的事物、练习过的动作、思考过的问题、经历过的情节等。感觉记忆、短时记忆和长时记忆可以分别将信息保持不同的时间长度。感觉记忆是通过感觉通道，如视觉通道、听觉通道等对感觉信息进行初步登记，这些信息主要是视觉信息和听觉信息，保持的时间十分短暂。图像记忆保持的时间约为1s，声像记忆在2～4s。在感觉记忆所登记的信息中，只有小部分信息通过再编码和重复得到保存。短时记忆一般持续5～120s，主要是以声音和图像的形式存储。短时记忆的持续时间和容量都非常有限。长时记忆是指在短时记忆中重要或有意义的信息经过充分的深加工后，在头脑中长期保持的记忆。它保存时间长，甚至可以保留终生，而且容量几乎是无限的。信息存储模型见图3-7。

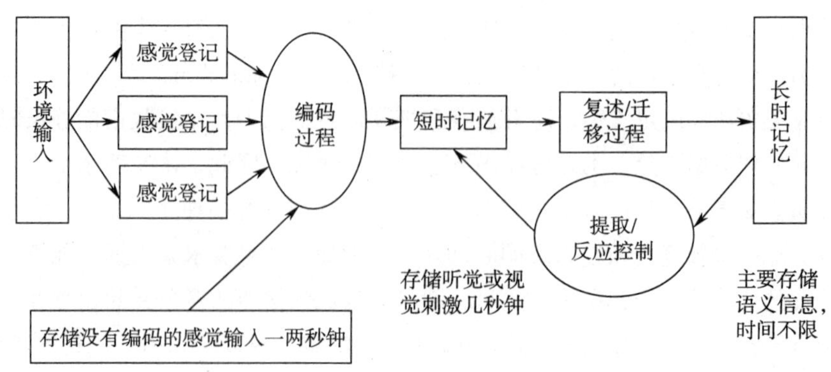

图3-7 信息存储模型

信息提取是信息输出的过程，是在某些相关线索的启示下，从记忆系统中查找出存储的信息，并进行运用的过程。再认与回忆是信息提取的两种重要方式。再认就是可以把以前学习或者思考的东西再辨认出来。研究表明，人对图片、相片或者其他视觉社会秩序的信息保持相当准确。比如，警察总是会利用再认方式，让目击证人通过辨认相片，或者让一些人排成一排，来指证犯罪嫌疑人。当然，再认也有可能出现错误，尤其是在受到干扰刺激的情况下。回忆是过去经历过的事物的形象或概念的重新再现，分为自由回忆和线索回忆。当被问到“今天上午你早餐吃过些什么?”时，你会说出一些食物的名称，这种回忆就是直接提取信息，即自由回忆。如果有人问你“今年的某月某日，你做过些什么?”，你也许不会记得，但是，如果提到那天你碰到的一个朋友，你可能就以此为线索很快把那天的事情回忆起来。实验结果证明，有线索回忆的成绩优于自由回忆。安德森（Anderson）和鲍威尔（Bower）提出过双过程理论（Dual-Process Hypothesis）来区分再认与回忆。他们认为，再认只是回忆的一部分，一般比回忆的成绩好。

心理学家对记忆理论的研究在不断地发展。其中具有代表性的有以下几种理论：

（1）信息加工观。这种理论认为，记忆或者各个储存器的单元构成了一个系统，这个系统具有加工各种称为认知代码表象的能力。认知代码可以通过控制过程从一个储存器转移到另一个储存器。首先是感觉登记存储器，特征觉察和模式识别过程迅速产生认知代码并将其暂时存储在这里。感觉登记的容量是极大的，保持的时间极短，视觉刺激的保持时间为250～300ms（1s＝1000ms），听觉刺激保持的时间约为它的10倍。认知编码接下来被转入短时储存，它的持续时间相对较长，材料在其中能够维持约30s，按听觉性质进行组织，但是容量有限。短时储存通常被称为“心理工作台”，其他储存的项目可以转送到这个工作台，进行加工。从设计研究的角度来看，我们必须知道在短时记忆中搜索一个内容客体需要约35ms的时间，而且每次搜索都会从头到尾扫描一遍短时记忆。短时储存中的未复述的材料很快衰退，有意义的信息进一步转入长时储存，保持了永久的记忆，容量非常大。长时记忆中的内容是有组织的，其组织方式是语义代码，即语义关系。例如，人的消费行为就是一个信息处理过程，消费者面对各种大量的商品信息，要对信息进行选择性注意、选择性加工、选择性保持、最后作出购买决策并作出购买行为。在这个过程中，商品信息引起了消费者的有意注意或无意注意，那么大脑就开始对所获得的信息进行加工处理，这个过程包括知觉、记忆、思维和态度，于是购买决策就产生了。

（2）双重编码理论。1975年美国心理学家帕维奥（Paivio）提出长时记忆中的双重编码理论。他认为长时记忆可分为两个系统，即表象系统和语义系统。表象和语义是两个既相互平行又相互联系的认知系统，表象系统以表象代码来储存信息，语义系统以语义代码来储存信息。人的视觉表象特别发达，它们可以分别由有关刺激所激活。语义代码是一种抽象的意义表征。一些离散的材料由于有了意义上的联系而被组织起来，使记忆变得相对容易。双重编码理论的研究表明，表象的加工具有一定的优势。大脑对于形象材料的记忆效果和记忆速度要好于语义的记忆效果和记忆速度。因为图像可以被表象编码系统进行强有力的加工，同时还能在一定程度上被言语编码系统加工。对于双重编码理论最重要的原则就是：可通过同时用视觉和语言的形式呈现信息来增强信息的回忆与识别。这一理论对于设计师的设计语言的表达具有重要意义。

3. 知识

认知心理学的知识观是知识理论研究的革命性进展，它强调知识的作用，认为知识是决定人类行为的主要因素。认知心理学认为，人类的知识是通过建构获得的，获得的过程包含重构过程，并且受到制约。人类大多数知识是从不同的领域逐个获得的。20 世纪 80 年代，认知心理学家对知识的类型有了较统一的认识，他们将知识分为陈述性知识和程序性知识。

（1）陈述性知识。陈述性知识是个体对有关客观环境的事实及其背景与关系的知识，说明事物“是什么”。陈述性知识主要是以命题网络的形式表征，同时涉及图式、表象和心理模式，在某种程度上，这种知识是静态的、相对不变的事实性知识，它代表个体对客观事物与事件的知晓和理解。例如，“北京是中国的首都”、“纽约是世界金融中心”等，这些都是事实，也是其他人所认同的。当然，即使是陈述性知识是错误的，它也会以这种真实的形式表达出来。例如，一个考生在回答“请解释包豪斯的意义”时，写道“包豪斯是一个人”，回答虽然是错误的，但仍然是以一种“真实的形式表达”。因此，陈述性知识的获得需要学习者进行精加工，还要对新信息加以组织。

（2）程序性知识。程序性知识包括动作技能和认知技能两个方面，在某种程度上是动态的、变化的。例如，我们经常遇到的计算机操作、打球、开车和解数学方程等都是程序性知识。相对于陈述性知识而言，程序性知识不仅仅停留在事物的状态上，它是表明事情该如何去做，并且要通过多次练习才能逐渐存储在人脑中。一旦被习得，程序性知识的运用速度比陈述性知识更快，尤其是运动技能，如果达到熟练的程度，就不会被遗忘。因此，我们可以看到，陈述性知识是获得学习程序性知识的基础，学会“怎么做”，必须知道“为什么”和“怎么样”的问题。同时，程序性知识的获得也为获取新的陈述性知识提供了可靠的保证，陈述性知识的获得离不开对某些信息的判断或转换，主要依靠的是个体的程序性知识，任何的陈述性知识的获得离不开过去知识的基础，而这其中就包括大量的程序性知识。例如，人们在学习驾驶时，首先应该了解一些陈述性知识，如汽车行驶规则等，在此阶段，初学者的完成是非常艰辛的，需要逐条记忆每一项规则，并缓慢地操作每一步骤。经过练习和接收到的反馈，虽然不会太熟练，但是学习者已能将各个步骤联合起来，流畅地完成有关的活动。随着进一步的练习，学习者最终进入自动化阶段，常常可以无需意识的控制或努力就能够自动完成有关的活动步骤。例如，一个人在开车时可以一边说话，一边顺利地换挡，在交通拥挤的路面上连续地改变方向，表明他们已达到自动化阶段，即获得了有关的程序性知识或技能。

程序性知识对设计知识与用户知识的设计系统概念具有一定的参考价值。设计知识是对设计师的知识进行描述和构建的模型；用户知识是对用户操作使用产品积累的知识的描述和构建的模型。塞托（Sato）提出的设计知识与用户知识模型，见图3-8。设计模型是设计过程中造型和色彩设计知识、生产过程中的工艺和材料知识，以及设计管理中的企业产品形象、设计组织知识的获取和建模，涉及设计过程中造型专家系统的原理、规则和方法；用户模型涉及用户对特定产品的理解、操作规则及使用方式，涉及用户心理模型和用户知识的获取和建模。图中的中介是产品、服务、营销和用户的报告。

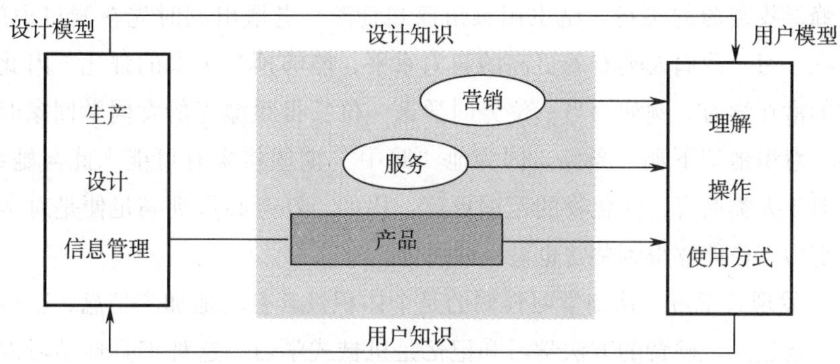

图3-8 塞托提出的设计知识与用户知识模型

4. 认知学习

学习是个体在一定情境下由于反复地经验而产生的行为或行为潜能的比较持久的变化。学习是一种复杂的心理过程，它不仅与感觉、知觉、记忆、思维等认知过程直接相联系，而且还涉及人的情绪、动机个性和社会化问题。

认知学习是指个体积极、主动地对相关信息进行接收、编码、操作和利用，获得知识形成认知结构的过程。认知学习超出了基本的条件反射式学习，是一种包括记忆、思维、问题解决和语言因素的学习过程，下面只简单介绍除条件反射之外的某些其他类型的学习。

（1）认知地图。认知地图是在过去经验的基础上，产生于头脑中的，某些类似于一张现场地图的模型。它是一种对局部环境的综合表象，既包括事件的简单顺序，也包括方向、距离，甚至时间关系的信息。托尔曼根据白鼠学习迷宫的实验提出，动物学习不是在一连串刺激和反应之间建立联系，而是在脑内形成了迷宫格局，称为认知地图。认知地图包括道路、标志、节点、区域和边界五个要素。例如，当你第一次来到某个陌生的城市时，如果没有这个城市的地图或者向导，就容易迷路；或者虽然有一张地图，如果你不能对这个城市的主要街道和方向形成一个心理表征，还是容易迷路。你一定熟悉你所居住的城市，因为你对于这个城市的布局已经有了一张比较完整的心理地图或认知地图，即你已经形成对某一区域、道路或标志性建筑的内部表征。因此，你每天并不是仅凭记忆从家里走到学校的，不管你走哪一条路线，心理地图都在做你的向导。

（2）潜在学习。潜在学习是指学习不表露在行为上面。学习是在低等的驱动力（drive）之下进行，学习者对此并未激发任何动机，也不需要作出反应。但当强化物一旦出现，学习者就能运用已学到的东西。布罗哥特（H. C. Brodgett）有关潜在学习的实验说明，即使在无报酬期间，学习也曾经潜在地进行。潜在学习对于学习中的刺激—反应理论，从认识理论方面提出了有力的反证，后来成为围绕学习理论的主要争论问题之一。在托尔曼理论体系中，它是指学习的发生并没有立即转化为操作表现，而是保持潜伏的状态，直至有某种原因需要用它时，才转化为行为。托尔曼的研究表明，奖赏只是一个操作表现的变量，而不是一个学习的变量。潜伏学习的效果是有机体在追求目的时运用已有“认知”的结果。例如，蜜蜂寻找蜜源的飞行，昆虫用触角探知食源，老鼠出洞时先在洞口观望等，都是潜在学习。我们人类有着更高的智力水平，能够预测未来的强化。因此会产生更多的潜在学习。例如，当一位男同学送一位长得很漂亮的女同学回家时，他也许会无意识地记下那一条路，因为他“暗中”期望将来有可能来此与她约会。此外，对于人类而言，强化物的范围更广。比如，好奇心得到满足便是对学习的强化，努力工作能够得到奖赏也是一种强化。

（3）发现式学习。认知学习强调的是个体积极、主动地加工信息，获得知识的过程。通过死记硬背的方法学习和记忆是机械式学习，这种工具性学习方法是有效的。发现式学习主张学习者进行独立学习、独立思考，自己发现问题、解决问题并得出结论的一种学习方法。发现式学习强调学习者的主动性，强调学习的认知过程，重视学习者的知识结构的形成。布鲁纳认为，学习包括新知识的获得、知识的转化、知识的评价。这三个过程都要求学习者主动建构新认知结构。发现学习不仅成为一种学习方式，还成为一种教学方法而得到广泛的研究和应用。虽然发现式学习所需投入的时间较长，但它能够培养我们更深刻的理解能力和更强的顿悟能力，因此，这种投入是值得的。

第三节　设计师心理

设计师的动机、情绪和认知，符合普通个体的动机、情绪和认知的规律。这里，我们要讨论的设计师心理主要是涉及设计师关键设计能力的相关要素，包括设计师的能力、人格和创造力，以及设计师能力的再开发和设计师的压力与管理等。

一、设计师的能力

1. 能力的概念

“能力”一词，最初由美国哈佛大学教授麦克莱兰（D. McClelland）于1973年所提出，早期“能力”被当成是“人格特质”在研究，经过深入研究，有学者开始对人格特质与工作绩效之间是否具有相关性提出质疑，因而逐渐呈现多元化的探讨。

派瑞（Parry）针对特质、能力、技能与价值定义作了区分，他认为特质和特征是对于人格的描述，包括合作、积极、决策力、创造力等特质，是人早期即确定下来的，因此不具训练的效果；而技能/能力是天生和后天所混合而成的，技能通常在解决特殊的情况时产生；至于价值/风格，学者认为形成于人的早期（10岁左右），由环境和社会权威所塑成或所形成的角色模型，会影响管理者的管理行为；能力与技能最常被混为一谈。派瑞也提出，技能倾向情境化和特定性，而能力则被一般化和广泛化。因此，他认为能力是：① 一个包含知识、态度及技能的集群体，影响一个人工作最主要的因素；② 与工作绩效密切相关，它可以由一个可接受的标准所衡量出来；③ 它可以经由训练和发展来增强。

另有一些学者在能力的含义中加入学习的概念。例如，依万提斯（Evarts）指出，能力为学习者在预定精熟程度上展现出的知识、技能、情意上的行为或判断力。巴曼（Barman）则由后设角度，认为后设能力是能力的核心；它是指更高层次的智能、抽象概念及其他的基础能力，包括表达、主见、辨认、应用与沟通、团队精神、个案研究、工作分析及实务经验等，这些技巧都必须不断地去学习、适应、期待和创造。瑞林（Raelin）更强调能力的范畴必须涉及创造力、敏感性及直觉等不容易观察到的人性特质，同时涵盖“学习去学习”的有机能力；能力若不能被不断练习和提升，将逐渐地失去其效能。

在能力的内容的研究上，斯宾塞（Spencer）提出冰山模型来解释能力的项目与特性，认为能力是指一个人所具有的潜在基本特质，而这些潜在的基本特质不但与其工作或职位上的绩效表现有关，同时也可以影响或预期工作行为以及绩效表现的好坏。斯宾塞认为能力特性有五种形态，分别叙述如下：

（1）动机。动机是指导人们行为的一致性意向或欲望。例如，具备成就动机的人们会为自己设立具有挑战性的目标，赋予自己达成目标的责任感，并不断修正以求更好。

（2）特质。特质是指与生俱来的生理特性，并对情境或信息的一致性反应。例如，反应速度灵敏与好眼力是飞行员的生理特质能力。

（3）自我概念。自我概念是指一个人的态度、价值或自我印象，如自信、中心信仰。

（4）知识。知识是指一个人在特定领域中所拥有的信息，而这些信息使某人“能做”某事，而非“想做”某事。例如，外科医生的知识为熟知人体的神经与肌肉。

（5）技巧。技巧是指执行特定生理或心智职务的能力，包括了分析性思考（处理知识与资料，决定原因与效用，组织资料与计划）与概念性思考。

以冰山模型表示的能力特性见图3-9。图中表面性能力（如知识和技巧）是较容易发展的，可经由训练的过程获得，也是员工能力中最具有效益的方法；至于潜在性能力（如动机与特质）因位于冰山模型的底部，相对于表面能力较难评估或以训练方式难以改变与发展，因此适宜以甄选来获得这些特征；而自我概念能力（如态度、价值观与自信）因介于以上两者之间，虽然需要花费较多时间且较困难，但能够经由训练、心理治疗及正面发展而改变，其关系见图3-10。

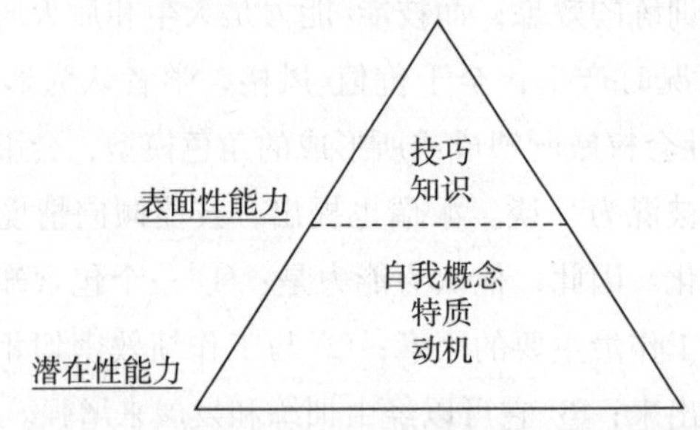

图3-9 以冰山模型表示的能力特性

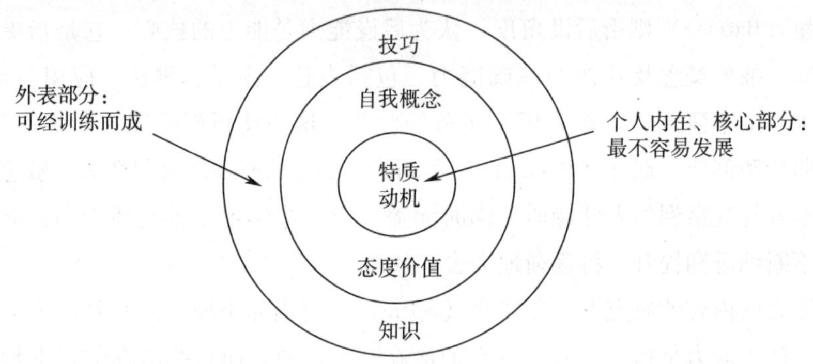

图3-10 核心与表面能力的关系

由此可知，能力的实际内涵已从投入取向转变成结果取向，强调个人在工作系统中的行动力，并且必须能够反映出行为人真正做了些什么。而个人的知识和技巧仅是能力要素的一环，更重要的前提是必须展现出绩效才算是有能力的。

整体而言，学者们对能力的描述，都指向能力是执行工作职务时应具备的要素，并且以个人全面性的特质为主，不局限在硬性的知识与工作技能，与工作绩效之间具有正向因果关系，所以要衡量能力的具备与否，必须从行为表现上来判断，唯有实际做出了那些可以达到卓越绩效的行为，方可认定确实具有这些能力。

2. 设计师的能力模型

设计能力是多方面的认知能力，每个人在某种程度上都可能拥有这种能力，即存在特殊的、“设计师式的”认知、思维和行为方式。事实上，像心理学家霍华德·加登纳（Howard Gardner）所说的，设计能力是人类天赋智慧的一种形式，这种观点是合理的。他的观点是，人类的智慧不是只有一种形式，而是包括多种相对自治的人类智能。他把人类的智慧分为了六种：语言智能、逻辑/数学智能、空间智能、音乐智能、身体动觉智能和个体智能。

设计能力似乎是通过这六种方式来扩散的，但是扩散的方式不一定完全令人满意。例如，霍华德·加登纳把解决问题的空间想象力（包括在大脑的思考）划分到了空间智能的范畴下，而把解决问题的其他能力（包括来自工程的例子）划分到身体动觉智能下。在这个分类中，发明家似乎与舞者和演员一样，这好像是不适当的。因此，我们应该正确地划分设计能力在智能中所属的类别。

虽然设计能力会或多或少地体现在每个人身上，但是有些人展现出的设计能力比其他人更强烈，同时设计能力也是随着经验而发展的。经验丰富的设计师会根据设计方面的先期经历提炼知识，同时，他们似乎也在方案、设想、快速解决问题的过程中领悟到探索的价值。他们把最初的设想作为实验，帮助他们确认与问题相关的信息。相比之下，新手设计师在创造方案之前，经常无法真正地认识问题。

2008 年，我们立足于国内艺术设计师，通过关键行为事件访谈法、团体焦点访谈法，对任职者及相关人员进行调研。通过编制能力测量问卷，运用探索性因素分析和验证性因素分析，得出设计师的设计能力的结构模型。通过行为量表的测量，验证了七大能力模块的结构，包括设计伦理、工作态度、人际理解、专业技能、创造力、自我管理和组织认同。该研究结论中，创造力的方差贡献率较低，这与国内专家的认同有差异。一般认为，创造力是艺术设计师设计能力的最关键因素，产生这种差异的原因可能有以下两种：一是本研究的数据和方法有一定的局限；二是创造力影响的重要性可能并不是国内设计师所认同的。

2009 年，我们在这一方面进行了进一步的验证性研究结果显示，设计人员最看重的是团队文化、工作的挑战性，以及相应的价值回报。具体而言，团队文化是指一种同事之间的互相信任与尊重，感到被团队认同与重视的氛围，以及强有力的领导环境；工作的挑战性则意味着所从事的工作内容以及所需要的技能提升等；而价值的回报则不仅仅体现为物质方面的收益，更体现在精神上的某种满足。由此可见，无论是工作本身，还是所处环境，都会对设计人员的绩效产生影响，换句话说，如果工作缺乏挑战性、没有领导和同事的重视与认可，技术人员的价值也是很难实现的。从另一个角度讲，技术人员所具备的成就导向、影响力、主动性等能力，已成为驱动设计人员产生高绩效的根本动因。同时，虚拟团队的设计人员也要或多或少地具备一些帮助与服务的能力以及管理能力，在处理各种图案、数字与文化的同时，更多地考虑面向客户的需求来定位自身价值。至此，通过研究彭剑锋和荆小娟关于技术类通用素质模型和我们实证研究的数据，设计师的能力模型也就形成了（见图 3-11）。

不同的职业类型，胜任特征也不同，这说明行业技术专用能力模型研究十分必要。从我们的研究得出的能力模型和特征行为不难看出，设计行业或设计公司不仅可以从上述七个模块入手对设计师的选拔和从业能力加以考察和评价，并可以从这七个方面入手制定适宜的培训计划提高其综合素质，这就为设计师的人力资源开发与管理提供了科学依据，也为设计师的职业化起到积极的推进作用。

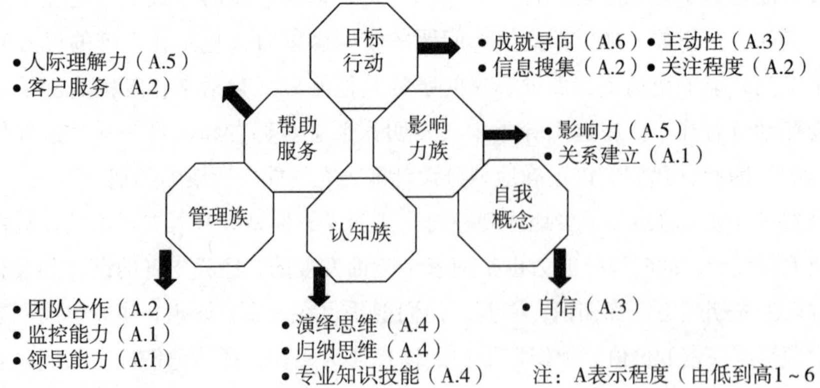

图 3-11 设计师的能力模型

二、设计师人格与创造力

1. 设计师人格

每个从事艺术设计职业的人都梦想成为设计大师，即最富有创造力的设计师，可是除了通过多年的专业训练和技能培养之外，究竟是什么造就了设计大师？作者认为最重要的决定因素之一就是其本人的人格因素。人格，即比较稳定的对个体特征性行为模式有影响的心理品质，简单来说就是个人的特性，正如前面对“创造力”的定义那章中所论述的那样，许多学者将人格特征作为定义创造力的依据，如吉尔福德等人。

前面已经介绍了吉尔福德等人所分析的创造力的人格特征，他和其他学者们提出了创造力的基本人格特征。之后，许多心理学家分别从不同领域展开创造力人格的研究，研究表明，非凡的创造者通常具有独特的个性特征，但是不同类型、不同领域的创造者的人格特征也具有不同特性，其中几种典型的人格特征研究见表 3-2。

表 3-2 不同领域具有创造力的人的典型人格特征

职业类别	研　　究	人格特征概括
发明家	洛斯曼（Rossman，1953）对于710位拥有多项专利品的发明者进行调查	具有创新性、能自由接受新经验、有实践革新之态度、具有独创性、善于分析。发明家对于自己成功的因素，多归因于毅力，其后依次为想象力、知识与记忆、经营能力以及创新力
建筑家	唐纳德·麦金隆（Mackinnon，1965年、1978年）对于40位富创意的建筑家所作的研究	有发明才能、具有独创性、高智力、开放的经验、有责任感、敏感、具有洞察力、流畅力、独立思考、碰到困难的建设问题时能以创造性的方法来解决难题

（续）

职业类别	研　究	人格特征概括
艺术家	科洛斯（Cross，1967）等人的研究。弗兰克·贝伦（Frank Barron）对艺术学院学生的研究	内向、精力旺盛、不屈不挠的精神、压力、易有罪恶感、情绪不稳、多愁善感、内心紧张。灵活、富有创造力、自发性，对个人风格的敏锐观察力，热情、富有开拓精神，易怒
科学家	卡特尔 1955 年对物理学家、生物学家和心理学家的研究。高夫（Gough）1958 年对 45 位科学研究者的研究	更加内向、聪明、刚强、自律、勇于创新、情绪稳定
作 家	盖特尔（Gattell，1958）以卡氏 16 种人格因素测验对作家进行研究。弗洛伊德 1908 年以精神分析法对于富创造力的作家进行研究	较为聪慧、成熟、有冒险性、敏感、自我奔放、自负等

美国学者罗（Roe）通过 1946 年、1953 年所作的关于几个领域的艺术家和科学家的研究，发现他们只有一个共同的特质，那就是努力以及长期工作的意愿。同样，洛斯曼（Rossman）对发明家人格的研究也发现他们具有“毅力”这一个性特征。其中，特别值得一提的，还有心理学家唐纳德·麦金隆（Donald Mackinnon）在 1965 年对建筑师人格特征进行的研究，他认为建筑师具有艺术家和工程师的双重特征，同时还具有一点企业家的特征，最适合研究创造力。因此，他选择了三组建筑师进行测试，每组 40 人，其中第一组是极富创造力的建筑大师；第二组是与上述 40 名建筑大师有两年以上联系或合作经验的建筑师；第三组是随机抽取的普通建筑设计师，通过专业评估，第二组的设计师的作品具有一定的创造性，而第三组的创造性比较低，研究发现三组建筑师的人格特征见表 3-3。

表 3-3　建筑师的人格特征

	大师组	合作组	随机组
谦卑	低	中	高
人际关系	低	中	高
顺从	低	中	高
进取心	高	中	低
独立自主	高	中	低
工作态度	更加灵活，富有女性气质；更加敏锐；更富直觉	注重效率和有成就的工作	强调职业规范和标准

建筑师作为艺术设计师中的典型，反映了设计师创造性人格的基本特性。从对其的研究看来，当艺术设计师从更高层次来要求自己的创作，那么，他们的人格特征往往更接近于艺术家，表现出艺术家的典型创造性人格，我们可以将其称

为“艺术的设计师”，在他们看来艺术设计是一门艺术，与其他纯艺术的创造没有根本的差别，因此他们受到某种内在的艺术标准的驱使，设计作品较为个性化，显得卓尔不凡，但有时并不一定能为大众所接受或者更加经济实用。另一个极端则是那些将艺术设计视为一门职业的设计师，他们比较注重实际条件和工作效率，但并不期望个性的表达或者做出经典之作，设计对他们而言更多是一种技能。这类设计师明显创造力不足，可以称为“工匠的设计师”。中间则是那些具有一定创造能力的设计师，他们的个性特征介于以上两者之间。

此外，设计师还需要具有一定发明家的创造性人格特征。例如，沟通和交流能力、经营能力等，这些虽然对于艺术设计创意能力并没有直接影响，但是却能帮助设计师弄清目标人群的需求，甲方意志、市场需要等，间接帮助设计师做出既具有艺术作品的优美品质，又能满足消费者、大众多层次需要的设计。

2. 创造力

对于创造力的定义，学者们一般有三种定义的角度，首先，从创造力的结果入手。例如，古希腊哲学家亚里士多德将“创造”定义为“产生前所未有的事物”。目前，国内心理学界比较认同的一种定义也是从这一角度入手的，即根据一定目的和任务，运用一切已知信息，开展能动思维活动，产生出某种新颖、独特、有社会或个人价值的产品的智力品质。这里的产品不等同于工业设计中的产品，它包含有更加广阔的含义，它是“以某种形式存在的思维成果，它可以是一个新概念、新思想、新理论，也可以是一项新技术、新工艺、新产品”。这一定义接近于广义上设计的意义，即创造前所未有的、新颖而有益的东西，因此，从这个意义上说，设计即创造，设计能力也就是创造能力。艺术设计中的创造力相较于广义设计的创造力有其特殊属性，即虽然艺术设计师有可能从用户的需要出发，在产品的功能或结构等方面做出一定的创造，但基本而言，主要还是针对设计对象的外观品质或视觉传达品质的创新。

另外一些学者则认为要理解创造力的概念，必须从创造过程入手，美国学者阿恩海姆（1966 年）提出“创造力是个体认识、行动和意志的充分展开”。他认为：“创造力中应该以超越感觉本身的一刹那的‘顿悟’来定义。”在这个层面上，创造力被看做是创造性思维活动的全过程。“设计思维中的创造性思维”中对此已详细阐明，这里不再重复。

第三种对创造力的定义，则强调创造主体的素质。持这一理论的学者目前居多，主要原因在于他们认为创造力是普遍存在的能力，但创造的产生受多种因素的影响和制约，因此以创造力的结果——新“产品”来定义创造力，岂非意味着那些没有进行创造活动、没有产生创造性产品的主体就没有创造力；并且，创造力表现在多种方面，正如马斯洛所说：“煮一碗第一流的汤比装修一次高级的阁间更有创造性”。只是其具有“一般”和“卓越”之分。如果个体具备有助于创造的个人特征，并且这些特征与创造动机、创造能力交互作用，参与认知、情感和行为活动的整合过程，那么这个个体就表现出与众不同的卓越创造力。

对于创造力的结构而言，最具代表性的理论是美国心理学家吉尔福德（J. P. Guilfoud）的理论，他认为创造才能与智商是不同的两个概念，他通过因素分析法总结出了创造力的六个要素：① 敏感性，即对问题的感受；② 思维的流畅性；③ 思维的灵活性；④ 独创性；⑤ 重组能力或者称为再定义性，即善于发现问题的多种解决方法；⑥ 洞察性，即透过现象看本质的能力。其中流畅性、灵活性与独创性是最重要的特性。

虽然以上的心理学家在创造力方面的研究基本概括了创造活动对于主体的智力品质的要求，有力地推动了当时的创造力的研究，但这些理论也存在着不足。他们忽视了创造力的整体性以及影响因素，特别是个性心理特征的作用，目前，人们越来越重视影响个体创造力的自身人格因素，如EQ（情商）、动机等。

三、设计师能力的再开发

一个设计师所做的最本质的事情就是，向新产品的制作人提供对某个新物品的描述。通常情况下，制造商几乎不需要决定什么，新产品的尺寸、材料、装饰和颜色等都由设计师决定。当客户向设计师询问设计时，他们所要做的就是一一描述，所有设计活动的焦点也就是那个终点。

设计师在设计时，考虑的是所有的设计标准和需求，这些标准和需求是根据客户的概述、技术和法律问题以及设计师个人赋予设计方案的美学和形式上的特性来制定的。通常，客户的概述所确定的问题是含糊的，只有通过设计师提出可行的方案才能使客户的要求和标准变得清晰明了。虽然世界上有大量的设计活动，但设计能力的本质还是得不到很好地理解。人们认为它是一种神秘的天赋。因此，设计师创造出具有效率性、影响力、想象力和激励性设计的能力，对于我们来说是非常重要的。

1. 设计能力的本质

在一个方案被测试之前，它从一定程度上应该是有原创性的。因此，设计方案的创造是设计师的根本活动，他们也会因此而闻名于世或声名狼藉。虽然设计通常是与新颖性和创意性有关，但许多普通的设计实际上是对以前的设计进行变更。在设计流程的这个生成性阶段，制图再次起到了很大的作用，尽管在最初阶段，制图只是设计师用铅笔表达的构思而已，并且可能只有他自己了解。

近些年来，在对设计进行广泛研究的基础上，对设计师的工作和思维方式的理解在逐渐增多。有些研究是依赖于设计师自己的报告，它们涉及范围从对设计师工作的观察，基于规程分析的实验研究，到对设计能力本质的理论化。阿金（Akin）对建筑师规程研究中还发现，设计师通过方案或设想的方式重新确定问题的自主性和必要性。Akin 指出，设计行为的独特性之一就是，不断产生新的任务目标和不断重新定义任务困难。

在一些理论研究中也强调科学解决问题的方法或设计解决问题的方法的区别，如玛齐（March）在他的研究中提出：逻辑思维对抽象形式感兴趣。科学研究注重现有的形式，设计激发新颖的形式。因此，设计能力是建立在对难以界定问题的解决上，采用针对解决问题的策略以及创造性或同位思维方式。然而，设计方法不一定局限于难以界定的问题。托马斯（Thomas）和卡罗尔（Carroll）实施了大量的关于设计的实验和规程研究，得出以下结论：设计是一种解决问题的方式。问题解决者看待问题或采取行动时，可能在目标、最初条件或允许的变革方面的界定上存在不确定性。当然，在设计中，仍然需要依赖草图、制图和模型等媒介，有助于方案产生和促进关于问题及解决方案的思考。尚思（Schon）指出，设计师根据他对情境的最初理解，通过草图来塑造情境，情境进行“反馈”，设计师再对反馈进行响应。

研究证实，设计师的设计能力的综合表现，往往是通过设计师设计创造能力的高低而得到体现。我们可以总结出设计能力具有的一些核心特征：一是解决无法明确的问题；二是采用针对解决问题的策略；三是利用诱导性、创造性思维或同位思维；四是使用非语言、图形和空间模型媒介。因此，设计能力的本质就是设计创造能力，即设计师创造新的、相关的观点和看法的能力。

2. 设计能力的再开发

设计是一种需要技能的行为方式。任何技能的开发都有赖于有控制的练习和技术的发展。熟练的从业者的表现似乎是天衣无缝地流畅，并且能从容不迫地根据环境调整到临场发挥。然而，仅仅依赖于有控制的练习和技术的发展，对设计创造能力的发展还是不够的，应该增加创造力的专项训练。通过对设计能力的本质和培养的不断研究，我们能够认同的是，设计创造性思维的再教育将成为每个人提高设计创造能力的一种可靠又成功的途径。

然而，当今设计组织在开发设计师创造性思维的能力方面几乎都不太重视。通过多年来在共同研讨和实证研究得到的确认和检验，我们认为设计师创造力的再开发包括以下四个要素：一是理解创造性思维的过程；二是确定创造性思维的障碍，增加创造性反应的技能；三是利用方法，更多地获得更新鲜的观点和解决方案；四是认可设计师的个人创造动力和终身的创造远景，以实现他们的个人目标和职业目标。

我们将这些要素组合在一个有意义的流程中，以创造性思维模型（一种对我们学什么和如何学的思维上的指导）作为开始，首先介绍阻碍创造性思维的事物；其次理解和练习那些可以鼓励创造性思想而没有得到充分应用的思维功能（因为它们会在以后的方法中具有不可估量的价值）；最后，说明按要求获得新思想的方式（利用我们最新训练的创造性能力）。

杰弗里 · H. 莫齐（Jeffrey H. Mauzy）建立了一个创造性思维过程模型（见图3-12）。它描述了一个非常关键的动态过程：思想从哪里来？人如何得到新思想？什么介入了获得新思想的过程？什么样的思想应该是你所寻找的？你如何用这些思想来工作，尤其是，你如何在新的、感兴趣的且看起来不可能的观点和缺乏独创性但安全的容易实施的观点之间取得折中？

从模型中我们可以发现，思想的来源包括支配思维情形、推理指导思维、战

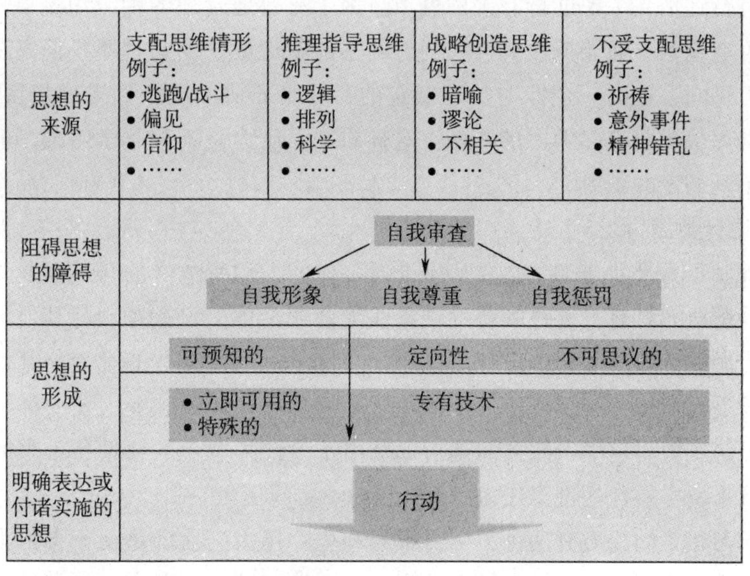

图 3-12 创造性思维和解决问题的框架

略创造思维和不受支配思维；阻碍思想的障碍则是包括自我形象、自我尊重和自我惩罚三方面的自我审查；模型的第三行是在头脑中形成的思想，它是指我们还没有表达但是现在已经意识到是想法或可能的工作解决方案的思想；模型的最后一行是人们所表达或所遵守的想法，它代表了我们的实际想法或实际行动状况。

因为我们每个人都是独特的，我们自己的思想也是独特的，所以大部分我们自己可以预测的东西对别人而言却是新奇的。但是，可预测的观点是按我们习惯性思维方式思考的结果，它们常常是非常特殊的、可行的和非常可靠安全的。它们是阻力最小的路径（事实上是不良习惯的一种形式），有意识地选择一条不同的路径，我们就可以成就那个具有创造性的自我。为了提高我们的创造力，我们需要提出令人惊讶的想法。令人惊讶的观点在本质上更具有方向性而不是更特殊，它们可以以模糊、含糊或半成型的思想（我们习惯于贬值的思想）出现，世界上许多创新都是来自于某个能坚持模糊概念、思维方向并按那个方向努力直到思想明确并成为创新的人。利用创造力去发现一个更有创造力的自我实现的新方法，或者是，利用克服阻力的方法来发现新方法。自由的思考意味着实现激发和激活设计师的灵感在于方向，而不在于目的。同时，许多个人和组织在创造力方面都有相似的目标——都想要更多的创造力。组织创新的能力在于其员工的创造能力。个人需要理解和采取内部思维过程，它能提高新思维的潜力。组织也要这样做，相同的潜在机制可以产生创造性的员工和创新的组织。

四、设计师压力与管理

在现代社会，组织无时不在面临各种变革的压力，对持续变化的经济环境、顾客的购买模式、技术和科学因素、竞争等方面的预测，迫使高级管理层不断对其组织进行评估并考虑进行有关的变革。为了有效地管理各种组织变革，组织学习是不可忽视的方面。企业要投入创建共享的新价值，也要对那些偏离新价值的员工进行惩罚，这时，企业对员工制定的目标是非协商的：如果你想留在公司，你必须学习公司要求你学习的东西。这样看来，压力是不利于学习的，但是学习发生离不开一定的压力。

1. 设计师压力

设计师压力是特指那些主要从事设计工作的人们所承受的与其职业相关的压力。设计师压力具有普遍性和特殊性，作为普通个体的设计师，与其他具有承受类似压力源的个体遭遇相似的压力。例如，求学时设计专业的学生与其他专业学生一样承受课业压力、求职压力等，在职业生涯中与其他从业人员一样承受工作压力、经济压力，这里所阐述的是指那些由于设计师职业的特性所带来的特殊压力，概括来说主要包括创意压力、竞标压力、更新压力。

与学习相关的压力有两种：学习压力和生存压力。前者是由于害怕尝试新事物，害怕它太难，以至于付出很大的努力也无济于事，或者害怕脱离过去的工作习惯。总之，学习新事物使人们偏离了过去行为模式和从属的群体，这会威胁到自尊，有时甚至会威胁到人的本性。消除学习压力是不可能的，这时压力是抵制组织学习的根本所在。在这种恐惧强度下，没有人会尝试新生事物，除非人们面临了第二种压力形式，即生存压力，这是一种令人惧怕的意识，为了成功人们不得不改变。因为生存压力使人会经历太多的失望和挫折，以至于人们最后被迫接受了必须学习的事实。但是，有时即使是这种沮丧情绪也是不够的，因为个体可以长期处在绝望状态之中。因此，压力的适度管理对组织学习有重大意义。

2. 压力对设计师学习的影响

在许多组织中，有一条不成文的规定，那就是把情感带到工作中是不合适的。情感从某种程度上讲，它不是工作的一部分，会降低工作业绩。这种思想流传广泛。从某种意义上讲，这是正确的，个体的情感反应，特别是恐惧和压力，确实会妨碍人的工作能力和学习能力。但是，从个体和组织角度来看，不利的情感反应也是学习产生的基础。许多研究工作显示，没有压力，学习和变革就不可能发生。压力可以促进学习，也可以阻碍学习。

在面对压力的时候，个体和组织就处在一个关键时刻，在这个时刻，个体或组织压制并战胜压力，得到某种远见卓识；或者个体或组织忽视和回避压力，产生了一种“心甘情愿的无知”。压力对学习的影响见图3-13。图中，以压力为起点，发展方向有两个。上面的一个环形是促进学习的：由压力带来的不确定性可以保持很长的时间，个体在这段时间可以付出一定

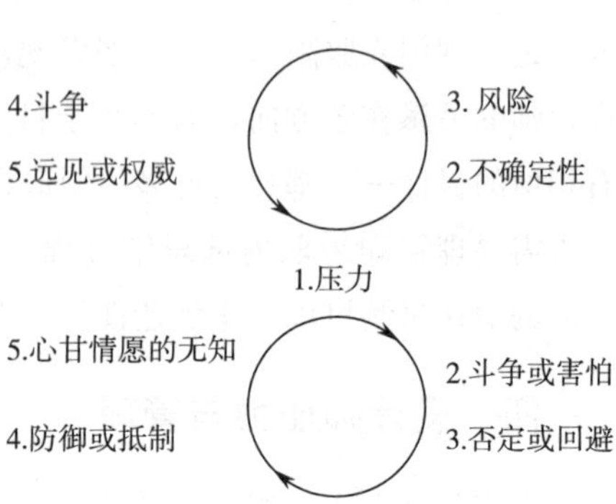

图3-13 压力对设计师学习的影响

的努力，这就产生了新知识和觉悟。下面的环形是阻碍学习的：个体不能承受所产生的不确定性，压力使人感到事情不能得到解决，形成了否定和情感回避，导致了对学习和变革的潜在抵触。因此，对个体和群体而言，面对压力的关键时刻，有可能转向学习或回避学习。压力是一种可以促进，也可以阻碍学习的情感，是组织学习中不可忽视的要素。

3. 设计师压力的管理

如前所述，学习只有在生存压力大于学习压力的时候才会发生。有两种方式可以实现这种效果：① 企业领导可以利用失去工作或报酬来威胁员工，从而提高其生存压力；② 可以创造一种安全的学习环境来降低学习压力。

（1）创造一种安全的学习环境。大部分企业偏好于增加生存压力，因为这更易于做到。但是，管理者通过恐吓来达到学习的目的，会使员工对学习产生强烈的抵制。如果领导者想真正引导员工的学习，他们必须通过教育，强化与员工的正式组织沟通，来改变员工个人认知。员工如果认识到，在一个竞争全球化，知识经济取代工业经济成为主流经济的信息社会，一个没有上进心、没有创新精神的企业是不可能取得发展的。一旦员工接受了学习的要求，他们会认识到需要接受的新事物是很重要的。学习的压力总是存在的，创造了一种安全的学习环境，会降低学习压力，使员工能自愿加入组织学习之中。创造心理上的安全感常常是很困难的，但是这比强制性恐吓更有效。

（2）建立有助于学习的组织文化。21 世纪企业之间的竞争，根本的是文化的竞争。世界 500 强企业出类拔萃的技术创新、体制创新和管理创新的背后，优秀而独到的企业文化，是企业发展壮大，立于不败之地的沃土。可以这样说，21 世纪的成功将属于积极倡导促进学习企业文化的企业。当管理层得到了员工的信任，促进变革型学习可以在很大程度上通过良好的培训、教育、群体支持、反馈、积极的激励等来实现。组织帮助员工渡过了“关键时刻”，使员工在不确定性和风险中，选择了学习，并有可能获得更多能力。

（3）高级管理层的榜样作用。组织变革是源于组织经历了某些威胁，这种威胁在某种程度上破坏了组织的原有期望或希望。这种威胁产生了足够高的学习压力和生存压力，促使组织进行变革。当然，CEO 和其他经理承受了比一般员工更大的威胁。如果领导者自己不能成为一个学习者，即他们不承认自己的弱点和面临的不确定性，真正变革性的组织学习就不会发生。据初步统计，世界上设计企业的平均寿命大约为五年，尤其是个别急功近利的小型企业，“老板文化”仍然占有统治地位，老板只顾及眼前利益，不注重自身和员工的培训学习和知识更新，导致整个企业机制和功能老化，成立两三年就“关门大吉”了！领导者成为真正的学习者，他们会树立一个良好的榜样，得到员工的信任和认同，形成促进学习的氛围。韦尔奇就是一个对人性感悟有着深刻理解的领导者。他认识到“思变”是商场中最困难的事情，而且认定“没有什么好惧怕的”。他也是一位身体力行的学习者，将学习的理念传给了员工，把员工的学习潜力发挥出来。

第四章　设计的审美心理

审美心理学是美学与心理学的交叉学科，美学家李泽厚将美学分为三个研究部分，即美的哲学、审美心理学和艺术社会学。审美心理学是一门主要研究人们在美的欣赏和美的创造中心理运动规律的科学。

第一节　美的本质与设计审美

一、美的本质

美存在于人类的方方面面，但大多数人却说不清美究竟是什么，包括研究美的学者，也都不能作出令人信服的诠释。美可以通俗地理解为四层意义：

（1）自然美（美丽和好看）。比如，让人看了快乐的风景美、形态美。

（2）使之美。比如，锻炼身体使体形美，美容美发使人容貌美，打扫卫生使环境美。

（3）令人满意。比如，日子过得挺舒适和安逸，美梦变成了现实。

（4）憧憬、向往的心态。比如，美好的向往，良好的心愿。

马克思主义认为，美诞生于人类的社会实践活动。因此，审美活动由审美主体的人与审美客体的事物两种因素构成，二者缺一不可。人与客观世界相互作用的结果产生了美。人类因为生存需要必须进行生产劳动等实践活动，而要生产就要有生产工具；为了使工具好用，逐渐学会改进工具；工具变得精致的同时，人类也意识到了自身的能力，当劳动的创造引起情感上的愉悦与满足时，便产生了对美的追求。于是，主体为人类、客体为工具的审美关系形成了，美就诞生了，见图4-1。

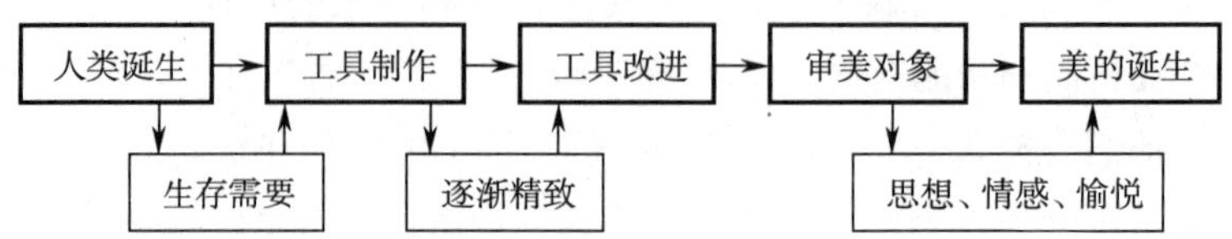

图4-1　美的诞生

二、设计审美

1. 设计审美的概念

审美活动简称为审美，是指人观察、发现、感受、体验及审视等特有的审美心理活动。早在古希腊，柏拉图用“观照”一词指代审美活动。在审美活动中，通过人的生理与心理功能的相互作用，将可感知的形象，转化为信息，经过大脑的加工、转换与组合，形成审美感受和理解。同时，设计审美不是被动的感知，而是一种主动、积极的审美感受——经过感知、想象主动接受美的感染，领悟情感上的满足和愉悦。

审美领域是一个内在自由的精神领域，设计审美问题归根到底也是人与社会之间的问题。实践与审美都是与人的生命活动紧密相连的问题，人作为实践的主体是通过审美活动实现自己生命特征的，它使人自身意义无遮蔽地展示并得到发展。在审美活动中，人与客观存在着审美关系：

（1）设计与自然构成了审美关系。设计活动不但提供了人类索取自然、改造自然的工具与手段，而且还吸收了自然之灵气。今天，设计的可持续发展的观念，调整设计活动与自然和谐的审美关系。

（2）设计与社会构成了审美关系。人从动物的人、物质的人变成社会的人、审美的人，人的设计活动促进了社会的发展。

（3）设计与设计成果构成审美关系。设计成果是设计者对自身本质力量的肯定和自我精神的把握，是人的设计实践创造美的审美活动。

2. 设计的审美范畴

根据徐恒醇的观点，设计的审美范畴包括设计的形式美、艺术美、技术美、功能美和生态美五个方面。

（1）形式美。形式美是指事物的形式因素（点线面、色彩、空间、构图、材质等）本身的结构关系所产生的审美价值。自然界中各种事物的形态特征被人的感官所感知，使人产生美感，并引起人们的想象和一定的感情活动时，就成了人的审美对象，称为美的形式。形式美是对美的形式的知觉抽象概括，是许多美的形式的概括反映，是各种美的形式的一种规律及其共同特征。形式美的构成首先离不开形式美的形成因素，主要包括色彩、形状、线条、声音等。形式美的表现性的主要特征在于形式因素自身的性格特性。不同的色彩、形状、线条和声音会对人的生理和心理产生特定的影响。例如，蓝色显得宁静、沉重；曲线具有柔和、优美的意味；三角形具有安定、平稳的含义；低音让人感到凝重、深沉等。形式美的构成还可以是这些形成因素的组合规律，即形式美的法则，包括节奏与韵律、比例与均衡、对比与协调、变化与统一。其中，变化与统一即和谐是最基本的，它体现了形式美结构的秩序化，具有完整的美，给人以强烈的整体感。

（2）艺术美。一方面，艺术美是以艺术作品为媒介，将人的感情、审美体验、人生理想等，通过艺术形式感性显现，是艺术作品所特有的审美价值。艺术美离不开艺术形象，它来源于现实生活，与真实的美一样具有生动性与丰富性，并且能够反过来影响人们现实生活中的思想感情，进一步加深人们对社会现实的认识。另一方面，艺术美是艺术家的思想和精神体现，因此，它比现实美更集中、更深刻、更典型地反映社会生活。艺术美首先是艺术形象的美，艺术形象的真实性是艺术美的生命。作为艺术家和设计师，除了发现现实美以外，他们还能够从现实中丑的形象中发觉美的内涵，将丑转化为美。因此，艺术美不仅不排斥现实丑，而且能够通过接纳与分析，使现实丑成为艺术美，使生活中的美与丑经过艺术创造，升华或转化为艺术美。艺术美的最突出特征是以情动人，欣赏者一方面欣赏艺术品中自我情感的反映；另一方面，欣赏者也接受艺术品中体现的情感激发与思想启示。当然，艺术美总是与特定时代、民族、文化和社会等因素相联系的，不同的艺术作品有不同的精神追求，体现不同的艺术美。

（3）技术美。技术是科学的物化，具有明显的理性特征，它并不直接依赖于人的感受。但是，技术上的正确性构成了美的必要条件，但还不是充分条件。美在这里意味着产品与人关系上的和谐和丰富性。正是在人的感受性的基础上，技术美以物的形式构成和形态特征获得了一种独立的价值存在，并发挥着社会人的象征职能。现代技术产品是科学成果和人的劳动物化。作为技术美，它的审美价值主要体现在两个方面：

1）产品是运用自然规律所完成的技术创造。例如，对杠杆原理的应用、对材料合成方法的应用等。又如，上海金茂大厦，新结构和新的构造措施既传达出当代技术美学的内涵，又恰如其分地与我国固有文化特色相呼应。

2）作为人的劳动的物化，在产品中凝结了人的创造力和智慧，它把人的理想、欲求和情趣通过人的活动而注入产品之中。北京奥运会主体育场鸟巢是典型的运用技术美的成功范例。从符号语义学上来说，鸟巢表达着一个孕育希望和梦想的诉求。鸟巢完全依赖钢结构支撑，取代了树枝，突现粗犷而细腻、奔放而内敛的个性，而其中涉及的技术难题包括钢铁的强度、钢铁的成型，工程力学计算的复杂以及整体造型的难以把握。

（4）功能美。功能美是指产品功能目的性的体现，它是科学技术高速发展对产品设计的要求。功能美要体现产品的功能目的性，任何产品首先是实用物品，它的美不能脱离其实用性，因此，它既要服从于自身的功能结构，又要与其应用环境和场合的气氛相符合。产品的功能美不仅体现社会科学技术的发展，体现人性化关怀，而且也成为人们自我表现和个性化的一种心理展示，让人感受到人与社会、自然的和谐之美。

功能可以体现在汽车这样的产品设计中，形状的创新、色彩的个性、线条的柔和、内饰的华丽等这些形式上的东西比起动力、安全和速度这些功能性要求来说终归是次要的，功能美也可以在鸡蛋包装这样的小商品中体现，易于生产加工成型、保护性能良好、方便储运与使用、易于回收处理再生等优越性能使产品包装有一种厚重感和体量感，可以带给产品安全、不易碎和方便的心理暗示。

(5) 生态美。生态美是人把自己的生产过程和生态环境作为审美对象所产生的审美观照，它把审视的焦点集中在人与自然关系所产生的生态效应上。它不仅表现在人与自然的关系中，而且表现在人的生活方式和社会生活的状态之中。人对生态美的体验，是在主体的参与和主体对生态环境的依存中取得的，它体现了人的内在和谐与外在和谐的统一。作为人生境界，生态美涉及整个人的生命体验与对象世界的交融与和谐。

生态美的理念在上海世博会中得到很好地呈现——这个概念已深入生活中的各个层面，无论是搭乘瑞士馆的缆车、穿越在遍布绿色植物的建筑墙面与屋顶草原，或是在法国馆的垂直花园内体验设计师再造的迷你生态系统，那些水循环处理、空气净化和调控温度的功能让人们在炎炎夏天里多一分惬意，少一分烦躁。事实上，生态美在全球设计中成为了势在必行的潮流。从家电设计、卫浴创新、居住空间到公共设施，每个领域都体现了人与自然的生命关联和生命共感。

第二节　设计的审美过程

审美过程包括了从审美知觉——感知、理解、想象、情感——审美愉悦的过程。因此，我们可以认为，设计的审美过程也包括了设计审美的认知、情感和意志等三个过程。

一、设计审美的认知过程

审美心理的认知过程，是凭借人的内心感受与外在审美表象，经过眼睛与大脑反应对审美对象进行联想与评价而形成审美意象的过程，是从接收信息刺激到大脑反应的能动创造过程，是在生理机制的基础上，反映客观事物环境、特征和主体审美实践内化的过程。它是人们对审美对象客观与主观能动性相结合的认识过程，也是由感性认识上升到理性认识再到实践和创造的过程。

1. 设计的审美感知

设计的审美感知包括审美感觉和审美知觉。

(1) 审美感觉。感觉，在心理学中是指人脑对直接作用于感觉器官的事物的个别属性的反映。客观事物具有许多个别属性，这些个别属性在人脑中的反映就是感觉。

审美感觉为整个审美心理活动提供来源与物质基础。感觉在人类的生活中具有非常重要的作用。首先，感觉是人们认识世界的开端。通过感觉，人们既能认识外界事物的颜色、明度、气味、软硬等属性，获得最基本的审美快感和初级美感；其次，借助于感觉获得的信息，人们还可以对信息加工，进行审美中更复杂的知觉、想象、思维等高级心理活动，从而更好地反映客观世界。

首先，对于设计者或艺术家，他们需要有丰富的审美感觉，同时这种感觉还必须具备一定的敏锐度，也就是在人们认为普通的事物中发现可设计和创作的亮点。例如，顾客赞美某个标志打眼醒目，容易记住；而设计者或艺术家则要彻底理解该标志设计每一笔所代表的内涵，从而提高审美的敏锐度。同时对于事物的理解，应该是透过外表看本质，善于抓住重点。其次，设计者和艺术家还应该拓宽自己的视野和丰富自己的阅历，以达到审美感觉的深广性和层次性。画家进行向日葵写生创作时，普通人会看画中的向日葵与写生对象是否相像，但画家更注重的是写生对象深层次的气质表现。例如，梵高的很多幅以向日葵为主题的画都是以各种花姿来表达自我，有时甚至将自己比拟为向日葵。美学理论家王朝闻曾指出："只有诉诸感觉的东西，才能引起强烈的感动"。审美对象只有经过设计者与艺术家的感觉，才有可能引起创作的美感。

（2）审美知觉。任何一种感觉，反映的是事物的个别属性，当人们把对事物的不同个别属性加以综合时，就产生了对事物的全面地反映，这就是知觉，区别于一般的感觉。

审美知觉是以感觉为基础，在社会条件的作用下所形成。狭义的知觉是人脑对直接作用于感觉器官的事物整体的反映，是对感觉信息的组织和解释过程，具备了知觉的综合性、整体性、连续性和不确定性；广义的知觉是以感觉为基础，人类把事物的各种感觉信息包括知识、经验、情感、兴趣、意志等综合起来，并调动了自己的记忆来解释事物，使其具备理性和情感。

为了设计和创作的想象、联想、判断、理解和情感奠定心理基础，设计人员和艺术家在拥有了对形象的知觉外，还应具备超人的时间知觉、空间知觉、节奏知觉以及动知觉、静知觉等。设计的审美知觉不是知识的判断或科学的归类，而是通过设计对象的外在表现形式来诠释其内在的情感。比如，人们看到交通红绿灯，只会想到红黄绿灯所代表的交通指示；但作为设计者和艺术家他们不但只是拥有这种知觉，可能还会有和谐、安定的知觉，进而产生用设计手段实现该种融洽环境的激情，以更具魅力的深层次知觉来为审美创造奠定基础。这就要求区分设计的审美知觉和一般的感性知觉。作为设计的审美知觉，设计者能在不考虑审美对象功利性的前提下，对事物的形状特征进行特别关注，从而用他的感官系统全面接收事物的特征和情感。设计的审美知觉与一般的感性知觉还有另外一点明显的区别，即具备丰富的情感色彩，并将其付诸于个性鲜明的设计活动中，促使设计者产生一种有选择、有对比的主动积极的心理活动，达到外在形式与内在心理的融合。

2. 设计的审美想象

审美想象是以原有的表象为基础，在审美主体的情感推动下，将众多相关记忆表象加以组合再创造审美意象的心理过程。设计的审美想象包括审美联想和审美意象。

（1）审美联想。审美联想是审美心理形式之一。它是指审美主体由当前所感知的事物而回忆起有关的另一事物，是一种由此及彼的心理推移过程。在审美欣赏中，审美主体由于联想的作用扩大了审美观照的时空，可以表现为接近联想、相似联想、对比联想、因果联想等。

在审美想象力中，联想是最为基本的，也是不可缺少的。影响审美联想的因素有审美对象对人的刺激程度，包括强度、次数；还有当前事物与回忆事物的内在联系。审美联想依靠大脑皮层神经联系的复苏，使留在大脑中的兴奋痕迹在新事物的刺激下再现。审美联想需要靠丰富的记忆、活跃的思考、明确的目的性、广博的知识和经验，以及一定的思考能力等来完成这种高级的心理活动和意识活动。

审美联想为设计活动和艺术创作打下了心理基础，如夸张、衬托、象征手法应用于审美创作中。将客观与主观相结合才能达到艺术的最高创作。先有知觉，再有联想，联想在有些时候可以直接形成审美意象，但它的奠基作用是主要的，目的是引导再现性想象和创造性想象的顺利进行。

（2）审美意象。审美意象从哲学角度来解释，是指对象的感性形象与自己的主观意识融合而成的蕴于胸中的具体形象。康德指出，“审美意象是指想象力所形成的某种形象呈现，它能引起人想到许多东西，却又不能由任何明确的思想或概念把它充分地表达出来，因此也没有语言能完全适合它，把它变成可以理解的。”

设计者或艺术家在进行艺术鉴赏或创作时，应准确把握审美特征的四个特征，还要意识到审美意象是非现实的，展现人类审美经验的，能转化为被感性把握的，富有意味的表象世界。审美意象虽然以物质实在层为基础，以形式符号层为指示，但它却是艺术品的一个更为高级、深入的层次。准确地说，意象世界只潜在地存在于形式符号层中，而现实地生成于接受者鉴赏时的心理活动中。这意象也就是鉴赏中生成的审美对象。

可见，艺术的审美意象是作为其载体的物质实在层和形式符号层引导鉴赏者进入审美状态后，经鉴赏者的审美知觉和想象而产生的，它是一种非实在的精神性存在，只有当主体心理经历了一种从实在性向非实在性的飞跃，穿越了物理时空，才可能创造出属于自己的审美意象。但审美意象的最根本的特征是它来自现实世界却追求虚拟的审美效应。接受主体在对待艺术品这一精神产品时，在作品中意象的导引、暗示下，主体不断重构意象、趋向虚拟境界。这是一个超功利的、审美的过程，艺术在其中实现的也主要是其审美功能。同时，艺术意象的营构主要也是为了传达人类的审美经验。

二、设计审美的情感过程

审美主体在经过了认知过程后产生了主观意识，形成了自己独特的审美态度和情绪体验。在这个时候，审美主体需要进入审美心理的情感过程，包括审美的态度与情感、感受与共鸣等情绪的活动。

1. 设计的审美态度与审美情感

（1）审美态度。审美态度是在审美活动之前，主体根据已知信息和经验对即将出现的审美对象的一种准备状态。它主要是指审美主体的心理状态，它受时间、地点等客观条件影响，也受心境、情绪等主观心理因素影响，是一种非功利的心理态度，这种态度有别于实践的、理智的、道德的态度。比如，当你坐在餐厅里即将享受美味佳肴和服务时的心理状态，就属于这种情况。

审美态度在设计和艺术创作活动中有着非常重要的作用，艺术家不同的审美态度就会有不同的创作动机，从而作品的质量也会因此而受到影响；这也能反映出欣赏者不同的审美兴趣和审美能力的高低。由此可见，一个社会里人们的审美态度、审美情趣的状况如何，还可看出这个社会整体的文化、艺术素质的高低，甚至可以间接地反映出整个社会成员的人生价值观、社会风气等。

（2）审美情感。审美情感是指人对客观存在的美的体验和态度，是人类的高级情感，它贯穿于审美过程的始终。审美主体在理性的基础上，发挥情感的作用，使审美对象的本质直达心灵，满足主体的审美目的和理想。

构成审美情感的客观基础是审美特性与主体需要之间的关系，其心理基础则是主体对审美对象的审美目的、理想，对审美对象的认识和评价。审美情感结合了各种审美心理因素，推动了审美的前进，即同一个人对同一个审美对象，时间、空间不同，从而产生不同的审美情感，这就是审美活动中的个体差异性。造成这种差异性的原因是由审美主体的审美能力、文化艺术修养、生活阅历、道德原则、思想情感，以及当时的心境、注意等心理因素决定的。所以，设计者和艺术家要很好地把握好审美情感的内在本质，在提高自己文化素养的前提下，并理解他人特殊的审美情感，以达到创作的作品与审美主体愿望相和谐的境界。

2. 设计的审美感受与审美共鸣

（1）审美感受。审美感受是人的五官对于审美对象形、线、声、色、语言外在审美特性的感觉，如高大、宽广、快乐、悲伤的感觉。审美感受的生理机制是大脑外感受器和大脑皮层视、听中枢共同运动的结果。审美感受的心理基础是审美主体根据自己的审美经验对于客观对象通过感知、想象、情感多种心理功能的综合活动而达到领悟和理解的感受方式。

一方面，审美感受具有共享性，是需要被社会公认的；另一方面，审美感受的美要由感官快乐上升到精神上的满足和愉悦；最后，审美感受的美是使人长时间持续其愉悦感的，且随着人们观赏次数的增多，发现也越多。

（2）审美共鸣。审美共鸣是指人在审美过程中获得美感时所具有的一种特殊的心理现象，也指欣赏者由于自身思想情感与审美对象所蕴涵的思想情感相一致，从而被深深打动，体验到了一种强烈的情感刺激。

审美共鸣为设计者或艺术家与使用者或欣赏者之间筑造了一座桥梁，这座桥梁能让彼此的审美要求达到一致、和谐，所以审美共鸣往往能在某种程度上检验某个设计作品或艺术品的成功与否。例如，在肯德基餐厅的洗手间，经常会出现适合小孩高度的洗手池，另一个则是适合一般成年人高度的洗手池，这种人性化设计就是使用者与设计者之间达到了审美共鸣。但是还有一点更为重要的是，作品本身能给使用者或欣赏带来心灵的触动，使他感受到创作者创作作品时的呕心沥血，进而感受到设计与创作的伟大，并升华到与创作者心心相印的境界。

三、设计审美的意志过程

审美心理过程经历了认知过程和情感过程后，进入意志过程。在审美活动中，人的审美认知与审美情感活动，需要有一种内在的力量来控制、调节，这种力量便是审美的意志。审美心理的意志过程包括审美的意识与理想、经验与价值等。

1. 设计的审美意识与审美理想

（1）审美意识。审美意识是审美对象反映在人们头脑中对客观感性形象的美学属性的能动反映。它包括审美感受、审美趣味、审美判断、审美能力、审美观念、审美理想等。审美感受构成审美意识的基础。审美意识是社会意识的一种，它是社会存在的反映，并积极地影响人的精神世界，反作用于人们改造客观世界的活动。

从哲学方面来看，人的审美意识首先起源于人与自然的相互作用过程中。审美意识根源于社会实践，是社会实践的产物，审美意识的发展取决于人们的物质生活条件，取决于一定的社会实践。

从心理学方面来看，审美意识的生理基础是人的感官与大脑功能；其心理基础是感知、想象、情感多种心理功能的综合活动与心理形成。审美意识包括显意识和潜意识两种形式。

审美的显意识是指审美主体在长期和反复的审美或创造美的实践中形成的一种对固有事物的自觉思考方式和反应方式。其过程不仅能被觉察，还能用言语加以描述。例如，有些人在游乐场里看到其他人玩刺激项目时，出于好奇、新鲜感，心中也跃跃欲试，可是刺激项目带来的恐惧感又使没有胆量的人退缩了，在犹豫了许久后还是选择离开了。这个时候他们心中难免会有遗憾感，选择再次光临的显意识可能在他们心中已滋生。

审美的潜意识是在不知不觉中支配主体完成心理活动和自觉表现隐藏的心理状态的意识活动，一般是潜藏的、失控的和不被审美主体发现的。例如，在20世纪60年代英国流行的波普运动中，许多设计师打破了陈旧过时的设计局面，提倡一种“大众文化艺术”，有的设计师在创作时可能根本没明确自己的创作目的，也并没去限定在作品中如何去表达自己的情感和意象，只是在作品中不知不觉中就出现了一些细节，这就是审美潜意识的功能。

设计者或艺术家在创作活动中应发挥潜意识的作用，并使自己的审美意识尽可能与使用者或欣赏者之间达到和谐。要做到这点需要设计者或艺术家对比其他人对自己的审美观念、审美态度、审美评价并通过反思自身的实践和审美心理活动来认识自己的审美心理状态和行为。

（2）审美理想。审美理想是指人们向往追求的最高最美的境界，它包括人的社会理想和人生理想。

审美理想受一定社会历史阶段下的生活水平、社会制度、世界观及上层建筑等诸多社会因素的影响，它代表了当时的社会风尚，凝聚了各民族各阶级的情感和愿望。但无论何时何地的审美理想又不可避免地有着客观的共同的要求，具有全人类的共同内容。审美理想渗透于审美感受之中，主宰着一个民族、一定时代、一定阶级的审美趣味、风尚和趋向。因此，它所概括的审美感知和审美体验的经验比审美趣味来得更为深刻、自觉、广泛，更鲜明地显示着一定时代、阶级的历史必然的理性要求。

作为设计者或艺术家，只有把理想与现实统一起来，把实现理想的目的与手段统一起来，在审美理想强大的精神动力下，用设计或艺术的手段大胆表现并评价生活和艺术中的真、善、美现象，引导人们正确认识美，并揭露现实中的矛盾，鼓舞人们勇往直前，为美好的的未来奋斗、拼搏。

2. 设计的审美经验与审美价值

(1) 审美经验。审美经验是指人们在审美认识和实践中所获得的生理和心理的经验和感受。审美经验的生理机制是人在头脑中直接或间接地对审美的实践、习惯、知识与方法的记忆与积累。

在艺术创作中，审美经验尤为重要。艺术家不能只满足于积累一般生活经验的感知，而更多的是将其纳入审美心理结构中，形成与设计有关的审美经验，还要借鉴前人的审美经验，才能创造出新的、鲜明生动的艺术形象。要做到这些，每个领域有不同的要求。比如，以艺术创作活动为主的工作，需要理性经验的协助，以增强其逻辑思考的训练，使设计作品或艺术品达到科学与艺术的高度结合，增加其实用价值；以计算、测量为主的工程设计，则要利用感性经验来增强其形象思考的训练。

(2) 审美价值。审美价值是个体根据自己的审美需要对事物的美丑作出评价的观念系统。它主要取决于人对美的审美需要、审美享受的程度。因此，审美价值不同于实用价值或科学价值，而是取决于审美特性与人的审美需要之间的效用关系。

审美价值在主体与客体共同参与下完成。人之所以需要审美，是因为世界上存在着许多的东西，需要人们去取舍，找到适合自己需要的那部分，即美的事物。人有了审美的需要和审美的能力时，才能去感知审美对象，而审美对象其本身也要具有一定的审美价值，这样，才出现了审美价值。

设计的审美价值是个体根据自己的审美需要对设计成果或艺术品的美丑作出评价的观念系统。设计的审美价值是一种新的、更加复杂的审美价值，是人对世界审美关系的体现和物化，是人们自觉地按照美的规律创造出的产品和艺术品的审美价值。艺术是以凝聚的形式集中表现了各种活动中存在的审美因素。因此，它们强调了艺术本质的审美属性。

第三节　产品体验与审美愉悦

人们每天都有对设计产品的体验。比如你拿起了你的3G手机，感受它的形状、质感带来的舒适感，连同它的重量和温度，手机产生了一种令人愉悦的作用，这就是一种体验。在这种体验中，我们执行了行动，如拿起、滚读、按键，从机器中得到了反应，如重量、图像显示、听觉反馈。这是一个执行和经历不断交替所共同形成的体验。因为这里涉及一种产品，我们可以轻易地将这种体验称之为一种产品体验。我们能否也将这种体验称为美学体验呢？或者这是一个错误的问题，我们又应该如何用美学的哪一部分体验来重新描述它呢？

我们将谈谈产品的各种体验中确实只有一部分应该被看成是美学方面的，即感官感到愉悦的那一部分。体验的三个层次为美学的、认知的和情绪的，虽然它们密切相关，但都有其各自的基本步骤。这些步骤不是任意的，而是受自然规律支配的。

一、产品的美学体验

"美学"来源于希腊词"aesthesis"，意为"感觉"，是指感官上的感知和理解或感觉上的知识。在18世纪，哲学家鲍姆加顿（Baumgarten）将其含义改变为感官的满足或感觉上的愉悦。艺术作品（大部分）是因为这个原因而产生的，即为了满足我们的感觉，这个概念后来被应用于艺术体验的每个方面，如美学判断、美学态度、美学认知、美学情绪和美学价值。它们都被认为是美学体验的部分，尽管我们仍然从美学上体验自然或感受人类，这个词语的应用常常与艺术，特别是视觉艺术有关。

美学体验包含了涉及我们与艺术品相互影响的所有过程，人们的这种观察经验在莱德（Leder）等人的"美学体验模型"中得到了充分的说明。

在这个美学体验模型中，一个艺术品的观赏者首先是对这个作品作出感觉上的分析，将其与以前所见到的作品进行比较，并归为有意义的一类，随后对作品进行理解和评价，这就产生了一种美学判断和美学情感。在这些自觉阶段中，感觉发挥着作用，我们的感知系统努力识别结构，并评价作品新颖性或者熟悉性的程度决定所产生的感情。在这些阶段中，我们谈论感觉上的愉悦（或不愉悦），但是在以后的阶段，认知和情感过程进入了体验。有许多理由来认为这些阶段是艺术品体验的一部分，但是也有充分的理由认为这些阶段不是美学的。我们认为，与感觉缺失相对而言，将"美学"这个词限定在从感觉愉悦中获得的满足感上。这种作品体验包含任何类型，如一件艺术品、一种产品、一幅山水画或一个事件，因而也是美学的一部分。我们通过感官所感觉愉悦或不愉悦的东西，但是这种初级体验总的来说不是美学的。

与美学部分十分接近的典型的体验部分地包含了理解和情感的经历。尽管体验的这三个组成部分在概念上是不同的，它们其实是相互交织在一起，在现象学层次上是不可能区分开的。我们体验了感官愉悦、有意义的理解和情感牵连的联合统一，只有在这种统一中我们才能谈论体验。因此，为什么需要（重新）建立体验这三块基石之间的分界线呢？为了使体验的概念更清晰，为了理解我们对周围事务的体验，我们需要审视一下美学体验的基本过程。这三个组成部分的这些过程是根本不同的。在论述美学愉悦（美学体验）基本过程之前，让我们简要地勾画一下我们对世界的理解和情感反应。

基于以上论述，对产品体验尝试性的定义可以是：在用户和产品之间相互影响所引发的一系列效果，包括所有我们的感官得到满足的程度（美学体验），我们所附加在产品上的含义（意义体验）和所引发的感受和情绪（情感体验）。在含义附加方面，许多认知过程都发挥了作用，如理解、记忆恢复和联想。这些过程使我们能认识到暗喻，归属于个性或其他富于表现力的特征，并评价产品的个性或象征性意义。然而，导致含义附加的原因不是思维的排他性活动。与认知语言学当前的发展一致，最近的研究也说明了我们的身体和身体的动作在理解产品所比喻的表达方式上发挥着重要的作用。

支持我们对产品情感反应的过程可以非常准确地被描述为一种评价模型。据这些评价的理论家所说，一种情感是由对事务或情形的评价（评估）所产生的，是评价事务或情形对某人所关心的事务是潜在有利的还是有害的。例如，在看到手镯时，一个人可能会感受到一种欲望，因为她希望对手镯的拥有会满足她被人羡慕的愿望。评价理论一个重要的含义是每个不同的情感都有一种与众不同的评价方式。但是，几乎不存在任何情形和情感反应的一对一的关系，如果有的话，也是很少的。那是对事件或情形的理解，而不是事件本身产生了情感。因为我们对产品的情感体验也可以在这种评价过程中得到解释，理解这个过程就掌握了“为情感而设计”的关键。

二、美感的适应性

“普通人的感觉方面应该在所有设计形式中得到考虑。让我们拿可口可乐的瓶子来说，即使是在潮湿和寒冷的时候，它的两个双球形的瓶身也为人手的抓握提供了令人满意的凹槽，这是一种惬意而甜美的感受”。这是感官愉悦或产品如何满足我们感官的一个完美案例。在这个案例中，我们的触觉，它属于美学体验的范畴，现在我们来审视美学愉悦的基本过程。与哲学美学方面有影响力的思想家的认同一样，我们将说明，某些品味或美学愉悦的一般原理在人类的本性上是和谐的，这并不机械地暗示通用的认同。正如支持我们情感的过程是和谐的一样，理解的不同产生了个体不同，因此美学反应以受自然支配的方式的不同而存在不同。只有这样，美才能被说成是存在于观赏者的“眼睛”中。

为了探索支持我们美学反应的基本过程，我们不得不问我们自己一个简单但是十分复杂的问题：我们为什么会喜欢某些事务？只要我们用“为什么”表达这个问题，我们最终会强迫自己去仔细研究人类如何随时间而进化的。当这些进入了我们的思维和行为，这正是越来越多的哲学思想家，通过解释行为对人类物种的进化的好处，一直试图理解我们为什么会按我们自己的行为方式行动（或者是按我们思考的方式思考，按我们感觉的方式感觉）。因为美学现象看上去似乎是有用的，它们为进化心理学家进行解释提出了极大的挑战。他们许多人因而花费了大量精力致力于解开美学怜悯的逻辑，以及解释我们追求艺术活动的倾向。

实际上，对所有进化思维而言，这个假设至关重要的是适应性的概念。因为人类的主要目标是生存和繁衍，我们面临许多适应性问题，它们的解决方案有时是对繁衍有利的。例如，找一个配偶，回避食肉动物和障碍，选择有营养的食物，或者理解他人的意图。经过漫长的自然选择过程，能够完美地解决这些问题的心理机制进化发展了。这些人类设计的特征被称为适应性。正如所论述的，适应性的进化是为了有利于我们生存的功能服务。如果世界上围绕我们有利于这些功能的事务得到强化，这会对这些适应性的发展有利。换句话说，去寻求为这些适应性功能服务的线索或方式一定会对人类有益。因此，我们开始从有利于这些功能的方式或特征中获得愉悦。简单来说，这是附属假设的核心。因此，“美存在于观赏者的适应性中”这样的结论是公正的。

如果我们想理解为什么某些刺激物是令感官愉快的，我们不得不仔细研究这些适应性系统的功能。从这些功能中，我们可以得出美学原则，它们可以解释为什么世界上有些功能上有利的特征，在美学上比其他特征更令人愉悦。在许多情况下，这些原则对特定的适应性是特殊的——视觉系统、嗅觉系统——或者甚至是因地域不同而不同——山水画美学、音乐美学。因为，正如我们看到的，我们的形态也具有某些功能和组织上的相似性，我们相信通过感官而得到和谐的原则是十分有限的。但是，还是存在着和谐的美学愉悦原则，它们能提供信息。这些原则将在下面进行论述，但是让我们先看看我们感官形态的主要功能。

到目前为止，在感觉研究中最突出的感觉系统，也可能是在我们对世界的体验中最占优势的形态——视觉系统。视觉系统的主要功能是使我们能航行于世界而不会总是撞到物体或从悬崖上坠落。因此视觉使我们能察觉障碍，看到通道，估计距离，以明白世界能允许什么样的行动。接下来，视觉还在辨认事情上发挥了巨大作用，让我们知道某事是否确实是一件事（这件事被其他事务部分地隐藏起来），是可能的避难所，还是有潜在的危险。根据前面的论述，我们因而可以预知，我们喜欢看有助于航行和辨认的事务。这些“事情”是环境中的属性，它们能促进知觉上的组织。格式塔的心理学家是这样描述的，它们使我们能看到联系与区别，使我们能看到某些事务属于一类，而另一些则是无关的，它们有助于我们对处于那里的外部世界作出最合适和最经济有效的解释，也是在信息混乱中将事务变得井井有条。我们制造视觉上的艺术品，从接触或欣赏艺术作品中获得快乐。因此，我们提出来的最好的和最实际的艺术定义是“在容忍混乱的同时，保持和谐”。

世界上许多事情是看不到的，但是，在考虑靠近的时候进行警告当然是有用的。幸运的是，你听到了树叶的沙沙声，这个信号是我们听觉系统最重要的功能。沟通也有利于生存，因为它使我们能警告别人，使我们能合作。总之，我们喜欢听到有助于我们察觉信号和提供交流的事情。有学者提出，支持视觉组织的许多格式塔原则代表了我们组织听觉信息流动的“最好的猜测”。可以很容易地看到，音乐也是基于这些重复、关闭和类似的原则。例如，一段优美的旋律是相似单调的序列，以很快的速度相互追随，只是在音调上存在细微的差别。

也许对生存最关键的感觉形态是我们触摸或被触摸的能力，首先是能感觉疼痛，评估某事具有潜在危险性；能感觉快乐，促使我们去追求性行为。但是我们的触觉，包括本体感受，还为我们提供关于世界的和物质的形状、重量、结构、温度、垂直性、稳定性，以及其他许多物理属性等信息。最后，对某些人来说非常重要的是，我们的触觉使我们意识到有一个物体，因而形成了自我体验的基础。在直接强化对疼痛和愉快触摸效果后，我们喜欢感觉能提供知识和（自我）学习的东西。知觉组织原则又一次对这些触觉功能提供了钥匙。很少有艺术作品谈及这些触觉愉悦的可能来源，但是设计师总是在探索这种潜力，如在婴儿玩具设计、控制面板设计和围墙设计。

功能和愉悦之间的关系可能是我们化学意义上最意义明确的，使我们能嗅和尝的感觉。对我们不好的东西尝起来或闻起来就令人不愉快，对我们好的东西尝起来或闻起来就令人愉快。为此，这些感觉被认为是身体的“守门员”，能识别什么是营养的，应该吃掉；察觉什么是坏的，应该丢弃。接下来，嗅觉是联想的一个丰富的来源，因此，有助于我们回忆过去的地方和事件。简单而言，我们喜欢闻或尝有利于生存和支持记忆的东西。不用说，我们每天准备的食物是遵循第一功能的，气味的设计和使用是为了支持第二种除了性吸引之外的功能。

“我们用头脑来察觉我们的思想，正如我们用我们的眼睛来发现一个可视物体一样”。根据我们的推理路线，将这个“第六感觉”（嗅觉和味觉一般是分开对待的）增加到我们的单子上是说得过去的。我们的头脑也得到进化，能执行一定范围的功能，如理解我们周围的事务和事件并对其进行分类，解决问题，制订计划，预测结果。作为其他感觉的输入，我们设计这些功能的思想、范畴、意见、模型和方案服从相同的组织和经济原理。

三、愉悦设计的原则

1. 利用最少的手段实现最大的效果

在所有感觉中可能归纳出来的是这样的假设，即我们的系统是想尽可能经济地发挥作用。如果我们能更快地或用更少的努力闻、看、听或决定某事，相比条件更苛刻的选择，我们就会偏好于这种选择。这可以总结为用最少的手段实现最大的效果。我们喜欢投入最少的方法，如努力、资源、脑力，来获得最大可能的效果，这些效果可表示为生存、繁殖、学习或解释。因此，只有当一种理论或规则具有一些能描述或预言很大范围的现象的假设或参数时，才被认为是很好的。同样地，当相对简单的设计特征能揭示出丰富的信息如在漫画中或印象派绘画中，一种视觉图案就能令眼睛愉悦。

例如，我们可以看看墨西哥建筑学家路易斯·巴拉干设计的位于墨西哥城的北郊的这座圣·克里斯特博（San Cristobal）马厩与别墅（见彩图 4-1），色彩鲜艳的高墙和清澈的水池形成了这边独特的风景线。在入口处，墙体营造了一个独特的空间氛围，人们仿佛渐渐地被引向了远处的水面。水从一堵铁锈色的墙上溅落下来，注入池中，马厩的门也被巧妙地隐藏在了墙体后面。这堵墙后面，一堵更高的粉红色的墙，提高了整体空间尺度并体现了空间的真正功能——围合了后面的马厩。这面高墙和另外一面紫红色的矮墙组合在一起，环拥了整个庭院，马儿在这样一个优美的舞台上悠闲地散步。这座白色的房子的体量被设计成一系列不同高度的组合，并围绕着一条走廊来组织空间。游泳池由一段沿着水面延展的墙体围合着，并把楼梯和其他空间连接起来。整个复杂的作品把马的活动看做是一个宗教式的仪式展开。外部的墙体处理比较简单，但有时会故意把墙的轴线转动一定角度以取得比较有趣的视觉效果。那些特别吸引人们眼球的典型的墙体绝不能与当地的文化传统割裂开，这正体现了墨西哥本土的文化与实验性的现代主义运动的结合。水，作为经常在巴拉干作品中出现的元素，在这个作品中也有淋漓尽致地体现，倾泻、飞跃、飞溅，呈现出一派动人的场景。这是巴拉干所有作品中整体最为复杂的作品，但同时也是在建筑元素方面最为简洁的。这个空间的体形简洁、明确，体现了一种自然生成的几何结构和最原始的建筑结构形式，具有很高的美学价值。

现在详细讨论这个原则的两个特殊的案例，连接的模糊性和暗喻。当一个图案模糊的时候，它就会有多种解释。想想著名的鸭子 - 兔子画，它可以被看成是一只鸭子或一只兔子。对这幅画的两种解释是不相容的，你要么看到的是鸭子，要么看到的兔子。这是分离性模糊性的典型案例，这是一种被认为是不利于美的模糊类型。但是，在某些情况下，这两种或多种解释只是在知觉上不相容的。在这种情况下，额外的解释或意义给图案增添了某些与第一种解释实体上相容的东西。再在建筑学领域举一个很好的例子。于 1859 年建成的韦伯·莫里斯为自己设计的结婚新房——红房子（见图 4-2），平面布局根据需要

图 4-2 韦伯·莫里斯设计的结婚新房

布置为“L”型，使用不对称形状。外墙处理不加装饰材料，直接使用当地红砖。整体建筑外表敦实、内部舒适。在局部层次上，这种（功能上的）解释是与全局层次的解释是相容的，从而增加了对设计整体的美学印象。因此，连接的模糊性可以说是增加了图案的美感，在他们对多角形的经典研究中就为这项原则提供了实证证据。

暗喻长期以来被认为是表达某件事情在语言上难以表达的一种体裁上的方法。为此，我们常常利用暗喻来表达我们的情感，正如在“吓得像冻僵了一样”中所表达的。我们可以认为，暗喻的功能更加广泛，我们利用暗喻作为不受语言限制的经济和有效的表达方式。通过简单地参照其他事务（来源），我们可以描绘出许多丰富的意义和对目标的一种新颖的看法。因此，这种少即是多的设计特征使我们对设计作品的体验达到了最大的效果。

至此，所有证明延用最少方法来达到最大效果的例子都是从视觉和头脑方面得出的。从其他感觉领域中提出案例也许不是太难。我们现在将注意力转向其他三个密切相关的美学愉悦原则，而不再扩展案例了。这些原则与第一个最重要的原则是密切联系的。在对它们的讨论中，我们有时也会提出其他感觉领域的案例。然而，总体说来，我们认为，所有四个原则是形态上独立的，可以解释在视觉、声音、触觉、嗅觉、味觉和思维领域中什么是令人愉悦的，这种主张是可行的。

2. 变化中的一致性

回到感觉功能上，我们看到它们大部分在收集关于世界的信息，以此来辨认什么是坏的或有害的，什么是好的或有利于我们生存的。然而，感觉之外的世界装载了许多信息，我们不能简单地只选择我们伸手可及的任何信息来源。因此，察觉联系和建立关系，看看什么是归属于一类，什么不是一类，是有益的。总之，为执行这些任务，我们的感觉系统必须在混乱中发现秩序或在变化中发现一致性。

变化中的一致性是一个古老的原则，它早就得到了希腊人的认可，但是直到近10年来，我们才开始理解它后面隐藏的进化和神经生理学方面的基本原理。为了解释这个逻辑，让我们看看使我们能创造秩序或察觉一致性的一种基本机制。我们总是倾向于将事务看成是密切相连的或是看起来、听起来、摸起来相同，好像是属于一类的。这种知觉上的发现联系的分类倾向性正在增强，因为它使我们能发觉物体或有意义的整体，如部分地隐藏在树后的老虎。除了进化上的优势，还有为建立联系的神经生理学优势。由于我们头脑的有限能力，提炼出关系是最小化资源分配的经济可行的方法。

像分类一样，有些统一的机制被认为是格式塔知觉组织原则，如对称性、良好的延伸性和闭合性。正如前面所讨论的，这些原理也支配着听觉信息的组织。有些人争辩说音乐的美学体验只不过是符合我们肢体感受和音调顺序的规律，如节奏、短句和和声。因此，发现这种结构关系是有益的。复杂的音乐常常要求不断重复地听，以获得交响乐结构的所有细节，并将它们变成一个整体。所提出的其他机制，像峰值漂移、隔离、对比和解谜可以被解释为是基于相同的逻辑基础。

例如，对比帮助我们发现相近但不是同类的特征或物体之间的差别。这项原则常常被应用于用餐中，使我们品尝出菜与菜之间的不同，但同时每道菜中的味道必须协调，因而这就是变化中的一致性，最后，解谜是一个有趣的特殊的例子，因为我们喜欢看到联系，我们也在美学上认为花力气去发现联系是令人愉快的。这不仅解释了为什么我们喜欢字谜游戏或其他解谜游戏，它还解释了为什么我们被那些没有马上展示出所有事情的人和设计所吸引，如利用半透明材料而部分从人的眼睛中隐匿内部构造的复杂建筑和产品，像著名的 iPod 挂式 CD 机（见图 4-3）。

图 4-3　挂在墙上的 iPod

3. 非常先进，而又受欢迎

在美学中，被检测最多的理论是对原型偏好的理论。根据这个理论，我们偏好于一个种类中最典型的例子，这些例子十分常见，我们能重复地遇到。这种对熟悉事务的偏好就是适应性，因为它将产生安全的选择而不是对未知事务的冒险。同时，人们总是受到新颖的、不熟悉的和独创的事情的吸引，以在一定程度上克服单调和饱和的影响。人们主张，这种对新颖情况的偏好也是一种适应性特性，特别是对儿童，新奇性能促进学习。因为这两种特性似乎不相容，我们最近实施了一系列的研究，来探索美学偏好的典型性和新颖性的联合影响。著名的美国设计师雷蒙德·罗维（Raymond Loewy）提出的非常先进的，而又受欢迎的 MAYA 原则。例如，在电话、烧水壶和汽车的研究中表明，典型性和新颖性的等级是高度反向相互关联的，但是这种相互关联性不是理想的。因此，在保留其典型性的同时提高设计新颖性在某种程度上是有可能的。我们趋向于能将二者进行最佳结合的产品。

4. 适合性/适当性

产品总是具有多种形式，它们同时涉及不同的感觉。当在开车时，我们看到了仪表盘，听到了发动机的声音和指示器的滴答声，感觉车轮和道路的控制程度，闻到车内装饰品的皮革味道。最后这项原则涉及这些不同感官印象之间的关系。因为，正如我们所争论的，辨认的容易性具有生存价值，我们总是偏好于能够向我们的感官传达相似信息的产品。印象的连贯性将会提高辨认的准确度。例如，史佛斯坦（Schifferstein）和费勒格（Verlegh）就表明，食物中的成分的香味和味道的层次必定与最佳的满足感相配。仅次于强度水平，能刺激不同感官的因素可以在主题上，或者说是所传达的联想上，以及它们所产生的（个体）影响层次上，这是合适的。注意，我们这里看到的是，美学体验如何与含义体验联系在一起。但是，在一个感官方面附加上一个特殊的主题或联想，是非美学属性的过程，评价这些标志是否一致被认为是美学的，看到主题相配是令人满意的，当发现这些标志不一致时，这是令人不满意的。

适合性不仅适用于不同感官印象的内部一致性，对特定产品而言也应该是合适的。这种合适性可以在著名的格言“功能决定形式”中发现，现在这句格言也易于转化成其他感官，“功能决定声音、触觉、嗅觉”。强调这方面是很重要的，功能是不限于功利主义的。产品的功能是来源于经验的，像享受、丰富、激发、提高某人的身份、附加等，许多人相信这种体验在人们的购买行为中比第一的或实用的功能更具有决定性的作用。因此，要使所有的感官信息与计划的和整体的体验保持一致对设计师而言是一项重要的任务。然而，有时设计师可能希望实现一种惊奇的体验，如提高趣味性或延长对产品注意。在这些情况下，在感官信息之间建立不一致，如在视觉和触觉领域之间，可能是有效的策略。

总之，这些原则可以预知和解释人们在美学上的反应。当这些原则得到正确地应用时，很可能，人们将认同美学价值。有时，当一个群体共同拥有相同的根本特征——我们常常称这样的群体为一种文化，在群体层次上会产生差异，有时即使在个体层次上也会存在差异。

第五章 设计与消费者行为

消费者行为学是研究个体、群体和组织为满足其需要而如何选择、获取、使用、处置产品、服务、体验和想法，以及由此对消费者和社会产生的影响。消费者行为研究有助于引导我们从更宽广的视角审视消费者决策的间接影响，以及对买卖双方的各种后果：消费者怎样看待我们的产品和竞争者的产品？我们的产品应作何种改进？如何使用我们的产品？以及消费者对我们的产品和广告持什么样的态度？在变幻莫测的市场环境下，了解并预期消费者行为对设计方案的选择尤为关键和重要。

第一节 消费者行为理论

一、行为理论和行为分析

现代心理学关于学习的许多观点都可以在约翰·华生（John Watson）的工作中找到根源。华生创立了我们称之为行为主义的心理学派。1919 年，华生发表了《一个行为主义者眼中的心理学》，他的观点一直统治了心理学界 50 多年。华生论述到，内省法是人们对感觉、表象和情感的言语报告，不是研究行为的好方法，因为它太主观了。科学家怎么能够检验这些私人经验的准确性呢？然而，一旦我们放弃内省，心理学的主题又该是什么呢？华生认为是可观察的行为。用华生的话来说："意识状态，如所谓的唯心现象，是无法被客观地证实的，出于这一原因，它永远不会成为科学的数据"。华生还将心理学的首要问题定义为"预测和控制行为"。

斯金纳继承了华生的事业并扩展了他的理论。随着时间的推移，斯金纳形成了一种被人们称为激进行为主义的立场。斯金纳认为，进化为每一物种都提供了一个行为库，所有超出行为库的行为都可以被理解为简单的学习形式的产物。斯金纳的兴趣主要不是在它们作为数据的合理性上，而是更多地放在了它们作为行为原因的合理性上。按照斯金纳的观点，心理活动（比如思维和想象）并不能产生行为。相反，它们都是环境刺激引起的行为样本。而行为完全可以通过环境因素加以解释，行为学家不需要行为背后的动机，只需要理解任何有关其内部心理与行为形成联结的学习原则就可以了。他们的理论可以用一句极端的口号所代表："人是机器"，人的行为是通过条件强化物不断强化（学习）而形成的习惯。

行为主义的观点显然忽视了主体的主观性与能动性，事实上，感觉、情感与情绪、思维对于人的行为的确有能动作用。比如，一个人如果喜爱某项事务或活动，那么他会全力以赴地认真学习，而且能够很快地获得相应的知识；相反地，如果他厌恶某项事务或活动，那么他就会知难而退，学习的效率明显降低。当然，喜爱与厌恶不一定表示某人是否从某项事务或活动中获得利益。比如，某些消费者在情绪低落或者紧张的时候会出现食欲大增并大量购买的行为，而这本身并不是出于某种他们能够得到的实际利益，这需要从他们内心的情感体验来解释造成行为的真实原因。

行为主义体系由于自身难以克服的固有矛盾，以及心理学家在知觉、记忆和思维等心理过程研究的深入，使认知心理学逐渐取代行为主义。与行为主义心理学不同，认知心理学把人看做是一个信息加工的系统，认为人是积极的、具有主观能动性的信息探求者和信息加工者。信息加工取向和联结主义取向是当代认知心理学的两个研究方向，前者认为人类的认知活动过程是以系列和序列的串行加工方式对信息进行处理；而后者则认为人类的认知活动过程是以并行和分布式的加工方式对信息进行处理。但是，认知心理学的基本思想都强调人类信息加工过程中，运用以往的知识、经验，并采用一定的方式来加工信息，并解决问题。比如人们收集信息，然后在各种被选答案中进行对比，人们总是试图获得在当时特定情境下最为满意的答案。虽然认知心理学的研究不仅包括知觉、学习、记忆、思维，还包括不属于认知现象的情绪、动机等，但是，该理论也没有着重说明情感、情绪对于人们问题解决活动造成的影响，因为即使是科学客观的实验也难以获得关于人类情感方面的数据。但是，认知心理学还是认为，人在经验学习和适应环境中形成的思维方式和惯有的思维定式，可能会影响他们问题解决的过程，即人们不会总是绝对按照最科学的方式解决问题。

尤尔根·哈贝马斯的交往理性理论认为，社会行为分为目的性行为、规范调节行为、戏剧行为和交往行为。其中，交往行为比其他行为在本质上更具有合理性，把人类行为的分析重点放在"真诚交往"的层面上。虽然，这样有助于我们理解人们行为背后的动机，但是，这种理论忽视了人的行为中那些无法用"理性"解释的部分。比如，那些为信仰牺牲生命的人，他们的行为似乎不是在观众和社会面前有意识地表现自己的主观性行动（即戏剧行为），而某些人的消费或者社交行为，不一定是为了获得名望或者其他利益，可能是出于个人爱好，或者情感发泄的需要而已。

综上所述，我们可以认为，作为设计中主体的人的行为都具有一定的合理性和目的性。消费者是利用自己的各种来源的收入进行独立自主消费的自然人，而且是为了满足各种生理和心理的需要而进行消费的。按照哈贝马斯的行为理论，消费者行为可以分为目的行为、戏剧行为和交往行为。

目的行为是工具行为或策略行为，表现为目的合理性的确定，或工具更改的选择，或是二者的结合，它遵循的是以经验知识为基础的技术规则。有些消费者在购买决策之前，如果察觉到其他具有相同购买目的的消费者与之具有同样的购买倾向，很可能因此放弃原有的购买决策。因此，他人的目的行为也成为影响消费者购买决策的因素之一。

戏剧行为是行为主体在观众或者社会面前有意识地表现自己，以便在公众中形成自己观点和印象的行为。有些消费者喜好在他人面前表现自我，炫耀自我的某种个性，以给观众留下某种深刻的印象，也许本质上他们并非如此，仅仅是突出自我而已。例如，许多年轻人穿着奇装异服，留着怪异的发型，消费方式与众不同，就是为了满足自我的某种表现欲望。

交往行为是指至少两个或两人以上的具有语言能力和行为能力的主体之间通过语言媒介所达到的相互理解和协调一致的行为。交往中所用的方式除了常用的语言外，还包括手势和身体姿态等。

设计心理学的行为研究继承了上述行为理论的成果，认为人的行为是通过以往的经验和学习过程中不断强化而获得的；人的心理活动过程，诸如记忆、情感、意识等对人的行为具有一定的影响作用；人的行为是个人和环境组成的，即社会环境、物理环境、社会文化环境是导致人的行为变动的重要因素。因此，设计心理学的主体行为具有一定的目的性，由于受到外界环境和个人心理需要的驱动，也具有超出理性的特征。

二、消费者行为

设计心理学的主体分为设计师和消费者。设计师作为主体从事设计行为，消费者作为主体从事购买行为和使用行为。消费者从各种信息源获得相关信息，经过感觉、知觉过程接受信息，形成相应的记忆，产生联想，并进一步引发情绪上的体验或反应，这一系列的心理逐渐使消费者形成购买需要、购买动机，再作出购买决策，最终实施购买行为。消费者在购买行为实施后，经过产品使用和购买评价，获得对产品是否满意的结论，这种体验决定了消费者是否成为忠诚的用户，重复购买，或者是转向其他产品，中止使用等决策。

1. 购买行为

建立关于消费者购买行为的概念模型，虽然不足以预见消费者特定的消费行为，但是它的确可以让设计师和营销人员了解消费者行为的性质及影响因素，解释消费行为背后的形成机制。消费者在自身经济条件下，都形成自己特定的生活方式，这种特定的生活方式又会激发与之相应的需要和欲望，形成动机。在个性、价值观、情绪和记忆以及自身文化、年龄等内在和外在因素的影响下，消费者会作出某种购买决策，来满足自己特定的需要或者欲望，购买决策实施后对商品好坏的评估以及决定是否再次购买特定产品或者品牌的全部过程会影响到潜在购买者的行为。

消费者购买行为模型见图 5-1，它对消费者购买行为进行了概念性的描述。

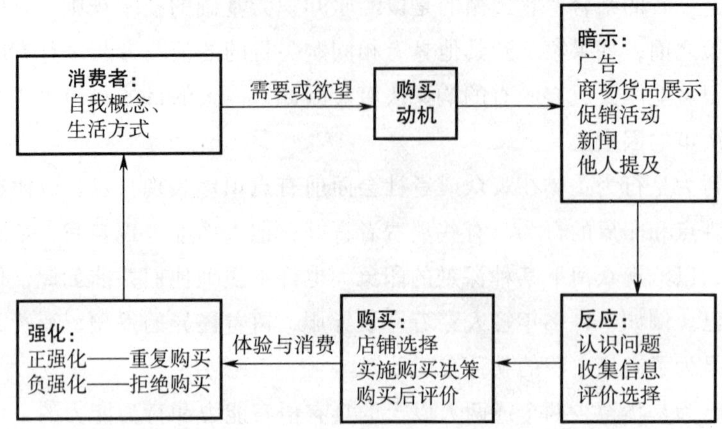

图 5-1 消费者购买行为模型

在这个过程中包括以下核心概念：

（1）购买动机。动机是购买行为的根本原因，是刺激和激发购买行为并为其指明具体方向的内在力量。在众多的动机理论中，比较有代表性的是马斯洛（Maslow）的需要层次理论和麦克奎尔（McGuire）的心理学动机理论。前者提出一套适用于所有人的动机层次体系，但是它并不是什么严格的定律。而后者则对消费者动机进行了更为详细的分类。事实上，消费者并不是被动地接受设计师和营销人员发布的消息，而是只对那些能够引起他们特定动机的产品或者广告产生兴趣和集中注意力，或者按照自己的心理需要去收集相应信息。因此，消费者并不完全是在购买产品，而是寻求一种特定需要得到满足的方式。设计师和营销人员必须发现某种产品能够满足的动机和需求，有针对性地开展设计和营销工作。

（2）暗示。购买行为中的暗示，是指那些直接作用于动机的刺激物。产品、包装、广告、销售展示等刺激对消费者大脑的信息处理会产生重要影响。消费者在看、听的过程中会对不同的刺激如词语、图片、色彩、气味等赋予不同的含义。

（3）反应。消费者存在特定购买动机，并且这一动机在受到特定刺激后就可能导致一定的购买行为。但是消费者常常运用自己的想象对产品或广告中所包含的信息进行推断。如果暗示提供消费者能够认同的信息，就会产生正面的态度，那么消费者在实施购买行为时，这一信息就能作为“唤起集”的一部分影响到消费者决策。

（4）强化。这个概念最早是巴甫洛夫提出动物“条件反射”理论时提及的（经典性条件反射），后来被新行为主义者完善（斯金纳，操作性条件反射）。它是指那些能获得奖励的行为不断被重复。正强化（奖励）能够增加消费者再次购买的可能性，负强化（惩罚）会产生相反的效果。对产品一次不满意的购买经历会极大地减少再购买行为的发生。强化在操作性条件反射中要比在经典性条件反射中重要得多。

2. 使用行为

消费者的使用行为在产品设计完成之时，就基本确定了。对于大多数购买者，具体的使用行为与设计意图之间可能存在冲突，但是，这也是伴随使用行为产生的。在使用过程中，消费者会对整个购买过程和产品进行评价。因此，设计的可用性是否满足消费者的需要，就能够得到解答。

（1）使用行为一般是在消费者购买动机的驱动下实施的，即使在使用中存在不满意，消费者仍会使用所购买的产品。因此，设计师和营销人员应该了解消费者是否按照设计师预先设计的程序使用产品，以尽量减少使用中的不满意；另外，还要弄清楚，该产品是以功能性还是以其他方式被使用，这有助于改进产品设计。

（2）学习是消费者的使用过程不可或缺的环节。消费者的行为大多是在后天习得的。消费者在使用产品以前，通过学习获得相关产品的信息。例如，某个需要购买计算机的消费者，可能收集和学习不同品牌计算机相关的资料。但是，学习是一个重复强化的过程，除了会产生一定的紧张感和压力之外，还带有不同程度的不愉快的感觉。因此，设计师在进行设计时，最核心的理念应该是进行准确的产品定位，确定目标消费者的使用情境，尽可能充分了解他们的自然行为，按照最符合目标消费者习惯行为的方式进行设计。因此，设计师还需采用一定的用户行为研究方法，例如用户测试，来了解目标消费者的共性生活习惯和行为流程，并作出尽可能准确的预测（见图5-2）。

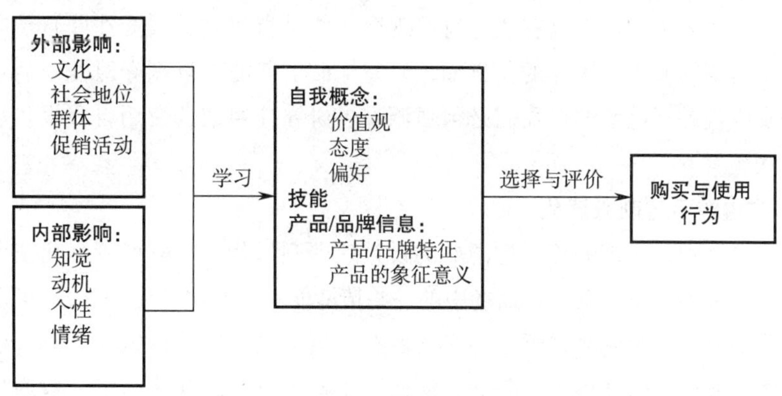

图5-2 学习是消费者行为的关键

然而，在消费者行为研究中，有些行为的分析研究还是比较困难。某些消费者的行为意图明显；而另外一些消费者的行为的动机就比较含糊，没有明确的外显意图。例如，画图这一简单行为，其目的性非常明确，设计师比较容易将这一行为分解为各个典型行为，加以分析和提出相应模型，如构思—草图—计算机绘图—修改—渲染，虽然不同个体对画图过程有个人喜好，但设计师仍然可能总结出一套比较标准的流程和所需要的工具；但是那些与情绪、需要、潜意识、隐性动机等相关的较模糊的目的性的使用行为，如消费者未意识到或者不愿意承认的动机（炫耀、纯粹爱好等）、体验行为（看文艺表演、旅游等）、艺术创造等，设计师则很难按照一般的流程来了解消费者行为的具体细节，这也就是前面提到购买动机研究的原因。设计师不得不根据消费者本身的描述（言语、绘制的图画）来分析其行为背后的动机。

三、行为测量与刺激

1. 行为测量和观察

作为一个群体，心理学家对许多行为感兴趣。他们可以研究老鼠走迷宫、儿童绘画、学生记忆一首诗或工人重复完成一项任务。行为测量是研究外显行为中可观察、可记录的反应的方法。

观察是一种研究人们做什么的主要方法。研究者可有计划、准确和系统地进行观察。观察可集中在行为的过程或者集中在行为的结果。例如，在学习实验中，研究者可以观察被试者复述一列单词多少次（过程），然后观察被试者在最终测验中记住多少单词（结果）。对于直接的观察，研究的行为是清晰可见的、外显的、可记录的。例如，在情绪的实验室实验中，当代心理学家经常依赖计算机，因为计算机能精确记录被试者完成各种任务时的反应，如阅读句子或问题解决。尽管在计算机时代之前也有许多精确的测量方法，但在收集和分析精确的信息上，计算机具有非凡的灵活性。

在自然观察中，不改变或干扰自然环境，研究者能观察到一些自然情况下发生的行为。例如，通过单向玻璃，研究者能观察儿童游戏，而儿童并没有感觉到被观察。一些人类的行为只有通过自然观察才能进行研究，因为在非自然条件下研究是不道德的或不切实际的。例如，研究生命早期的严重剥夺对儿童后期发展影响的实验就是不道德的。我们必须强调许多研究计划结合使用自我报告法和行为观察法。

2. 广告暗示与刺激泛化

作为设计师，应该能够通过巧妙的设计，即刺激物，唤醒或者强化消费者对产品或者服务的需要。第一，商场中的一些情境能够唤起消费者潜在的购买需要。过去的货郎喜欢叫卖商品，听到叫卖声的路人虽然没有明确的购买计划，但是叫卖声可能提醒他们的某种购买需要，从而产生购买行为。现代营销一般通过场景设计来达到类似的目的。例如，在糖果店中举行的免费尝试巧克力的活动，很大程度上会刺激购买行为。第二，商品的外观、包装以及价格等本身就是一种暗示。不同文化背景下的消费者都将品牌、价格、产品外观等作为产品质量的标志，他们对产品整体风格、视觉及其他信息的反应，都会影响他们对产品的理解。第三，广告是现代营销中重要的暗示方式。广告具有吸引注意和传达产品信息的功能。每当重要节日前后，商家都会大量投入广告。例如，中秋节前后的大量播放的月饼广告，春节前后播放的礼品广告等，都通过不断地重复和强化，说服消费者进行购买决策。而在世界杯足球赛前后的啤酒广告则通过巧妙的情景设计激发球迷边看球赛边喝啤酒的潜在需要。当广告提供的暗示与消费者的动机一致时，它就成为购买行为的外在动力。设计师应该了解消费者的潜在需要，对于那些尚未使用产品或者没有意识到自己需求的消费者而言，可以利用广告进行针对性的说服和暗示。

还需指出的是，不断重复的行为到了一定强度后会出现厌倦的现象，注意力和记忆力下降，并且出现消极反感的情绪。广告重复的次数和时机都会影响消费者记忆的程度和持久性。消费者经常抱怨广告重复的次数太多，过多的重复会导致消费者拒绝接受该信息、对其作出负面评价，甚至由于对广告产生厌倦的情绪而决定“不再购买该产品”。因此，商家应该注重重复的度，避免在消费者中产生负面情绪。此外，商家每隔一段时间需要对产品的广告进行一些改进，使消费者明显感到广告中发生的鲜明变化。一般而言，广告变化分为形式变化和本质变化。前者主要通过更换广告中的字体、图片、色彩等装饰性的因素，在视觉上给人以新鲜感；后者则是更改广告诉求主题的内容，重新对广告受众进行定位。关于广告重复的极限次数，没有统一的标准，一般性的广告，市场营销学者认为三次以上是必要的——这被称为三次击中理论（Three-hit Theory），那些意味深长，具有浓厚文化背景、美学和艺术感的广告通常能够在较长时间内给消费者愉悦的享受。不过，仅仅改变广告还不足以消除消费者的厌倦感，相应地，产品的改变、服务的创新等也要跟着改变。当然，不断重复购买同一品牌产品的购买行为本身，到了一定程度也可能使消费者产生厌倦情绪。此时，消费者可能会尝试新的品牌，如果该品牌能使他满意，之后他会轮流试用其他品牌，如果不满意，他会继续使用原来的品牌。

设计师常常利用刺激泛化的现象拓展产品种类和品牌种类。刺激泛化是指由某种刺激引起的反应可通过另一种不同但是类似的刺激引起。在市场营销中，消费者对某种特定刺激所作的反应会扩大到其他相似刺激的反应中。也就是说，当消费者适应了某种刺激，习得了某种反应后，一旦出现其他类似的刺激，也会作出同样或类似的反应。例如，消费者知道某个公司生产的洗衣粉的清洁功能非常好，便自然地以为它的新产品另一种洗涤剂也很好，这就是刺激泛化。因此，设计师和营销人员经常运用这一原理进行品牌延伸。消费者在认可原有产品形象的情况下，倾向于将原有产品的良好形象与新开发产品联系起来，也会产生较为正面的评价。中国许多家电企业就是成功地运用刺激泛化理论。例如海尔品牌，最初只是生产冰箱，后来逐渐拓展到家电、影音产品以及 IT 产品等。因此，刺激泛化可以简化消费者的购买决策。根据刺激泛化的理论，我们就不难理解为什么那些效仿成功的设计（产品外观、广告），而稍做修改的产品易于获得消费者的注意，并刺激消费者的购买行为。所以，成功的商业广告经常变换广告设计的情景，来减弱刺激泛化的影响。比如，潘婷洗发水在中国的广告，就以大家熟悉的明星为角色，不断变换广告中的故事情景，来进行刺激强化。

第二节　设计说服与消费者态度

一、说服与态度

说服，即以合理的阐述引导他人的态度或行为趋向预期的方向。设计说服是指设计师运用各种设计元素，包括色彩、图案、造型、材料、质感等视觉、听觉和触觉语言形式，引导消费者的态度和行为趋向设计师的设计目的。这里的设计主要包括工业设计、视觉传达设计、环境设计等，因为大多数消费者不是专业的设计人员，他们主要通过包装、造型、材料、色彩等外在的表达方式来了解设计作品，一般无法对设计的内在结构或零件组成等进行深入探索。因此，设计的形式语言是设计师展现产品设计风格和特征的关键因素，设计师通过恰当的形式符号传达产品设计的思想和设计魅力，设计师用技术和工具材料让产品获得外在的物质形态，通过产品的色彩、材料、形态等传达自己的设计意图，说服消费者理解和接受。

从设计过程或其有形成果来看，设计是一种增进价值的工具。消费社会中，人们购买的产品所代表的角色及本质发生了变化。设计也因此必须表现出个性化、趣味及象征性。从文化观点来看，设计可视为变化时代的视觉指标。产品表达其消费社会逐渐显现的价值与渴望。当消费者逐渐以商品来象征意义及价值，当出现了特有商品的新市场时，设计的本质也在改变。因此，设计是设计师为实现某种预定的设计目的，运用智慧和创造性活动将物质根据人的需要改造成为具有特殊属性的对象，以满足人类的生理和心理的需求。成功的设计往往能将有效的信息传递给消费者，吸引他们的注意，使他们对设计产生情感上的共鸣，说服他们对设计产生正面积极的态度。

态度是信念与情绪的结合，是消费者对所处环境的某些动机、情感、知觉和认识过程的反应方式，是个体对人、对事或积极或消极的反应倾向。说服就是通过传达信息改变态度的目的性活动。设计说服就是设计师将所要表达的理念、思想或种种意图转换为形式语言，实现设计信息的有效传达，对消费者进行有效的说服，使他们产生积极的态度，并最终引导他们采取购买行为。虽然，态度与行为之间很可能不同，但是实验表明，积极的态度导致积极行为的可能性很高，尤其是个人态度坚定时，没有什么能够阻碍他付诸行动。而行为的结果也会对态度产生反作用。

根据心理学的理论，态度包括三个主要成分，即认知（信念）、情感（感觉）和行为（反应倾向）。认知是个体对态度对象的信念构成，设计与越多的正面信念相联系，每种信念的正面程度越高，则整个认知成分就越积极。情感是个体对态度对象的感受或情绪性反应，特定消费者对某个事物的情感反应会随情境的改变而改变。行为是个体对于某个事物或某项活动作出特定反应的倾向或行动意向，它最接近行为，在消费者行为和市场研究中，它经常被视为消费者购买意图的表现。心理学研究认为，态度的形成是后天习得的，即个体基于他们所直接获得的信息、他们自身的认知（知识和信念）和媒体的宣传等形成态度；同样，态度虽然相对稳定，也是能够改变的，它受个人经验和外来信息的影响，而个体本身的个性也会影响态度改变的可能性。

因此，在消费者态度的形成和改变的过程中，消费者根据外来的信息和经验的分析和推理形成对某个产品的认知，情感伴随认知而产生，认知和情感的结合导致消费者产生行为的意向。因此，有效的设计说服应该从改变认知成分、改变情感成分和改变行为成分着手，影响认知可以改变情感和行为，改变认知甚至可以直接导致消费者的购买行为，再导致对其所购买商品的喜爱；改变情感可以导致购买行为，并使消费者在使用中增加对产品的正面信念；改变行为可以先于认知和情感的发展。

二、设计说服的要素

在信息高度发达的时代，在采取真正的购买行动之前，许多消费者会主动收集相应的信息，但是，更多的消费者却希望在购买前就得到有关的信息。设计说服成为消费者获得有价值信息的途径之一。根据认知心理学的理论，我们认为，设计说服大致可以分为四大要素：信息来源、信息媒介、信息内容和信息接受者。信息来源分为内部信息和外部信息，其中，内部信息大部分来自消费者过去个人积累、个人经验等；外部信息则包括消费者从群体、个人体验、商场促销等获取的信息。在设计说服中，信息来源主要是指传递产品或服务信息的设计师或者制造商。信息媒介是设计的表现形式，如产品的造型、媒体广告、特定的购买情境等。信息内容则是指设计师要传达的主要内容，如产品特征、企业形象等。信息接受者是指接受信息的对象。这四个要素共同作用决定了设计说服的内容和效果（见图5-3）。

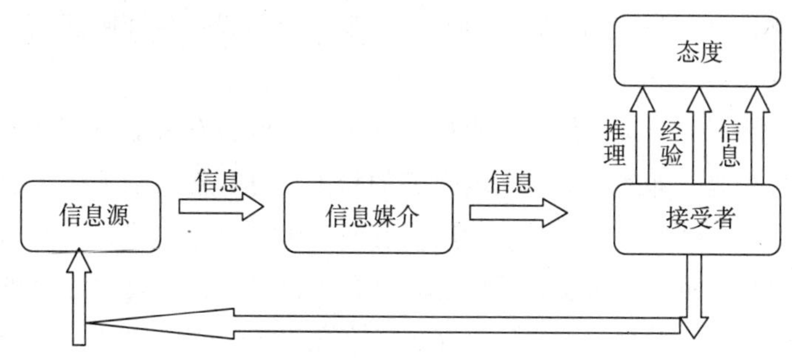

图5-3 说服的要素模型

在设计说服的过程中，设计界的学者较多地从设计语言和符号学的角度来分析设计所包含的信息和信息媒介。美国理查德·布恰南（Richard Buchanan）将设计说服（主要指工业设计）总结为三种相互关联的要素，分别是技术性原理、特性和情感/情绪。

1）技术性原理是指设计师如何操纵材料和程序来解决人类行为的实际问题。

2）特性是指设计师通过什么样的方式表现产品，使其以特定的语调说话，将他们认为能提升用户信任度的品质渗透其中。

3）情感/情绪，它是艺术设计接近“纯艺术”的部分，它使产品产生了类似于纯艺术品的吸引力，调动消费者的情感。布恰南所总结出的要素，更多的是通过符号和修辞学上的分析和研究得出的，其成果对于我们理解设计物，如何沟通和说服受众具有重要意义。

在设计说服中，信息的接受者即目标消费者的特征是重要的要素。接受者的人口特征（如年龄、性别、婚姻状况、教育经历、收入水平）、社会文化关系（种族、社会阶级、信仰等）、个性差异、生活方式等都是设计说服中必须考虑的因素。除此之外，目标消费者在接受设计信息时的情境和个人情绪等因素对设计说服的效果有重要影响。例如，茶在西方人看来只是一种饮料，因此，茶叶包装风格比较大众化；而东方人赋予茶更多的文化内涵，因此茶叶的包装风格雅致、古典。相同的商品所传递出来的设计信息内容是完全一致的，而不同接受者可能对它产生截然不同的态度和评价。心理学研究总结出来的主要原因包括：

1）个人特征与理解的差异。

2）对信息的沟通障碍，包括选择性知觉和心理噪声。选择性知觉是指人们在接收信息的时候，往往忽略那些对他们无特殊意义或无关的信息。心理噪声是干扰信息接收的无关信息。

3）情绪、心境及注意程度的差异等。

三、设计说服的方式

中国有句古语“晓之以理，动之以情”，这也同样适用于设计说服。“晓之以理”就是指设计应该传递一定的理性信息，我们将其称为“理性说服”，这是设计说服的本质和基础。“动之以情”，即情感说服，是指设计应能唤起用户的情绪和情感。

目标消费者如果对设计信息的掌握程度越高，就越有可能对设计形成积极或消极的态度。但是，即使消费者获取足够的相关信息，他们也不一定愿意对所有的信息进行加工。实验证明，产品一般只有两三个重要认知能在态度的形成中起主导作用，其他不重要的信息几乎未提供任何额外的输入。需要注意的是，不同的接受者对重要信息的理解不同，能够加工的信息也不同。

设计说服的方式主要包括理性说服、感性说服和符号性说服。

1. 理性说服

理性说服强调将设计对象的真实信息，完整地呈现给消费者，信息的真实、完整是其关键。意大利学者维托里奥·马尼亚戈·兰普尼亚尼在《设计与激情》一书中写道，“一项设计既不应是独出心裁或是令人感兴趣的，也不是妙趣横生或是令人啼笑皆非的，一件设计萌生于具体的需求……”。作为设计师首先应该认识到，向消费者展示产品特性和产品消费的实际利益是非常重要的。消费者认为所获得的信息的可信度越高，他们就越有可能接受设计及设计对象。因此，理性说服中，产品设计应该传达产品功能、特性、材料、使用环境等有效信息；视觉传达设计应该展示产品的成分、注意事项等关键信息；环境设计中应该体现空间和设施的分布、功能区划分的合理性等。

2. 感性说服

设计师在设计创作时，不仅要满足人的功能需求还要考虑使用者的心理感受，更多地为使用者提供情感享受，迎合消费者情感的多样性。感性说服是指设计作品能够激发消费者的情绪和情感。诺曼（Norman）说过，“情绪会改变人脑解决问题的方式，情感系统会改变认知系统的运行过程。”情感与情绪一般不作严格区分，但一般认为情绪主要是与生理需要相联系的体验，如愉悦、兴奋、饥饿等；而情感则主要是与社会性需要相联系的体验，如责任感、自豪感、荣誉感等。一旦消费者处于积极的情绪时，就能导致他们对设计对象的积极态度，而消极情绪则会导致他们对设计对象的反感。艺术设计“以情动人”的特性，使设计对象具有独特的审美情趣，给消费者以深刻的印象。

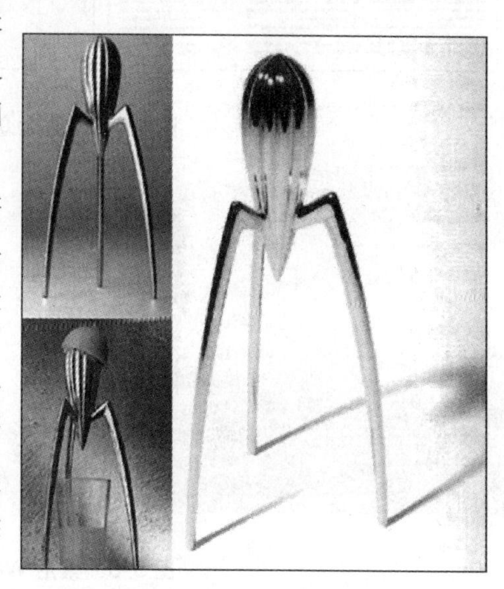

图 5-4　菲利普 · 斯塔克设计的榨汁机

图 5-4 是著名设计师菲利普 · 斯塔克设计的榨汁机。从功能上来看，它并没有什么杰出之处，但是那雕塑般的造型赋予了它奇异的魅力，人们评价它时，说道：“我们并不使用我们的外星人榨汁机 。它的作用不在于被‘使用’，它可以远观而不可把玩，是被当做艺术品来欣赏的”，“其实我们使用老式的玻璃榨汁机可以把事情做得同样好，这样一来，是不是我们就不喜欢它了？不会，因为菲利普 · 斯塔克走进了我们的厨房”。这件产品优美的造型、独特的气质使它具有了艺术品“去功利”的属性。

在广告设计中，理性诉求和情感诉求实质上就是理性说服和情感说服的具体运用。广告诉求中的理性说服是通过对商品的事实性信息的传达、商品特性和消费者能够获得的实际消费利益来实现的。例如，在矿泉水的广告中，消费者可以了解到水的矿物质含量、这种矿泉水对人体健康的益处、价格优势等信息。广告诉求中的情感说服是指利用相应的设计元素诱发目标消费者的情感共鸣以引导他们对特定商品产生积极的态度，并最终产生购买行动。

图 5-5 是德国大众金龟车的广告，设计运用了比较典型的理性诉求广告通过对

车突出性能的逐条介绍，又通过构图的变化，突出其小巧可爱引导消费者认为购买该车是用户明智的选择。图 5-6 索尼 Walkman 的广告设计则是典型的感性诉求广告。通过拟人构图的设计，让受众感受到拥有索尼 Walkman，则有音乐伴侣如影随形。

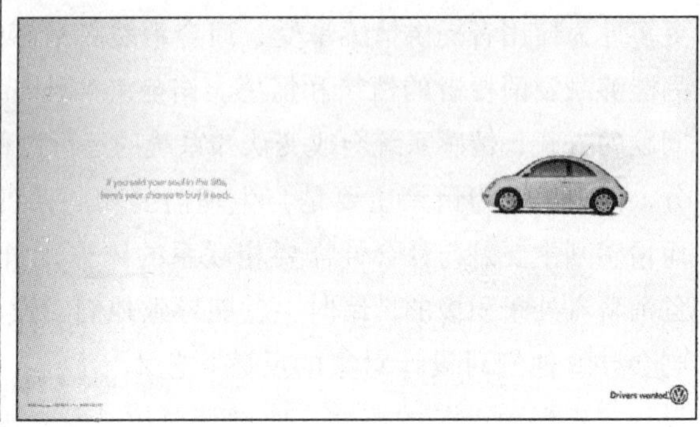

图 5-5　德国大众金龟车的广告

图 5-6　索尼 Walkman 的广告

3. 符号性说服

消费者在购买前会随时面对大量的信息，他们再依据自己的个人经验和理解去识别、感受和判断。在设计说服中，除了理性说服和感性说服外，具有一定特性、处于特定环境下的个人常常能够从有声的语言和感觉、视觉等非语言的形式中捕捉信息，这种无形的信息载体就是符号。符号性说服就是运用设计语言的符号性含义，在消费者与设计对象之间建立一种中介，引导消费者产生相应的积极态度。符号伴随着人类的发展，人生活在符号的世界里。当商品由原来的某个具有实用价值的实体，变成具有某种象征意义的符号时，消费者对商品的理解从一个单纯可感觉的实体变成一个可以感受、可以体会和具有情感价值的综合体了。此时，符号化的商品不仅仅具有特定的使用价值，而且成为消费者认识和理解设计、激发消费者积极思维活动的工具，成为设计师传达信息、实现与消费者之间沟通和承载商品所有者特定属性的载体。

符号性说服在产品设计、环境设计和视觉传达设计中具有非常重大的意义。在产品设计中，产品与人之间的沟通则通过产品的形态、色彩、材料、结构等非语言形式来传达其特定的符号意义。例如，在茶具和咖啡具的设计中，设计师往往利用点、面、线、体及其组成，结合相应的材料，造型上基本选用波浪形纹饰曲线，或体现流动的感觉，让消费者感受到海浪轻柔的波动，或者高山流水的情怀。在环境设计中，空间的大小、形式、比例和空间与外界的联系等，具有特定的符号学意义。例如，南京中山陵的主体建筑的平面就采用了警钟这种独特的图像符号，它在唤起民众：革命尚未成功，同志还须努力，体现了设计师的杰出设计理念。在视觉传达设计中，符号以影像和图形的形式在招贴设计、企业形象设计、包装设计、广告设计等方面发挥巨大作用。需要注意的是，在符号性说服中，当设计能够成功地说服消费者相信它代表的文化，他们一旦拥有了这项产品（服务）就能明确标记，或者让他们更加接近他们所趋向的文化品位和社会属性的时候，人们就会对该设计产生积极的态度。例如，李宁的体育用品广告中，通过与中国及国际运动明星的合作，加上特定的广告场景设计，使产品成为一种象征性符号，它引导消费者认为，使用李宁的体育用品，你就可能像那些明星一样健康、有活力。

在符号性说服中，单纯的情感或者需要没有发挥关键作用，真正说服消费者的是设计对象体现出来的象征意义。比如，对于青少年或者学生，他们对于某些产品的消费（如手机、服装、装饰品等）之所以会变成符号的消费，正是因为他们对产品的认知转化为对特定群体归属或者社会地位的认知，他们为了追随或者模仿某些明星或者偶像以取得社会对他们的认可，而这些是依靠他们对某些产品的消费体现出来的。因此，符号性说服是一种重要的、独特的设计说服手段。

以上三种设计说服方式，在不同的消费个体需求和消费文化所发挥的作用是不同的。例如，20 世纪初，大众消费成为当时的消费主流，机器化生产方式兴起，那时的消费者在购买时考虑得更多的是产品是否具有某种使用价值。此时，产品设计说服中，理性说服发挥的作用最显著。消费者在购买前主要关心的是产品能够给他们带来的经济利益。随着生产方式和商品多样性和同质化的发展，消费者开始关注产品功利性以外的价值。由于信息的发达，消费者收集信息的能力也在逐渐增强，他们对商品的判断力和鉴赏力也在提高。此时，情感说服占据更加重要的地位，设计中的情感传达能够使商品在众多同类中脱颖而出，让消费者产生情感上的认同，进而对商品产生积极的态度。星巴克的总裁舒尔茨（Howard Schultz）曾说："星巴克不是一种趋势，而是一种生活方式。"星巴克认为，咖啡是有灵性的浪漫之物，是家庭客厅的延伸，是除了工作和家庭之外的第三个最佳去处。星巴克的亲切、轻松、休闲正是典型美国文化的体现——自由、舒适、随意、实效。在这里，星巴克创造出以人文为驱动的产品作为一种真正的品牌，然后开始教育消费者有关咖啡的知识，令他们陶醉在饮用咖啡所带来的浪漫感受之中。这里的产品并不是咖啡，甚至不是星巴克咖啡馆这个地方，而是消费者的整个经历与体验。在现代这个信息爆炸和产品异常丰富的时代，消费者的需求层次不断提高，设计能否使设计对象超越其功能，从情绪、情感上引导消费者，显得越来越重要。因此，符号学理论在设计中的应用使消费者能够快速地区分商品，唤起他们的认同感和情感体验。例如，不同的人群就赋予色彩不同的意义。中国新娘常穿红色的衣服，寓含吉祥如意，但是在英国和法国，红色却是一种男性的颜色，在尼日利亚和德国，红色意味着倒霉。

在现代的设计说服中，单独使用以上某一种说服手段是不足以表达设计信息和实现设计意图的，设计作品中往往包含了多种设计说服方式的结合，并且不同的说服方式会相互影响、相互作用。

第三节　情境设计与消费者决策

一、消费者决策的理论依据

如前所述，消费者由于个体需要，产生购买动机，设计师和营销人员在分析消费者行为的基础之上，通过适当的设计说服方式引导消费者对产品成本或者服务产生积极的态度，使其对设计对象进行积极有利的评价，这些努力的最终目标就是为了促进消费者作出相应的购买决策。

决策是指为了达到一定的目标，采用一定的科学方法和手段，从多个备选方案中选择一个最优方案的分析判断过程。

消费者决策是指消费者在个人经验和知识的前提下，谨慎地评价某一产品、品牌或服务的属性，并进行理性的选择，即用最少的成本购买能满足某一特定需要的产品的过程。它具有理性化、功能化的双重内涵。通常，消费者都是以此方式作出决策，但也有许多消费者在作购买决策时并未作出多少有意识的努力。有的消费者在作决策时甚至并不注重产品属性，而是更多地关注购买或使用时的感受、情绪和环境。此时，消费者选择某个品牌并非是由于其独特的属性（价格、样式、功能、特点），而仅仅因为“它使我感觉良好”或“我的朋友们会喜欢它”。

虽然受情感或环境驱使所作出的购买行为及与此相关的消费行为具有远不同于传统的基于产品属性而购买时的特点，我们认为决策过程模型仍对各种类型的购买行为提供了有益的洞悉。在本章我们将着力表明该模型是如何有助于我们理解基于情感、环境及产品属性所作的购买决策的。

当消费者的购买介入程度由低到高变化时，其决策过程也随之复杂化。我们用名义型、有限型、扩展型决策来描述不同类型的购买决策过程。需要指出的是，这三种类型之间并非泾渭分明，而是相互交叉的。

1. 名义型决策

名义型决策，有时也称习惯型购买决策，实际上就其本身而言并未涉及决策。一个问题被个体认知后，经内部搜索（长期记忆），浮现一个偏爱的品牌，该品牌随之被选择和购买。只有当被选产品未能像预期那样运转或表现，购后评价才会产生。名义型决策往往发生在对购买的介入程度很低的情况下。

一个纯粹的名义型决策甚至丝毫不考虑选择其他品牌的可能性。比如，你发现家里的高露洁牌牙膏快用完了，于是决定下次逛商店时再买几支，而根本没想到用别的牌子来代替它。在商店里，你浏览货架寻找高露洁牌牙膏，对其他牌子和它们的价格或其他潜在的相关因素则压根儿没予以考虑。

名义型决策通常分为两种：品牌忠诚型购买决策和习惯型购买决策。

（1）品牌忠诚型购买决策。你可能曾经对选择牙膏有着很高的介入程度，并运用了扩大型决策过程。作为这一过程的结果你选定了高露洁牌牙膏，之后，虽然选择最好的牙膏对你仍然很重要，但你可能会不加思考地一再选择此品牌。此时，你已对高露洁牌牙膏生产了忠诚和信赖，因为你认为它能最有效地满足你的需要。一旦形成了情感上的依赖（你喜欢这个牌子），你就成了高露洁牌牙膏的忠诚顾客，其他竞争者很难赢得你的惠顾。在这个例子里，由于品牌忠诚，你对产品的介入程度相当高，但对购买的介入程度则很低。假如高露洁牌牙膏的优越性受到挑战，比如从新闻报道中了解到更好的牙膏的出现，你也许会更换品牌，但很可能要经历一次高介入度的决策过程。

（2）习惯型购买决策。与前面例子形成对照的是，你可能会认定所有的辣椒酱都是一样的，因而对番茄酱这类产品及其购买关心甚少。在试了红翻天牌辣椒酱并感到满意之后，你就会一再选择该品牌。于是，你成了红翻天牌辣椒酱的重复购买者，但你并不忠诚于这一品牌。当你下次需要辣椒酱时，假如感到买红翻天牌辣椒酱是否明智时（如别的牌子在打折），你可能会转换品牌且无需更多的斟酌和思考。

2. 有限型决策

有限型决策是介于名义型决策和扩大型决策之间的一种决策类型。从最为简单的情形来看（购买介入最低时），它与名义型决策相似。比如，在超市里你注意到了陈列在货架上的德芙巧克力，并顺手拿了两盒。此时你凭借的只是印象中的“德芙味道还不错”或“我已经好久没尝过德芙了”，此外并未收集更多的信息。你最多会为买不买略为犹豫，而不会再考虑选择其他品牌。还有一种情况是，你可能遵循某一条决策规则，如选择最便宜的速溶咖啡品牌。当家里的咖啡用完时，你若置身于商店，就会查看一下各种咖啡的价格，挑选一个最便宜的牌子。有限型决策有时会因情感性需要或环境性需要而产生。比如，你决定买一个新的产品或品牌，此时，你并不是对目前使用的产品和品牌不满，而是因为你对它们产生了厌倦感。这类决策可能只涉及对现有备选品新奇性或新颖程度的评价，而不涉及其他方面。你也可能会根据别人实际的或预期的行为对购买进行评价。比如，你会通过观察或猜测你同桌的人就餐时点不点、点什么样的葡萄酒来决定自己的选择。

总的来说，有限型决策涉及对一个有着几种选择方案的问题的认知。信息的收集主要来自内部，外部信息收集比较有限，备选产品不太多，而且运用简单的选择规则对相对较少的几个层面进行评价。除非产品在使用过程中出问题或售后服务不尽如人意，否则，事后很少对产品的购买与使用进行评价。

3. 扩展型决策

扩展型决策发生在购买介入程度很高的情况下。这种类型的决策涉及广泛的内、外部信息收集，并伴随对多种备选品的复杂比较和评价。消费者在购买产品之后，很容易对购买决策的正确性产生怀疑，从而引发对购买的全面评价。相对来说，达到如此复杂程度的决策并不多。然而，在诸如房屋、个人计算机及多功能休闲性商品（如背包、帐篷）等产品的购买上，扩展型决策比较多见。即使带有强烈情感色彩的决策也可能涉及相当程度的认知努力。例如，当我们在作出是否外出旅游的决定时，被满足的需要和被评价的标准均是情感因素而非属性特征，而且，由于外部信息的缺乏，所采用的评价标准也比较少。即使这样，在做决定时我们仍然会左思右想、举棋不定。

二、消费者决策

设计心理学的设计干预是指通过设计的对象（广告、环境以及产品本身）干涉（影响）消费者的决策，使其作出有利于特定消费品的购买决策。而消费心理学中的消费者决策过程的典型模式是一个问题求解的过程，它包括三个主要部分：决策信息收集、决策选择、决策实施（见图 5-7），这三个部分相当于信息加工过程中的输入—处理—输出的过程。那么，设计干预的过程则包括产品信息的输入阶段、需求确认的加工阶段以及购买和购后评价的输出阶段。

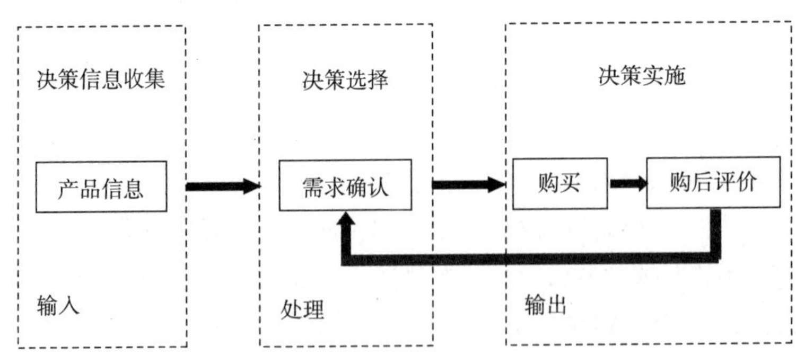

图 5-7 消费者决策过程

1. 决策信息收集

无论是哪种类型的决策者，为了在作出判断之前，尽可能减少决策风险，一般都希望获得更多、更准确、更可靠的决策信息，尤其是对决策客体的相关信息掌握不太充分的情况下，决策者会尽可能地运用各种途径收集相关信息。消费决策中涉及的风险主要包括：经济风险（所购买商品是否物有所值）、功能风险（所购买商品的功能、质量及售后服务是否有保证）和心理风险（所购买商品是否符合消费者的心理预期）。

消费者进行购买决策前，所收集的决策信息主要包括：①购买商品的评价标准；②存在的备选方案；③每个备选方案在某个评价标准上的特征。例如，购买一台笔记本电脑前，消费者会从内部和外部收集笔记本电脑性能、售后服务等各种信息，制订出自己的评价标准，再认定 IBM、戴尔、联想等几个品牌各有一款产品能够符合其需要，在了解不同品牌笔记本电脑性能的基础上，通过比较来制定决策。

消费者获得的决策信息来自主动获取和被动获得两个方面。前者是指消费者对决策客体进行积极主动搜索后获得的信息。例如，消费者向朋友、家人打听、上网查阅相关产品目录或者查询政府机构的评价等。被动获得是指消费者在收集信息的过程中，被动地感知到外界某些与决策相关的信息。例如，消费者去商场购物时，被商场里的促销活动所吸引，获得相关信息（见表 5-1）。许多研究表明，消费者为了搜索信息付出的时间和代价越多，则产生购买行为的可能性就越高。这些信息主要是以我们前面所说的“暗示”方式作用于消费者，使他们的消费明朗化。

表 5-1　主要的相关信息形式

个人信息	社会信息
家庭成员	新闻
亲戚	杂志
邻居、同事、朋友	其他消费者的行为
促销人员、推销人员	广告资料
主动向厂商咨询（电话、信件、邮件）	互联网

消费者为了减少决策风险而收集决策信息会依据消费者的特征、信息的可获取程度、产品特征和情境特征等有所不同。

在市场营销学中，消费者介入的概念最早由克拉格曼于 1965 年在广告研究的运用中提出来，20 世纪 80 ~ 90 年代消费者介入理论处于兴盛阶段。不同研究领域的学者将消费者介入理论扩展到产品、信息处理、购买决策等研究中。购买决策介入是指消费者对购买活动的关注。如果购买决策与购买活动是高度相关的，那么消费者会花费很多的时间和努力去收集信息、评估信息，再进行比较选择，最终作出理性的购买决策。购买决策介入程度会影响消费者对产品价格、收集信息的数量和类型、购买地点以及企业的广告等促销方式的偏好程度。例如，购买汽车、房产或者奢侈品等消费者认为比较重要的商品时，消费者在制定购买决策前会采取高介入的方式收集相关信息，从商品的评价标准、品牌、品牌之间的比较、购买方式等进行详细的评价。而对于日常用品，如饮料、罐装食品、洗涤剂等，消费者一般采取低介入的购买决策，可能不会考虑太多的因素，就采取购买行动。

另外，消费者进行消费决策而收集的信息还与信息的可获取程度有关。一般而言，信息的可获取性与信息使用和评价有关。如果可获取的信息太多，信息超载可能导致信息使用的减少，最终导致消费者购买行动的减少。信息量过大会使信息收集过程变得毫无意义，评价和比较信息很可能使消费者感到厌烦。

消费者收集信息的情况也会根据产品特征的不同而不同，即消费者对所购买产品的熟悉程度决定消费者信息获取的程度。对于相关产品知识较少、产品种类界定不清或者无法对不同品牌进行比较的产品，消费者会进行广泛的信息收集，通过主动获取信息，进行消费决策。例如，购买新电器时，具有较少家用电器知识的消费者购买前会进行大量的信息收集，当然这种信息收集行为一般是比较盲目的。对于消费者有过一定体验，或者有一定认知的产品，消费者收集信息的目的性就较强。他们会针对性地了解他们不太熟悉的产品特点，并与之前试用的品牌进行比较。而当消费者非常熟悉产品的各个品牌，并且具有良好的分析判断能力后，他们很少甚至不会进行信息收集，而是从个人经验、产品使用体验等内部信息，对某些品牌形成偏好。

除以上因素外，消费者所处的情境和对决策风险的知觉也会影响信息收集。例如，面对人潮汹涌的商场，消费者可能尽量减少信息收集；如果时间紧迫，信息收集的水平也会下降。与购买不满意产品相关的风险知觉越大，消费者就会不断提高信息收集水平。例如，如果消费者购买一盒月饼仅供自己或者家人食用，那么知觉风险就比较小；如果购买月饼是为了作为礼物，那么相应的知觉风险就会变大。

2. 决策选择

消费者通过内部信息和外部信息收集后，对于能够满足他们需要的产品和品牌产生一定程度的认知和了解，在他们正式实施购买前，也许已经考虑特定的产品和品牌，找到一定范围的备选方案。在这些备选方案中，消费者首先会排除他们认为不需要进一步考虑的产品和品牌，对于这些产品和品牌，消费者一般抱有消极否定的态度，对相关信息也持拒绝态度。然后，消费者会对那些他们不太清楚，或者没有足够知识，或者没有意识到的产品或者品牌，暂时不做考虑，因为他们对这些产品没有明显的偏好和态度，他们可以接受与这些产品有关的信息，但是不会主动收集相关信息。显然，消费者对于某些特定的产品和品牌持有积极肯定的态度，那么，他们在购买决策时会重点考虑这些产品和品牌。只有当消费者偏好的产品和品牌无法获得时，他们才会考虑原来没有意识到的品牌。因此，设计师和营销人员应该使自己的产品和品牌成为消费者重点考虑的产品。

在确定备选方案后，消费者将决定购买哪个产品和品牌。他们会运用一定的评价标准对他们重点考虑的产品和品牌进行比较。例如，消费者在购买电视机时，他们会评价各个偏好品牌在价格、重量、屏幕清晰度、外观设计等各方面的信息，再决定购买。但是，如果在消费者决策过程中，出现了他们评价标准的变化，他们有可能放弃这些产品，转向考虑原来他们没有意识到的产品。造成消费者放弃原有产品和品牌的原因主要包括：①购买环境中没有提供消费者需要进一步了解的信息或知识，导致消费者对某些产品和品牌的积极态度减弱甚至消失；②其他产品和品牌的价格发生较大变化，导致消费者被价格优惠所吸引，放弃原有产品；③销售人员的促销行为在很大程度上会影响消费者的购买决策，那些态度亲切、口才优秀、服务优良的销售人员往往能够说服消费者购买产品；④产品设计、广告和包装设计对消费者的购买具有重要影响。因此，设计师应该考虑如何在产品功能设计、外观设计、包装设计等方面实现最优组合。

3. 决策实施

最后的过程就是消费者真正实施购买决策，主要包括购买行为和购买后评价。这两种行为是影响消费者对产品和品牌的评价和以后的购买行为的重要因素。

根据消费者掌握信息程度的不同，购买行为可以分为试用、重复购买和长期购买三种。消费者如果对所购买产品的知识不充分，那么他们是产品的试用者，在产品使用中，逐渐建立对产品的属性的了解。在试用期间，消费者可能会对购买行为的理智性产生怀疑，或者采取边用边看，或者采取不使用的态度，或者会产生对某种品牌的偏好。如果消费者对所购买产品之前就具有较充分的了解，并在之前的使用过程中感到满意，那么他们是重复购买者。如果消费者对某些产品和品牌形成比较肯定的态度，并且会持续一段时间，那么他们就是长期购买者。如果消费者对某些特定产品和品牌的了解非常深入，具有良好的鉴别能力，且在重复使用中形成品牌忠诚度，那么他们就是忠诚购买者。尤其是那些非常重要、价格昂贵或者与安全有关的产品，消费者一般会偏好少数知名品牌。

购买后评价是消费者在使用产品后，对产品的效用（无论是功能上的还是心理上的）与自己的期望水平之间比较后形成的感知。这种感知可能高于期望水平，也可能低于期望水平或者与期望水平持平。因此，消费评价使消费者对使用过的产品和品牌形成积极或者消极的态度，并影响他们以后的购买行为。对某个产品的感知符合消费者期望水平时，消费者可能不会抱怨，但是下次购买时，他可能会选择其他更好的产品。对某个产品的感知低于期望水平时，消费者会感到不满意，如果感知水平远远低于期望水平，则消费者会排除这个产品，重新考虑其他产品，并对产品持否定态度。对某个产品的感知高于期望水平时，消费者会感到满意，甚至“喜出望外”，那么消费者很可能会采取重复购买行为，甚至成为忠诚的购买者。

三、情境设计

一般来说，购买决策和消费过程总是发生在特定的情境下，因此，在考察决策过程之前，我们必须首先理解情境。

1. 情境类型

消费过程发生在四种广泛的情境下：传播情境、购买情境、使用情境以及处置情境。

(1) 传播情境。传播情境是指对消费者行为产生影响的信息接收情境。我们独处还是与他人在一起，心情好坏，匆忙与否，都影响我们接收营销信息的程度。是在一个愉快的电视节目上做广告好还是在一个悲哀的节目中做广告好？抑或是在平静还是激动人心的节目中播放广告好？这是营销人员必须回答的涉及传播情境的一些问题。如果我们对产品感兴趣并处于某种反应状态的传播情境下，营销者就能传递有效的信息给我们。然而，发现处于这种传播情境且具有浓厚兴趣的潜在购买者并非易事。

(2) 购买情境。各种购买情境同样能影响产品的挑选。和孩子们一起购物比没有孩子陪同时，购买决定更易受孩子们的影响。缺乏时间，如在课间购物，会影响对店铺的选择，所考虑品牌的数量，以及你愿意支付的价格。为了发展旨在提高其产品销售的营销策略，营销者必须理解购买情境是如何影响消费者的。例如，在以下购买情境下，你将如何改变购买一种饮料的决定？

- 你处于非常糟糕的情绪中。
- 一位好朋友说："那种饮料对你有害。"
- 你有些反胃。
- 你进店时看见付款处排队的人有如长龙。
- 你与某位想给其留下特别印象的人在一起。

(3) 使用情境。在招待客人时饮用的葡萄酒可能不同于消费者自斟自饮时喝的葡萄酒。一个家庭也许会根据谁去度假而选择不同的度假期。营销者需要理解他们的产品适合或可能适合哪些使用情境。在对此有些了解后，营销者才能传递有关他们的产品是如何在每种使用情境下适合消费者需要的信息。例如，广告中可以显示哪种品牌的法国葡萄酒适合休闲时饮用，哪种适合正式场合饮用。

在下面几种使用情境下，你将倾向于消费什么饮料？

- 你完成最后一门考试后的星期五下午。
- 同你父母共进午餐。
- 在一个寒冷并有暴风雨的晚上，刚用完晚餐。
- 同一个你几年未见的朋友一起进餐。
- 在一个炎热的下午，刚打完一场篮球。

(4) 处置情境。在产品使用前或使用后，消费者必须经常处置产品或产品的包装。涉及处置情境的决策可能产生备受关注的社会问题，同时也可能给营销者提供机会。一些消费者认为，处置方便是产品本身的一项重要属性。这些消费者也许只购买那些易于回收的物品。通常，处置一件现存的产品一定是在获得一项新产品之前或与新产品的获取同时发生。为了发展更为有效且符合伦理的产品与营销计划，营销者需要了解情境因素是如何影响处置决定的。政府和环境保护组织为了鼓励对社会负责的处置决定，同样需要了解这方面的知识。

2. 情境影响

情境影响是指所有那些依赖于时间和地点且与个人或刺激物属性无关，但对消费者现时的行为具有显著和系统影响的因素。

情境是处于消费者个人之外的一系列因素，这些因素既不依赖于消费者，也不依赖于消费者对之产生反应的基本刺激物的特征。例如，消费者不会对企业呈现的营销刺激物如广告和产品孤立地作出反应，相反，他们会对营销影响和情境同时作出反应。

为了将情境影响融合到营销战略中，我们首先必须对情境与给定产品和给定目标消费者相互作用的程度予以足够的关注。然后，我们应根据情境发生的时间、它的影响强度、它对行为影响的性质来对其进行较系统的评价。例如，用于休闲活动的时间受物理环境（温度和气候）、社交因素以及个人心情的影响。

3. 物质环境的情境设计

信息专业公司提供一种称为“Advertising”的服务。这种服务依赖一个内容广泛的计算机数据库，该数据库将各种消费模式和现在的气候进行比较。以观测到的天气与产品销售之间的关系为基础，该公司可以根据预测到的天气情况向委托人提供各种建议，包括购买、销售及购物点展示等各个方面。

物质环境包括装饰、音响、气味、灯光、气候以及可见的商品形态或其他环绕在刺激物周围的有形物质。物质环境是一种得到广泛认可的情境影响。例如，店铺的内部装修通常设计成能引起购物者的某种具体情感以便对购买起到信息提示或强化作用。一个经营时尚、流行服装的商店希望通过其购买地的物质环境特征将其经营特色传递给顾客，附属装置、家具和颜色应统统反映这种时尚、新潮的整体情绪。另外，商店的员工应将这种主调展现于他们的外表和服装上。所有这些将产生关于零售环境的合适感觉，由此反过来影响消费者的购买决定。有证据表明，消费者对在井然有序的专业性环境下获得的服务较那些杂乱无序环境下获得的服务更为满意。

（1）颜色。红色有助于吸引消费者的注意和兴趣。然而，虽然它有物理刺激作用，红色却令人感到紧张和反感。较柔和的颜色如蓝色虽具有较少吸引力和刺激性，但它们被认为能引起平静、凉爽和正面的感觉。哪一种颜色最适合室内装饰？调查显示，针对零售商的销售和消费者满意方面产生的效果而言，蓝色优于红色。

（2）气味。虽然关于这方面的研究并不多，但越来越多的证据表明，气味能对消费者的购物行为产生正面影响。一项研究发现，有香味的环境会产生再次造访该店的愿望，会提高对某些商品的购买意愿并减少费时购买的感觉。另外一项研究发现，某种香味增加了在拉斯维加斯赌场的老虎机的使用。第三项研究发现，花香四溢的零售环境增加了耐克鞋的销售。尽管发现了上述有用结果，关于气味应在什么时候和条件下和如何有效地运用于零售环境尚不十分清楚。另外，香味的偏好是非常个人化的，对某人是令人愉悦的香味对其他一些人也许令其厌恶。再有，一些购物者对精心添加到空气中的香味会有反感，而另一些人则担心过敏。

（3）音乐。音乐影响消费者的情绪，而情绪又会影响众多的消费行为。慢节奏与快节奏背景音乐对餐馆而言哪种更合适？慢节奏音乐似乎使消费者更为放松和延长在餐馆的用餐时间，从而增加购买商品的数量。更多依赖顾客周转的餐馆播放快节奏音乐可能更好。一项关于超市环境中的音乐和影响力的研究表明，音乐的节奏（快或慢）并不影响购买行为，然而，播放符合消费者偏好的音乐对购买行为有明显影响。比如，时装公司对其形象格外关注，他们对影响其店铺形象的店堂内因素严格控制。店内设备、颜色、音乐，所有一切均被用来传播商店形象。除了温度和光线，顾客在店铺每分每秒都受影响的就是音乐。

（4）拥挤状态。拥挤状态描述了店内拥挤程度对零售店和顾客所产生的负面影响。当很多人进入某个商店或店铺空间被货物挤满，越来越多的购物者会体验一种压抑感。很多消费者会觉得这令人不快，并采取办法改变这种处境。最常用也是最基本的方法是减少待在商店内的时间，同时买得更少、决策更快或更少运用店内可运用的信息。结果是，消费者满意度降低、不愉快的购买体验、再次光顾的可能性减少。卖场的设计，应尽量减少顾客的拥挤感。当然，这在实际中是比较困难的，因为到零售店购物通常是节假日或周末这些特定时间段。零售商必须在店面大于应有的营业面积所支付的例外费用与由于关键购物时段里顾客感到拥挤造成的不满所带来的损失间作出权衡和取舍。

应当指出，很多消费行为是营销者感兴趣的，它们包括实际购买、信息收集（如收看电视广告）、上街逛商店等。一个关于消费者逛商店但不购物的研究发现，这一行为背后的两个最大动机是接受感官刺激和身体的适度活动。大型购物中心为闲逛提供了一个安全、舒适的场所。购物中心内各式各样的商店、人流以及与之相随的声音、景观对消费者提供了高度的感官刺激。因此，声与景对购物中心或其他购物场所的成功起着非常重要的作用。对于情境的物质方面如果能予以控制或施加影响，企业就应发挥主动性并努力使物质情境与目标顾客的生活方式相一致。

第六章　视觉设计心理

在视觉设计心理的应用中，视觉设计的重要问题是如何处理将情绪体验等的感知情绪置换为视觉形态，并被认同。而具有特定内涵的视觉表现形态——高级情绪，如爱、恨、恋、真、善和美等则不易把握，它对传达信息的选择，主要由人的生理体验为指令；其中，个人文化素养、气质环境等因素直接影响接收信息的定位。设计形态的应用中，通常从人的年龄段分析，儿童对设计色彩形态的表达更感兴趣，成人则重视对设计构成的形态意象的解读。

第一节　图形认知心理

每个人的童年都喜欢涂鸦或是任意张贴各种小图片，在不同的年龄层次得到的认知各不相同，这种不经意的认知即是我们所说的图形认知。大多数孩子的兴趣在于线条勾描，或者用彩笔填色块。伴随作画过程，几乎每个孩子都有自言自语的倾诉习惯。

人类从感知图形到图形语意的解读，常常取决于生理与心理对客观对象的认知程度。其中起主导作用的是儿童阶段的生理认知因素，这种通过涂鸦形式表现出的图形语意，是儿童阶段生理功能需求的情绪宣泄。步入青春期后，随着对图形的意识性增强，个体主观意识需求的情绪宣泄方式以自我表现为主，通常带有炫耀认识的愉悦，这时的图形认知已从倾诉型转为表现型，我们把它称之为炫耀图形，是由有意识的图形认知心理构成的。成年以后，人们显然学会了除图形表达以外的各种交流方式，然而儿童阶段涂鸦所带来的便捷愉悦心理仍作为视觉获取信息的首选方式，这也是为什么大脑对视觉形象的记忆习惯总是从形象认知开始的原因。因此，在当今由网络信息主导组成的世界性交流过程中，图像传播是最迅速被人们接受的途径之一。

一、情绪信息的传达

在感知情绪信息的传达过程中，人的生理因素占了70%。“痒”是一种最为常见的肤觉感知，这种感知来自于人体的局部范围。当它作为触觉情绪置换形式的意象时，“痒”的体验结果通常以密集型颗粒状的视觉心理效果呈现。福建师范大学副教授丘星星认为，如果这种视觉心理效果以大面积或随意的形式分布，感知传达的视觉信息便会产生相反的作用（见图6-1）。

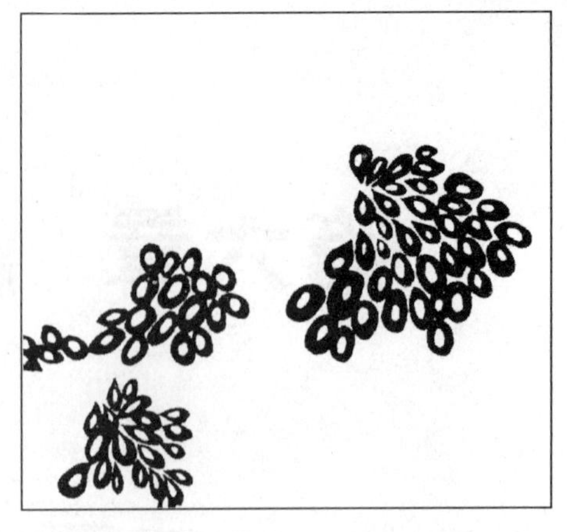

图6-1　体现“痒”的感知情绪信息

丘星星再选择“流动”、“嶙峋”和“尖锐”的感知情绪信息作为触觉情绪置换形式的意象，“流动”的体验往往形似于水的形状，“嶙峋和尖锐”的体验则呈现出密集型尖刺状的视觉心理效果（见图6-2）。

a）　b）　c）

图6-2　体现流动、嶙峋和尖锐的感知情绪信息

a）流动　b）嶙峋　c）尖锐

由此可见，对于质感形态的理解，不能片面地凭借视觉审美，还得刺激各种感知系统传达的信息置换形态，综合反映表现质感特征。例如玻璃器皿的质感，因其具有极强的可塑性和装饰性，被用于各种设计领域。其触感冰凉、坚硬，脆而易碎，带给人轻薄、脆弱的感觉，音响效果具有玲珑剔透的悦耳声（参见彩图6-1）。

通过多方面综合信息的传达来强化图形视觉形态。玻璃质感表现出不同的形态信息：①重复出现的圆弧状，体现了玻璃材质液态的可塑性；②以锋利的直线表现的菱形块状，突出了玻璃材质固态的坚韧性；③不规则形态曲线随意的重复，实现了图形的动态感，唤起玻璃材质独特的“琳琅满目”的视觉心理经验。由于曲线的颤动，还可起到视听现象作用（参见彩图6-2）。

通过条件反射，许多不随意的、自主神经系统反应都能和新的刺激或情境结合在一起。生活中的感觉经验也是在各种感觉的相互作用下习得的。例如，当眼睛见到火的红色时，皮肤同时感觉到热，这些知觉的综合体验会使红色与热在感觉上形成的关联；人们在尝到青果的酸涩时，又使青绿色和酸味有了某种心理联系。这些生理机能与生活经验使不同的感觉之间发生关联甚至有时可以相互替代，这就是产生通感的生活基础。

意大利近代美学家克罗齐旅还认为："图画只能产生视觉印象。腮上的晕，少年人体肤的温暖，利刃的锋，果子的新鲜香甜，这些不也是可以从图画中得到的印象吗？它们是视觉的印象吗？假想一个人没有听、触、香、味诸感觉，只有视觉感官，图画对于他的意味如何呢？我们所看到的而且相信只用眼睛看的那幅画，在他的眼光中，就不过像画家的涂过颜料的调色板了。"他的说法让我们理解图像信息的感知原理。

因此，创造有效地沟通和传播的视觉形态就成为设计师的核心工作。人脑通过联想与推测对刺激感官的客观事物作出的间接反应，也就是所谓的"通感"。例如，人们深夜看到窗外晃动的黑影，可能会预感到窃贼，从而心生戒备；也可能联想到恐怖电影中的形象，产生畏惧的感觉。通感在理解与表达事物属性和思维概念中发挥着重要作用，它始终伴随着人类的思维活动。通过图形来打通丰富的感受，是对形式效应的扩大化。因此，通感对设计中图形的创作同样具有丰富的启示和深远的影响。

二、文字信息的传达

文字信息的传达主要以汉字和拉丁字母的书写形式特征为设计依据。

1. 汉字

汉字的构成形式决定了它是一种有着巨大生命力和感染力的设计元素，具有其他设计元素、设计方式所不可替代的效应。例如，用篆书字体白色的"山"和黑色的"马"重叠后形成的图形中，凭借黑白对比产生的独特表情从而获得较强的视觉感染力。由图 6-3 构成的抽象图形中，透过"马"字与"山"字图形重叠后遗留的信息，黑白相间的小块面在无意中又为图形设计增添了几分异样的情感：白色块面带给人轻快、活泼或优雅的情感；黑色块面则给人厚重、稳定或忧郁之感。

图 6-3　汉字的文字图形信息

2. 拉丁字母

图 6-4 是一组由大写拉丁字母组合的四种形式。从中可以发现，字母重复排列后由于位置的置换，文字图形所反映出的信息迥然不同。在每一组图形组合后的留白部分，如果随意填写充实图

形结构的纹样，立即成就两种截然不同的构图形态，从而满足了视觉对图形的求异心理。

图 6-4 大写拉丁字母的文字图形信息

两种不同文字图形组合信息表明：图 6-3 由于汉字构成的形态随意性，所产生的视觉印象不够清晰，不能轻易引起人的视觉注意；图 6-4 中拉丁字母的由于形态变化起伏不断，传达出较为复杂的视觉信息，置换后的图形信息带来的紧张感促使视觉的高度关注。由此可见。图形设计中，视觉传达信息越单纯，解读性越明确；需要置换的信息传达类型越多，便会增加对设计形式解读的多重性。

各种图形的视觉传达量的多少决定构成形式的倾向性，若仔细分析，便可得出更为具体的形式分类。在信息传达的转换中不同程度地出现了写实图形、抽象图形、意象图形、秩序图形和非秩序图形的信息来源，它们可分类为具象的意象、具象的抽象、抽象的意象和抽象的抽象等。设计师在图形设计时，应该对形式名称的内涵加以探究，有助于敏捷和有效地判断其形式传达的视觉信息属性，提高设计形式与内容要求的准确性。

三、应用信息的传达

应用（Apply）的英文词意为强调合理科学、规范化的使用（严谨性）。视觉传达中的应用信息置换，表现为一次性传达。例如世界著名的旅游胜地，为了方便来自世界各地的游客辨识标志图形，在机场、展览馆等公共场所，各类标志图形醒目地悬挂在合理的位置，尽管英文为统一文字，仍可看图解文，为游客的旅行带来诸多便利，如洗手间、停车场，问询处、路标等标志。视觉传达的应用信息置换传递的成功，就如同在陌生的环境中找到了热情服务的向导，让你随处感受到宾至如归的温馨。

1. 广告信息的传达

在西部通往拉斯维加斯的高速公路两侧的沙漠地带，为了方便游客加水，在路旁均设置了“Water is Here”（这里有水）的巨大灯箱广告，这时，“水”作为情感诉求的关键，让长途跋涉的汽车家族们可放心地投宿于沙漠中的栖息之地。

图 6-5 是北京某地的一副道路指示牌，从逻辑上讲，应该没有问题，但在人们的心理认知上，应用信息的传达效果可能较低。

因此，当设计理念完成定位之后，信息传递对象的接受心理就成了视觉传达设计的首要因素。由此可见，热爱设计服务是剖析视觉设计心理的重要法则。

在当今的信息社会中，当服务质量成为一切行业成功的秘诀时，情感信息将成为视觉传达设计信息置换的过程中沟通人际关系与生活环境的第一要素和至关重要的环节。作为一名设计人员，成功的设计方案的必备条件应当是在拥有一定的设计心理学知识的基础上，及时把握图形心理的视觉能力，与传达对象需求心理保持一致。

图 6-5　北京某地的一副道路指示牌

2. 符号信息的传达

在视觉传达中，在视觉接触到的表示物并解读该表示物的信息涵盖意义时，还需要另一个心理过程，这一过程的转换，通常称为第二传达。这种传达方式是标准应用标志性符号和图形，与产品标签上语义的心理反应情绪相符，经过理性意识介入后的情绪信息置换的视觉传达形式。

由高级情绪所引发的视觉传达信息置换形式，在设计中通常要经过二次以上的传达才得以实现。而在实际应用中，那些图解符号的国际通用指示记号，按照其作用分为表征性图形和标志（记号）性图形。

（1）表征性（表意与象征）图形。表征性（表意与象征）图形是指事物自身特定的概念和形态特征直接的再现和表达，包括象征、符号、征兆的内涵，具有直观、生动和丰满的形象特点。图形所指事物之间有着必然因素及因果关系，视觉信息传达往往超过二次以上的过程（文化意识的介入）。实际应用中，表征性图形所反映出的多义性的视觉传达信息，充分满足了多元化社会的接纳标准。例如表示异性情爱的心形状，逐渐应用于全球性的爱心表意。

（2）标志性（记号）图形。标志性（记号）图形主要是通过由符号、颜色、几何形状（或边框）等元素组合而成的视觉形象来表达一定的事物或概念，以实现一次性视觉传达的记忆为目的（见图 6-6）。

记号与符号的语义本质区别在于：前者以满足视觉辨认为前提，具有较大的变更性，与英文“Sign”词义相似；后者必须具有与内容相对应的图形，而“符”的本义是源自于中国古代朝廷传达旨令及征调兵马之用，有严密的既定意义，倘若狭义理解，与英文“Mark”词义相近。例如公共场所的停车处醒目的“P”标

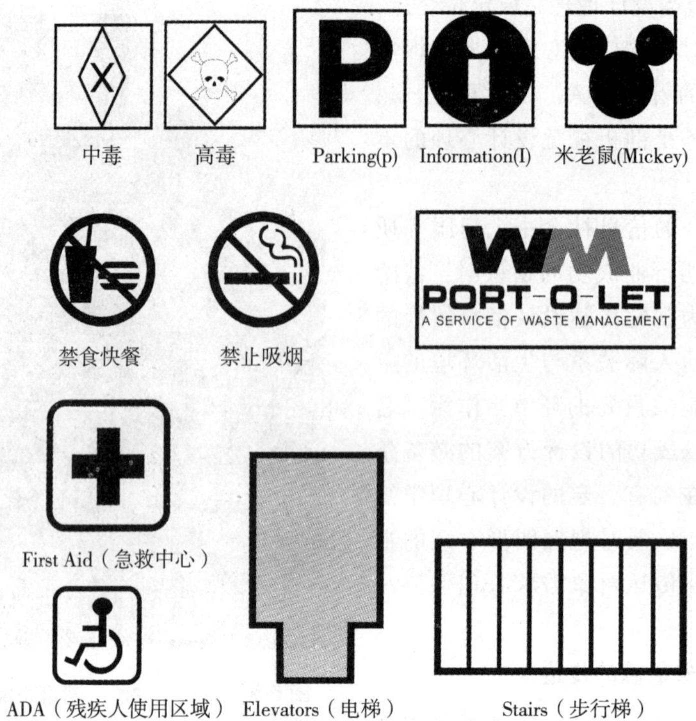

图 6-6 标准应用标志性符号信息

志，就是便于一次性记忆而被采用。这是源于英文“Parking”（允许一定时间内机动车辆占据的空间位置）的首写字母（P），除了停放车辆的指令以外别无他意。

在美国的各类公共服务场所中，随处可见以拉丁字母“i”作为视觉形象系统制作成的各种形式的标志牌，这种源于英文信息咨询（Information）的首字母“I”的视觉形象的变体，根据不同公共服务项目的需要，“I”可“因地制宜”，为人们提供免费的资讯服务，让人们充分感受信息社会的空前便利。

这类由文字词义直接置换的图形，称为语义传达图形。反之，若由形象置换的图形则称为情境传达图形。例如，著名的卡通形象米老鼠置换为标志图形。

3. 时尚信息的传达

时尚带来的是一种“慕名”的消费心理。视觉传达设计中，由于不同商业市场需求心理的差异，同一个体形象命题的不同设计形式，在截然不同的场合会起到完全不同的作用。而同一形象的不同视觉传达方式，无论平面设计还是空间设计，只要属于时尚允许的消费规律，都可以满足不同场所不同消费者的求异心理。

世人熟知的美国影星玛丽莲·梦露（Marilyn）的形象，在好莱坞电影史展馆和拉斯维加斯的娱乐圈以及在画廊中作为肖像画展示的效果截然不同：在世界影城的展馆中，梦露的巨幅黑白照片高贵典雅且富魅力（见图 6-7）；在世界著名赌城中，作为空间设计形象，梦露则成了滑稽笑星的卡通形象；而在当代艺术画廊里，梦露的肖像又极具艺术个性（见图 6-8），全然不同的真人影像，又能让人一眼认出这就是“她”！

图 6-7 梦露的巨幅黑白照片

图 6-8 梦露的艺术肖像

艺术设计中，常以名人影像原形作夸张变形来展示。国内由于受传统习俗的影响，消费者大多难以接受。但在美国众多的娱乐场所，根据时尚信息把著名人物形象置换为幽默诙谐的设计形象，这种视觉传达极富亲和力，颇受消费者青睐，形成以“慕名”（仰慕名人或名址）为主的消费群体。

在商业美术中，为了迎合人们的慕名消费心理，设计师熟悉、准确地把握了时尚信息，根据不同时期，运用不同的专业技能，不同材料的完美创意，满足了不同场合的消费者的认同欲望，成功再现了当代商业美术的视觉传达魅力，证实了视觉传达设计心理应用的重要性。

著名的伏特加酒广告，从 20 世纪 70 年代初至今创意无穷，图为“ABSOLUT…”（绝对）展示 21 世纪的电脑图形（Computer Graphics）年代由于口香糖的废弃物，正在给世界造成新的污染源，在名牌鞋底黏上口香糖垃圾构成一个伏特加酒瓶状，旨在倡导全世界人们提高保护环境意识。伏特加（VODKA）酒是俄罗斯最强劲的酒，产生于 14 世纪。1978 年美国凯若琳公司（Carillon）为代理 1879 年产于瑞典的绝对牌伏特加，投资 65 万美元，此前该公司作了市场调查，结论是：绝对失败。然而，公司总裁米歇尔·诺（Michel Roux）凭自己的直觉判断，决定杀入市场。于是以英文“ABSOLUT”（绝对）作为“绝对”品牌的个性（见图 6-9）。几十年来，该公司应用这一品牌标准，创造了五百多件绝对视觉个性化，如今在全世界平面广告设计经典中堪称一绝。

白沙飞翔公益基金会推出的品牌——飞翔公益基金会。企业形象广告“勇气篇”（时间 60s），设定广告语为“用勇气跨越生命中的 110 米栏”。广告的主要内容是刘翔奋力冲破雅典奥运 110 米栏的终点，用勇气实现了“雅典的奇迹”，燃烧起人们的梦想，更带来许多启示：人生的每个阶段，都会有不同的挑战需要我们去面对。本片中讲述了闯祸的顽童学会了拿出勇气去承担；一个平凡的业务员志

图 6-9 ABSOLUT（绝对）的品牌广告

忑不安地将名片递给 CEO ，学会用勇气去争取……这一切就好像生命中无数个110 米栏，等着我们用勇气跨越挑战，超越自我（见图 6-10）。

图 6-10 白沙飞翔公益基金会企业形象广告

第二节 色彩感知心理

众所周知，平衡和秩序是色彩和谐的主要原则。人们甚至把色相和数字或几何形状联系在一起，它们的共同组合则形成了类似音乐音阶的色调。那么，通过不同的色相和数字或几何形状的“平衡和秩序”的组合，色彩的调性构成则表现为和谐、轻重、冷暖等具有视觉心理作用的彩色系列，形成所谓的心理基调构成。

色彩的直接心理效应来自色彩的物理光刺激对人的生理发生的直接影响。心理学家对此曾做过许多实验。他们发现，在红色环境中，人的脉搏会加快，血压有所升高，情绪兴奋、冲动；而人处在蓝色环境中，脉搏会减缓，情绪也较沉静。有的科学家发现，颜色能影响脑电波，脑电波对红色反应是警觉，对蓝色的反应是放松。自19世纪中叶以后，心理学已从哲学转入科学的范畴，心理学家注重实验所验证的色彩心理的效果。不少色彩理论中都对此作过专门的介绍，这些经验向我们明确地肯定了色彩对人心理的影响。

色彩的心理基调与色彩心理感知、色彩对比属性以及色彩调和法则均有关系。此外，大量的色彩应用实践证明，色彩心理基调的定位，与色彩应用实践者自身对色彩文化及相关信息的综合认知结构密切相关。

一、色调

色调与和谐是色彩认知过程中最关键的因素。因此，研究色彩心理感知主要从视觉生理结构去分析色彩的生理属性，用直觉的感性判断其心理感知。

在色彩实践应用过程中，色调与和谐的色彩关系研究应着重分析色彩的设计应用。因为只有当视觉心理因素占据主导地位时，人的情绪（情感）才会左右着客观事物与人的需要之间的关系，才会对色调与和谐的相互关系产生迫切的情感需求。正如美国心理学家阿诺德提出：“外界事物的影响只有通过人对它的评估才能产生某种情绪。”

在色彩的明度、纯度、色相三要素中，如果某种因素起主导作用，我们就称之为某种色调。由此可见，色调将直接影响消费者的求购情绪，对于设计色彩的和谐与否，决定于视觉感官与消费者产生的共鸣，通常是指情绪。琳达·霍茨舒认为，在各种成功的色彩和谐作品中，它们的完整性是重中之重。除非预先安排好一个涂色的背景，否则设计好的各种搭配颜色常常都会被施涂在一些方便取用的白纸上（或近似白色）。颜色选好了，设计师就可以进行下一步的工作。

色立体研究表明，色彩调性构成与和谐关系，与色彩的明度、纯度和占有面积有关。纯度越高，色调的调性特征表现越明显；明度越高，其调性特征也随之减弱。通过色彩形成的和谐调性程度分析，和谐对色彩的纯度与明度的变化没有明显的反应，视觉心理对和谐的反应判断与色调和谐构成的面积大小有关。

1. 轻重色调

（1）色相的作用。根据色相在色相环的距离，可以分析各色相对比的强弱程度。其中，黄色比其他任何色相显得轻快，在国际印刷标准色彩系列应用的CMYK中，黄色（Y）通常以轻快感突出其个性。

如果将CMY作为彩色系的轻重色调的研究，饱和度均为100%的品红（M）和深蓝色（C）与黄色（Y）相比较，显然偏重；而M与C相比较，M色彩的视觉则更重，因为M的暖色因素，产生重量感（参见彩图6-3）。

由此可见，轻重色调的形成必须是两种以上的色彩对比才能实现，也就是说轻重色调需要一种色调氛围才能比较。单一孤立的色彩是没有轻重之分的。

（2）明度的作用。同样以国际标准印刷色系CMYK进行明度色值等比例数据变化，结果发现，Y随着高明度色相因素而不断地变化，从而显得更轻；其次是C，由于产生冷色退缩的作用（参见彩图6-3）。

（3）纯度的作用。当CMY色彩进行相互混合配置时，原有色相的轻重关系落差相当大，色彩的轻重感发生了戏剧性的变化。

色彩的轻重感以明度的影响最大。明度高的浅色和冷色感觉轻，明度低的深暗色和暖色感觉重。同时与纯度也有一定的关系，纯度高的暖色系为重感色，纯度低的冷色系为轻感色（参见彩图6-4）。

可见，色彩的轻重色调，是由物体色与视觉经验作用于人心理而造成的重量感。另外，物体的质感对色彩的轻重感的影响也应该重视。如果物体本身具有光泽感，质感非常细腻，棱角分明，常给人重的感觉；如果物体表面结构松散，绵软，则给人轻的感觉（参见彩图6-5）。

2. 冷暖色调

根据色彩的生理与心理效应所形成的冷暖差异而产生的对比称为冷暖对比。色彩的冷暖对比与物理上的热量有关，越是接近黑色，吸收的热量就越多；越是接近白色，反射的热量就越多。

在色彩应用中，冷暖的色彩表现较补色对比更为强烈，虽然两者之间都存在着补色关系，但从色调上来看，冷色系和暖色系因互补色的不断填充而产生强烈的对比，从而提高了人的注意力和兴奋度。同时也可说明两者对比具有很强的可塑性。它们分别为暖调冷暖弱对比、暖调冷暖强对比、冷调冷暖弱对比，以及冷调冷暖强对比（参见彩图6-6）。

3. 复合色调

由明度、纯度、色相等两种以上性质差别的色彩组合配置构成的图形，称为复合色调，冷色调为主的构成与暖色调为主的构成合理配置为一个整体图形（参见彩图6-7）。

彩图6-8是一组明度、纯度和色相的对比关系，其中A图侧重明度对比的层次关系；B图侧重纯度对比关系；C图侧重色相对比作用，同一种色彩分别呈现出不同的色彩效果。

依此类推，不同色调组合配置可以组成交相辉映的各类复合色调的图形。在色彩应用中，复合色调的应用常见于装饰色彩以及绘画色彩。

4. 单色与黑白色调

在色调构成中，单色与黑白色是黑白灰色系中的两种色调，属于无彩色系列。在无彩色系列中，黑白两色是极端对立的色彩，因此可称为两极色，即极色系。

由于两极色的表现力既抽象又实在，又有着令人难以言状的共性，相对比于其他的色彩更具有包容性和神秘感。两极色在中西方绘画方面的应用有着悠久的历史，特别是中国的水墨画，黑白两色代表着全部色彩的情感，总是以对方的存在显示自身的力量，传达着不可超越的虚幻与无限的精神。

单色调是指只用一种颜色，在明度和纯度上作调整，间用中性色。单色色调有一种强烈的个人倾向，但容易形成十分和谐的风格。因此，单色与黑白色调的自由组合或者与其他色彩搭配都能获得令人满意的视觉效果。

白色因明度高而产生寒冷、严峻的感觉，明视度及注目性强，较能满足视觉的生理要求；黑色在色彩心理上是一种很特殊的色，表现出高贵、稳重的情感，但与其他色彩配置时能产生冲突感，适合与其他色彩作搭配；灰色属于中性色，具有柔和、高雅的意象，所以灰色是最值得重视的色。使用灰色时，大多利用不同层次的变化组合或搭配其他色彩，才不会过于沉闷、呆板和僵硬，从而产生较好的可视性。单色与黑白色调在当代视觉设计中，成为经久不衰的流行的色系，成为独立的应用色调，但在应用中必须注重不同色块面积的切割组合（见图6-11）。

图6-11　单色与黑白色

冷色与暖色是依据心理错觉对色彩的物理性分类，对于颜色的物质性印象，大致由冷暖两个色系产生。波长长的红光和橙色光、黄色光，本身有暖和感，以此光照射到任何色都会有暖和感。相反，波长短的紫色光、蓝色光、绿色光，有寒冷的感觉。夏日，我们关掉室内的白炽灯，打开日光灯，就会有一种变凉爽的感觉。颜料也是如此，在冷食或冷的饮料包装上使用冷色，视觉上会引起你对这些食物冰冷的感觉。冬日，把卧室的窗帘换成暖色，就会增加室内的暖和感。

以上的冷暖感觉，并非来自物理上的真实温度，而是与我们的视觉与心理联想有关。总的来说，人们在日常生活中既需要暖色，又需要冷色，在色彩的表现上也是如此。

冷色与暖色除了给我们温度上的不同感觉以外，还会带来其他的一些感受，如重量感、湿度感等。比方说，暖色偏重，冷色偏轻；暖色有密度强的感觉，冷色有稀薄的感觉；两者相比较，冷色的透明感更强，暖色则透明感较弱；冷色显得湿润，暖色显得干燥；冷色有很远的感觉，暖色则有迫近感。一般说来，在狭窄的空间中，若想使它变得宽敞，应该使用明亮的冷调。由于暖色有前进感，冷色有后退感，可在细长的空间中的两壁涂以暖色，近处的两壁涂以冷色，空间就会从心理上感到更接近方形。

除了冷暖色系具有明显的心理区别以外，色彩的明度与纯度也会引起人们对色彩物理印象的错觉。一般来说，颜色的重量感主要取决于色彩的明度，暗色给人以重的感觉，明色给人以轻的感觉。纯度与明度的变化给人以色彩软硬的印象。例如，淡的亮色使人觉得柔软，暗的纯色则有强硬的感觉。

二、色彩表情

色彩只是一种物理现象，本身是没有灵魂的，但人们却能感受到色彩的情感，这是因为人们长期生活在一个色彩的世界中，积累着许多视觉经验，一旦这种知觉经验与外来色彩刺激发生一定的呼应时，人们就会从心理上引出某种情感或情绪。

每一种色彩都有自己的独特的表情特征。当色彩的纯度和明度发生变化，或者与不同的颜色搭配时，色彩的表情也随之变化。因此，研究各种颜色的表情特征，就如同说出世界上每个人的性格特征那样困难，但还是可以从典型的色彩性格特征中找寻有趣的意味，参见彩图 6-9 的 24 色环。

1. 红色

红色是最容易引人注意的色彩，是热烈、冲动、强有力的色彩。约翰·伊顿教授描绘了受不同色彩刺激的红色。他说：在深红的底子上，红色瞬间得以平静，但热度仍在；在蓝绿色底子上，红色就像疯狂燃烧的火焰；在黄绿色底子上，红色又像一个冒失鬼，莽撞又不失寻常；在橙色的底子上，红色带着忧郁的眼神，悄然无声地失去了生命。

2. 橙色

橙色比红色更为温暖、华美，是所有色彩中最暖的色彩。由于其波长仅次于红色，往往能给人以脉搏加速、伴随温度升高的感受。橙色是十分活泼的光辉色彩，它使我们联想到丰硕的秋天，带给人一种富足的、快乐而幸福的情感。当橙色中略加黑色或白色，立即成为一种稳重、含蓄又明快的暖色；如果黑色过量，马上成为一种烧焦的颜色；在橙色中加入较多的白色又会带来一种甜腻的味道。橙色与浅蓝、浅绿搭配，顿时成了最响亮、最欢快的色彩。

3. 黄色

在所有颜色中，黄色的纯度最高，是最骄傲的颜色。黄色有着太阳般的光辉，象征着照亮黑暗的智慧之光；黄色内含金色的光芒，因此又象征着财富和权利。

黄色在黑色或紫色的衬托下，其力量可以无限扩大。白色是吞噬黄色的色彩；只有淡淡的粉红色才可以像美丽的少女一样将骄傲的黄色征服。当黑色或白色稍有渗入，黄色立马黯然失色。

4. 绿色：

绿色是最舒服的颜色。特别是用现代化学技术创造的最纯的绿色，是很漂亮的颜色。鲜艳的绿色美丽、优雅，给人以宽容、大度的感觉，几乎能容纳所有的颜色。无论蓝色还是黄色的渗入，绿色仍旧十分美丽，黄绿色单纯、年青；蓝绿色清秀、豁达。含灰的绿色，也是一种宁静、平和的色彩，就像暮色中的森林或晨雾中的田野那样。

5. 蓝色

蓝色是博大的色彩，天空和大海最辽阔的景色都呈蔚蓝色，无论深蓝色还是淡蓝色，都会使我们联想到无垠的宇宙或流动的大气，因此，蓝色也是永恒的象征。蓝色是最冷的色，使人们联想到冰川上的蓝色投影。有时蓝色又以一种冷漠的神情出现，给人一种平静、理智与纯净的感觉。当蓝色不小心被混浊时，它又表现出一副悲观和忧郁的神态。

6. 紫色

紫色是最暗淡的颜色，通常给人以不安、嫉妒的印象。标准的紫色是很难确定的，因为红色加少许蓝色或蓝色加少许红色都会明显地呈紫色。约翰·伊顿对紫色做过这样的描述：紫色是非知觉的色，具有神秘感；因对比的不同，紫色在威胁中又给人以鼓舞，就这样压抑着人的心理。当紫红色出现时，恐怖感立即显现。歌德说：“这类色光投射到一幅景色上，就暗示着世界末日的恐怖。”

紫色有象征虔诚的色相，当紫色深化暗化时，有蒙昧迷信的象征。潜伏的大灾难就常从暗紫色中突然爆发出来，一旦紫色被淡化，当光明与理解照亮了蒙昧的虔诚之色时，优美、可爱的颜色就会使我们心醉。用紫色表现混乱、死亡和兴奋，用蓝紫色表现孤独与献身，用红紫色表现神圣的爱和精神的统辖领域——简而言之，这就是紫色色带的表现价值。

伊顿教授的对紫色的描述，的确能给我们以启示，它似乎是色环上最消极的色彩。尽管它不像蓝色那样冷，但红色的渗入使它显得复杂、矛盾。它游离不定的性格和低明度的性质，造就了它无比消极的情感。紫色又是可以包容的颜色，一个暗的纯紫色加入少量的白色，一幅优美、柔和的画面就会浮现出来。随着白色的不断加入，一层又一层的淡紫色，仿佛一位柔美、动人的少女徐徐走来。

7. 黑、白、灰色

黑、白、灰色是所有色系中最和谐的颜色。黑色与白色是对色彩的最后抽象，代表色彩世界的阴极和阳极。太极图案就是通过黑白两色的循环形式来表现宇宙永恒的运动。黑白所具有的抽象表现力以及神秘感，似乎能超越任何色彩的深度。康丁斯基认为，黑色意味着空无，像太阳的毁灭，像永恒的沉默，没有未来，失去希望。而白色的沉默不是死亡，而是有无尽的可能性。黑白两色是极端对立的色，然而有时候又令我们感到它们之间有着令人难以言状的共性。白色与黑色都可以表达对死亡的恐惧和悲哀，都具有不可超越的虚幻和无限的精神，黑白又总是以对方的存在显示自身的力量。它们似乎是整个色彩世界的主宰。

在色彩世界中，灰色恐怕是最被动的色彩了，中性色的身份只能依靠邻近的色彩获得生命，灰色与鲜艳的暖色结合，就会显出冷静的品格；若靠近冷色，则变为温和的暖灰色。与其用“休止符”这样的字眼来称呼黑色，不如把它用在灰色上，因为无论黑白的混合、补色的混合、全色的混合，最终都导致中性灰色。灰色意味着一切色彩对比的消失，是视觉上最安稳的休息点。然而，人眼是不能长久地、无限扩大地注视着灰色的，因为无休止的休息意味着死亡。

色彩的表情在更多的情况下是通过对比来表达的，有时色彩的对比五彩斑斓、耀眼夺目，显得华丽；有时对比在纯度上含蓄、明度上稳重，又显得朴实无华。创造什么样的色彩才能表达所需要的感情，完全依赖于自己的感觉、经验以及想象力，没有什么固定的格式。

我们选录可以大致代表西方人感知习惯的克拉因色彩感情价值表（见表 6-1）和可以大致代表东方人（主要是日本人）感知习惯的大庭三郎色彩感情价值表（见表 6-2）。可以认为它们是同类研究中较为突出和实用的。

表 6-1　克拉因色彩感情价值表

颜色	客观感觉	生理感觉	联想	心理感觉
红	辉煌、激烈、豪华、跳跃（动）	热、兴奋、刺激、极端	战争、血、大火、仪式、圆号、长号、小号、罂粟花	威胁、警惕、热情、勇敢、庸俗、气势、激怒、野蛮、革命
橙红	辉煌、豪华、跳跃（动）	烦恼、热、兴奋	最高仪式、小号	暴躁、诱惑、生命、气势
橙	辉煌、豪华、跳跃（动）	兴奋（轻度）	日落、秋、落叶、橙子	向阳、高兴、气势、愉快、欢乐
橙黄	闪耀、豪华（动）	温暖、灼热	日出、日落、夏、路灯、金子	高兴、幸福、生命、保护、营养
黄	闪耀、高尚（动）	灼热	东方、硫黄、柠檬、水仙	光明、希望、嫉妒、欺骗
黄绿	闪耀（动）	稍暖	春、新苗、腐败	希望、不愉快、衰弱
绿	不稳定（中性）	凉快（轻度）	植物、草原、海	和平、理想、平静、悠闲、道德、健全
蓝绿	不稳定、呼应（静）	凉快	湖、海、水池、玉石、玻璃、铜、埃及、孔雀	异国情调、迷惑、神秘、茫然

（续）

颜色	客观感觉	生理感觉	联想	心理感觉
蓝	静、退缩	寒冷、安静、镇静	蓝天、远山、滑稽戏、静静的池水、眼睛、小提琴（高音）	灵魂、天堂、真实、高尚、优美、透明、忧郁、悲哀、流畅、回忆、冷淡
紫蓝	静、退缩、阴湿	寒冷（轻度）、镇静	夜、教堂窗户、海、竖琴	天堂、庄严、高尚、公正、无情
紫	阴湿、退缩、离散（中性）	稍暖、屈服	葬礼、死、仪式、地丁花、大提琴、低音号	华美、尊严、高尚、庄重、宗教、帝王、幽灵、豪绅、哀悼、神秘、温存
紫红	阴湿、沉重（动）	暖、跳动的、抑制、屈服	东方、牡丹、三色地丁花	安逸、肉欲、浓艳、绚丽、华丽、傲慢、隐瞒
玫瑰	豪华、突出、激烈、耀眼、跳跃（动）	兴奋、苦恼	深红礼服、蔷薇、法衣	安逸、虚荣、好色、喜悦、庸俗、粗野、轻率、热闹、爱好、华丽、唯物的

表 6-2　大庭三郎色彩感情价值表

颜色	联想的东西	心理上的感觉
红	血、太阳、火焰、日出、战争、仪式	热情、激怒、危险、祝福、庸俗、警惕、革命、恐惧、勇敢
橙红	火焰、仪式、日落、罂粟花	典礼、古典、警惕、信仰、勇敢
橙	夕照、日落、火焰、秋、橙子	威武、诱惑、警惕、正义、勇敢
橙黄	收获、路灯、橘子、金子	喜悦、丰收、高兴、幸福
黄	菜花、中国、水仙、柠檬、佛光、小提琴（高音）	光明、希望、快活、向上、发展、嫉妒、庸俗
黄绿	嫩草、新苗、春、早春	希望、青春、未来
绿	草原、植物、麦田、平原、南洋	和平、成长、理想、悠闲、平静、久远、健全、青春、幸福
蓝绿	海、湖水、宝石、夏、池水	神秘、沉着、幻想、久远、深远、忧愁
蓝	蓝天、海、远山、水、月夜、星空、钢琴	神秘、高尚、优美、悲哀、真实、回忆、灵魂、天堂
紫蓝	远山、夜、深海、黎明、死、竖琴	深远、高尚、庄严、天堂、公正、不安、无情、神秘、幻想
紫	地丁花、梦、藤萝、死、仪式、大提琴、低音号	优雅、高贵、幻想、神秘、宗教、庄重

（续）

颜色	联想的东西	心理上的感觉
紫红	牡丹、日出、小豆	绚丽、享乐、性欲、高傲、华丽、粗俗
淡蓝	水、月光、黎明、疾病、奏鸣曲、钢琴	孤独、可怜、忧伤、优美、清静、薄命、疾病
淡粉红	少女、樱、春、梦、大波斯菊	可爱、羞耻、天真、诱惑、幸福、想念、和平
白	雪、白云、日光、白糖	洁白、神圣、快活、光明、清净、明朗、魅力
灰	阴天、灰、老朽	不鲜明、不清晰、不安、狡猾、忧郁、不明朗、预感
黑	黑夜、墨、丧服	罪恶、恐怖、邪恶、无限、高尚、寂静、不祥

三、色彩重构

通常在色彩重构的实践中，应用两种方法：一种为颜料调和分析配置法；另一种为计算机色彩软件应用构成法。前者在训练过程中强调有意识的系统训练，尊重视觉客观现象，注重经验的直觉判断，对色立体的认识基于色料混合的原理上。

在应用计算机进行色彩重构的训练中，则必须严格按照色立体的规律进行排列、配置，均以数字式百分比色彩含量进行混合配置，强调理性分析计算机屏幕的色光，由视频感应色彩还原为实际材质应用色彩。例如平面设计中，采用国际四色印刷标准 CMYK（蓝红黄黑）色彩体系；空间设计或多媒体设计、网页设计、影视装置，常用 RGB（红绿蓝）光源色系展示其环境材质色彩，设计理念色彩等。但是倘若空间设计图像需要作为印刷品形式出现，还要将图像文件中 RGB 色系转换为印刷色系 CMYK，方能达到理想效果。

综上所述，由于21 世纪新技术的介入，色彩的采集方式与重构技术发生了巨大变化，色彩采集与重构方式甚至可以从任何不可视的信息中获取，通过其他感官传递输入思维转换为可视性的信息图像，这也是视觉传达时代色彩构成应用的重要传媒手段。

1. 色彩均衡

色彩是视觉审美的核心，色彩设计要影响人的视知觉，色彩必须均衡。一般要从以下几方面考虑：

（1）比较全局。色彩均衡是形式美的一种构成形式，虽然这种形式是非对称状态，但由于异形同量、等量不等形的状态及色彩的强弱、轻重等性质差异关系，表现出相对稳定的视觉生理、心理感受，形成活泼、丰富、多变、自由、生动、有趣等特点，从而达到良好的平衡状态。因此，最能适应大多数人的审美要求，是选择配色的常用手法与方案。

（2）不同结构的物体也不同。例如，当等重量不同结构的铁与棉花放在同一桌上时，人的潜意识会感觉棉花要比铁轻，这一结果是源自于我们生活中积累的视感知。

（3）色彩不能偏于一方，否则就会失重。例如页面中心有大色块，为了平衡画面，它的四周一定要配有小色块；当左边色彩的明度过大时，右边必须有适量明度灰和白来陪衬。

（4）色彩均衡也存在于纯度或明度较差的大色块与面积小的鲜明色块中。如果我们要表达出主页的风格，就要突出页面的主色彩。例如用冷色调引出忧郁，用暖色引申热情、开心等。如果为了突出重点，加强对比，表达气氛，这时要用夸张、提炼、强调、概括等方法来突出色调的多样性。具体的方法如下：

1）单色调因为只是一种颜色，它的均衡体现在明度和纯度上，或用中性色来调和。由于单色调容易形成一种风格，在色彩应用中难免出现单调、枯燥的画面，这是只需突出中性色的层次性，拉开明度的系数，就可以打破单一、乏味的局面。

2）调和调是指邻近色的调和。采用标准色的队列中邻近的色彩配合来实现色彩的调和。在这一过程中，必须注意明度和纯度的对比，避免造成单调的画面，同时，可在画面的局部采用少量小块的对比色来达到统一的效果。

3）对比调。有对比才能和谐，要实现对比中的和谐就必须在中性色中进行调和。色块的大小、位置都是色彩布局均衡应考虑的因素。用中性色进行对比必须记住：近色的纯必须由远的灰去衬托；明的纯由暗的灰衬托；主体的纯由宾体的灰衬托。

2. 色彩搭配

（1）色彩搭配的四个阶段。一个富有个人色彩的配色方案的确定，一般要经历四个阶段的设计和选择（见图 6-12），方可获得满意的结果。

1）第一阶段。需要明确设计的主题与理念，然后实施色彩的搭配。

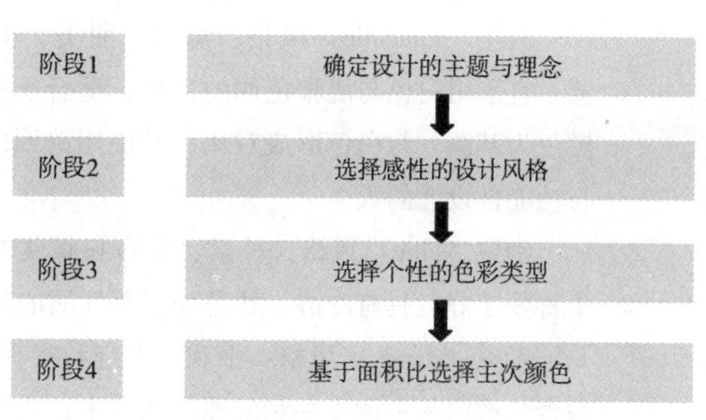

图 6-12　色彩搭配的四个阶段

以居住空间的室内设计为例，在决定主题时，首先要考虑空间设计的类型、设计的初衷以及设计的主体部分，这样才能设计出自己想要的设计理念与风格。比如说，首先要确定空间是全家共用还是自己独享。如果是全家共用，则需要采用平和、舒适的配色方案。如果是个人独享的空间，则要考虑使用者的性别特征，根据性别特征有针对性地进行配色，以实现外观氛围和内部配色的和谐统一。

另外需要考虑的就是光源的问题了。如果房间采光不够好，则需要考虑是整体上采用明亮配色，还是使用人工照明。如果房间的亮度不影响配色的话，则要选择干练、典雅的色彩，以突出都市雅致的氛围。

2）第二阶段需要考虑的是如何选择感性居住风格（life style），即选择与自己兴趣相近的情感。下面几种可作参考：

- 浪漫（romantic）风格：温柔、柔和和甜蜜
- 现代（modern）风格：都市、冷静
- 别致（chic）风格：朴素、平和、隐约和有风度
- 休闲（casual）风格：洒脱、舒适
- 自然（natural）风格：自然、朴素
- 考究（dandy）风格：平和、高品位
- 古典（classic）风格：正式

3）第三阶段主要是选择个性的色彩类型。为了突出个性化，需在四季色彩类型中选择季节类型。优雅与浪漫风格属于夏天型（summer）；现代与别致风格属于冬天型（winter）；休闲与自然风格属于春天型（spring）；考究与古典风格属于秋天型（autumn）。

自然（natural）风格：大自然的温暖；朴素、令人心旷神怡的氛围；可采用绿色、浅绿、浅蓝等色，明亮且有亲和力，适合于向往舒适生活的人。

休闲（casual）风格：开放、随意和愉快的氛围；大量使用鲜明、明亮和华丽的颜色；适合于大学生、10~30岁年龄段和喜爱自由生活的人。

优雅（elegant）风格：以女性的形象为主，给人以细腻、文雅的感受；具有均衡、富有风度的美感；适合于有风度、温柔和感情细腻的人。

浪漫（romantic）风格：温柔，甜美、柔和而细腻，又具有都市、冷静的感觉；宜采用白色与淡雅色调的色彩，适合于喜爱温柔可爱氛围的年轻女性；或以黑色为基调，与白色形成对比，并使用鲜明的色彩作为强调色；适合于爱好简洁与功能性设计的人。

别致（chic）风格：朴素、宁静和朦胧的韵味；以朴素的灰色为基调；适合于喜爱宁静，具有冷静、智慧和干练气质的都市型男女。

考究（dandy）风格：平和、安定和富有格调，显示出男性的宁静；以硬朗的藏青色或深灰色调、平和的浊色调为主；适合于情感成熟的人。

古典（classic）风格：精致、高贵和富有格调的氛围；利用棕色系或黑色、深灰色等颜色体现传统格调；适合于爱好传统与珍品的人与中年人。

4）第四阶段主要考虑根据面积对比来选择颜色。

从现在起，后面的过程与选择个人色彩时相同。在同一季节类型中选择色彩时，与任何颜色搭配都能得到和谐统一的配色，但需要注意的是，一次使用的色彩最好不要超过3~5种。

此外，还需注意主色、辅助色与点缀色的面积对比。主色选择1~2种，占整体面积的70%；辅助色选择1~2种，占整体面积的25%；点缀色选择1种，占整体面积的5%。根据这种方法，任何人都能搭配出符合设计主题与理念的美丽

色彩。

（2）经典感性配色方案。除了单一色彩具有特定的色彩表情外，色彩的不同搭配均可获得不同感性特征的配色表情，下面简单介绍 14 种经典的感性配色方案（参见彩图 6-10 和彩图 6-11）。

1）洁净、爽朗。蓝色和绿色往往使人产生一种爽朗、清凉、和平、洁净的感觉。在色彩搭配上，我们常使用表现干净、利落的蓝色和绿色等清新的色彩，并利用无彩色白色过渡来缓解色彩上的跳跃感。这样，蓝色、青绿色、白色的搭配可以使事物看起来非常干净、清澈。

2）温和、明亮。通常在色彩中加以无彩色白色来提高明度，使之在色彩搭配上有轻快、跳跃之感，却又不失柔和。同时奶黄色、米色的加入，更富有一种极强的亲和力。加以适当的搭配、协调，令人感觉温和而明亮。

3）花哨、女性化。色彩上多用于表现纯洁、暧昧、神秘的粉红色、玫红、紫色、蓝色等色调，通过色彩相互间搭配又可以反映女性的各种特征，其中搭配拥有亮丽、充满光感效应的黄色调搭配或其他鲜艳的色彩，可以增加跳跃感，令人感到花哨。

4）活泼、可爱。在色彩中多选用表现乖巧、可爱的粉色系，再利用明度较高的红色、橙色、黄色、黄绿色等进行搭配，给人一种朝气活泼、俏皮可爱的感觉，在这样的色彩搭配中，往往可以使原本抑郁的心情豁然开朗。

5）有趣、快乐。鲜艳的色彩往往洋溢着愉悦、欢快之情，为此，在色彩搭配上常通过运用蓝色、绿色等清新的色彩搭配橙色、黄色等类似颜色来表现出快乐的情绪，其中将降低明度的灰色系穿插其中，隐含一种诙谐与有趣的幽默感；在过渡色上也可以选用白色作为过渡色彩。

6）运动、轻快。多采用明快的冷色调加以暖色和白色搭配，使之感觉欢快、轻盈。将具有速度与激情的蓝色、绿色运用其中，常给人以运动感，并能燃起希望与生机，给人以积极向上的进取心。

7）华丽、动感。在色彩上常强调色彩纯度较高的颜色之间的相互搭配，使之具有强烈的冲击力，且跳跃而富有动感，另外高彩度的紫红色、宝石蓝等色彩的加入可以表现出超凡的华丽、夺目。

8）高雅、优雅。在色彩上多采用低彩度的颜色进行搭配，低彩度的粉红色、紫色可以表现出高雅的气质；再合理搭配低彩度的蓝色、绿色、驼色，以及各种无彩色，衬托出清新、淡雅的美感。

9）传统、古典。在色彩搭配中因绿色、蓝色、橙色的出现，通常能唤起人们持久、稳定与力量的感觉。当利用于亮度较低的蓝色、绿色、紫红色等与相对亮度较高一些的橙色、黄色、黄绿色等进行组合搭配时，常给人以权威、责任、信赖之感。

10）宁静、自然。咖啡色、黄褐色、驼色、米色等与泥土有关的色彩，以及粉绿色、草绿色、橄榄绿、深绿色与植物相关的色彩，都代表的是自然的色彩。

将它们合理的搭配，可以表现出含蓄、朴素、自然的气息，同时也能给人以安详与宁静的感觉。

11）高尚、安稳。温婉的灰色调与纯度、明度高的色彩相比，本身就能给人以厚重、沉稳的感觉，在色彩搭配当中加以少许的中色调进行调和，更能衬托出安稳、高尚之感。

12）时尚、雅致。黑、白、灰的无彩色经典搭配，通常可以表现出都市化的感觉。若合理地添加一些蓝色、绿色等彩色，不但可以突出彩色的效果，还能给人以显得雅致脱俗、高雅时尚。

13）简单、进步。蓝色和绿色往往具有健康、向上的感觉，在色彩中常利用各种蓝色、绿色，来反映积极上进、朝气蓬勃的状态，并通过无彩色的组合搭配，给人简单、轻松、进步的感觉。

14）忠厚、品味。低彩度的颜色能够表现出和平、淡雅、可靠等多种感觉，在色彩搭配上若多以低调、中庸的灰色系为主，往往能营造出高品位、高气质的氛围。

第三节　视觉的错觉效应

一、视错觉的产生与种类

1. 视错觉的产生

错觉就是在一般情况下必然产生的普遍效应，是在特定条件下固有的扭曲和变异现象。或者说，错觉不是视觉观察上的问题，它是图像信息在人脑的错误认知。同时，错觉有规律可依，有客观原因可寻，这也就是其美术研究的价值所在。

被列入错觉的类型很多，主要的包括缪勒莱耶错觉、深度错觉、背景错觉、伪装错觉、Fraser螺旋错觉、侧抑制和不可能的图形等。我们的研究范围，是指形式因素在相互作用的关系中所产生的变异效应，主要是指图形和色彩的对比变异、图形和色彩诱导变异以及错觉效应的应用。如果从主观因素影响中寻找形成错觉的原因，就会“各有所错”，不利于认识形成。

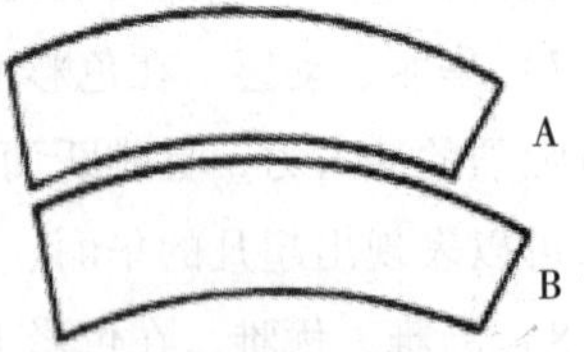

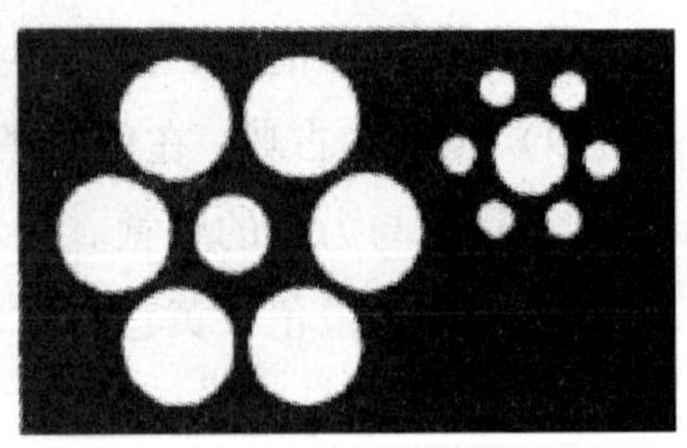

图6-13　视错觉

视错觉就是当人或动物观察物体时，基于经验主义或不当的参照形成的错误的判断和感知。我们日常生活中，所遇到的视错觉的例子有很多。比如，法国国旗红、白、蓝三色的比例为35:33:37，而我们却感觉三种颜色面积相等。这是因为白色给人以扩张的感觉，而蓝色则有收缩的感觉，这就是视错觉。图6-13中，A与B是同样大小的，下图中间的圆圈也是同样大的，但看到的却是一大一小，这是不真的事实。

图6-14是人的视觉成像过程。当外界物体反射来的光线随着物体表面的信息经过角膜、房水时，由瞳孔进入眼球内部，聚焦在视网膜上形成物像（见图6-14a）。物像刺激视网膜上的感光细胞后产生神经冲动，神经冲动沿着视神经传入到大脑皮层的视觉中枢，即大脑皮层的枕叶部位，经过“角度感”、“形象感”、“立体感”等加工后，在大脑中形成认识的景象（见图6-14b）。加工后的图像根据摄入的信息在大脑虚拟空间中还原，相当于把图像往外又投了出去（见图6-14c）。虚拟位置大致与原实物位置对准，这才是我们所见到的景物（见图6-14d）。

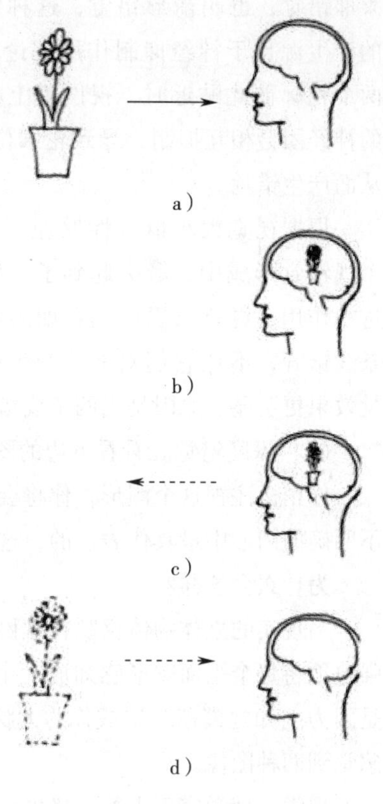

图6-14　人的视觉成像过程

a）物象的形成

b）物象在大脑中形成认识的景象

c）图像的还原　d）景物的形成

当我们看某个物体时，大脑究竟是如何工作的呢?

尽管我们现有的关于视觉系统的知识量很庞大，已经有了视觉心理学、视觉生理学和视觉分子及细胞生物学等学科，但对如何看东西我们确实还没有清楚的想法，对视觉过程仍然缺乏清晰、科学的了解。

对自己如何看东西一般人都有一种粗略的想法。假设眼睛是一部微型电视摄像机，可以把外界景象聚焦到眼后一个特殊的视网膜屏幕上，通过视网膜的光感受器对进入眼睛的光子进行响应。然后，把由双眼进入大脑的图像整合到一起，这样就可以看东西了。殊不知，这想法太简单，甚至在许多情况下是完全错的。

为了研究“看”这个问题，我们必须了解看所涉及的任务及头脑内完成该任务的生物装置。

进入眼睛的光子唯一能告诉我们的是视野中某个部分的亮度和某些波长信息，但我们必须要知道那里有什么东西，它正在做什么和可能去做什么。换句话说，我们需要看物体、物体的运动和它们的“含义”，并且是“实时”的景象。赶在这些信息过时之前，迅速提取“实时”的生动信息。因此，眼和大脑必须分析进入眼睛的光信息，才能获得所有重要的信息。

2. 视错觉的种类

（1）缪勒莱耶错觉。看看带箭头的两条直线，猜猜看哪条更长？其实它们一样长（见图6-15）。这就是有名的缪勒莱耶错觉，也叫箭形错觉，这种错觉的产生源自于神经抑制作用理论。当两个轮廓彼此贴近时，视网膜上相邻的神经团会相互抑制，导致轮廓位移，从而产生错觉。

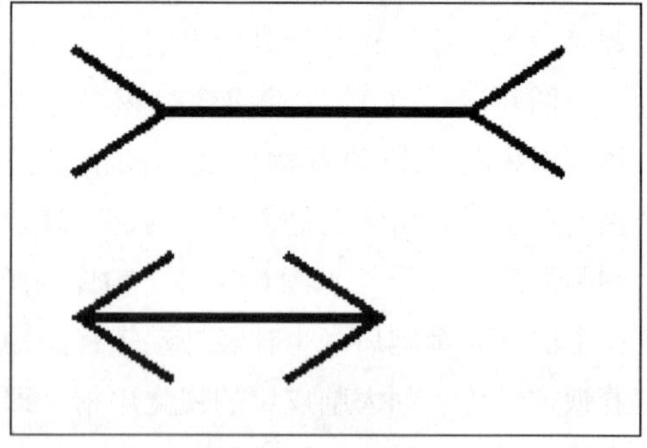

图6-15 缪勒莱耶错觉

根据视觉大小恒常性原理，在整个视错觉形成中，箭头起到了一定的透视作用。更有意思的是：如果将两条线错开，不让它们对齐，产生的错觉效果更明显。原因是当两条线错开时，眼睛没有了参照和对比。

（2）深度错觉。看看下边的图形，黑色表面是朝上还是朝下（见图6-16）。

你稍微注视这个图形，你将会感受到深度的倒转。这个图形也许是所有深度不明确的图形中最具代表性的，这种深度不明确的图形还有很多。

为什么会这样？

当现实的立体物体反映在视网膜上时，一般以平面的形式成像，而视觉系统强迫地将每个平面图形感知成一个个立体的图形，或感知为另一个立体物体。这是因为“知觉模糊”造成你的大脑在某个时间只能感觉到一种图像，而不能同时感觉到两种图像。

视觉心理学家理查德·格里高理（Richard Gregory）指出：当你注视一个用金属丝做成的立方体时，你很难潜意识地产生深度知觉的翻转。这是因为你用两只眼睛看时所产生的两眼视差，利用两眼视差就可以产生比较准确的深度知觉，而不发生翻转。反之，你将失去深度的信息而产生知觉的翻转。

（3）背景错觉。在图6-17中，你看见了什么？是两个头，还是一个花瓶的轮廓？

虽然这个图形在视网膜上是固定不动的，但由于视错觉影响了你对两种可能图形辨认的困难。这是怎么回事？

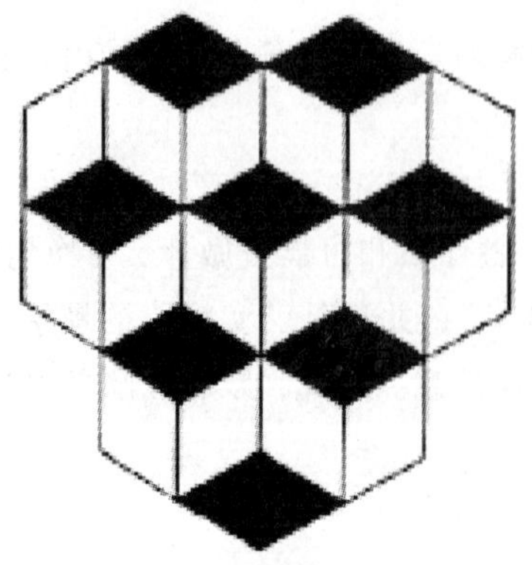

图6-16 深度错觉

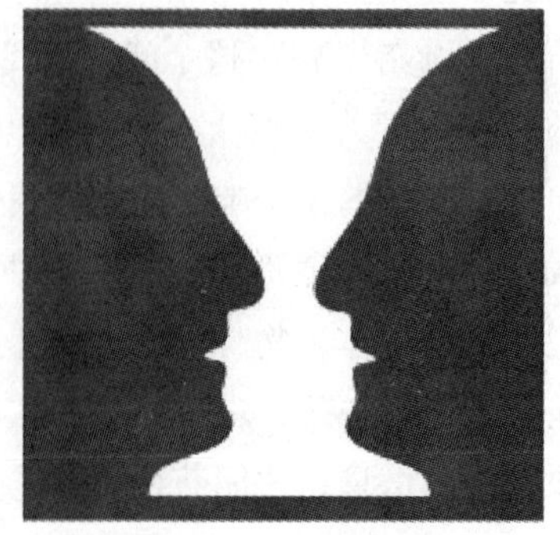

图6-17 背景错觉

这是背景互换的两可图形，从中可以理解为白色背景上两张对视的黑脸，或黑色背景上白色的花瓶。在这幅主体、背景互换的图形中，轮廓的外形取决于线条被认为图画是背景还是前景，视觉系统再依据物体的轮廓来对其进行编码。同时，视觉系统又把物体从其背景中区分出来。这种两可图形大多数是容易分辨的。但是一旦有伪装融入时，图形辨认就很困难了。

另一方面，观察者的知觉状态和个人偏好会影响对图形的理解。对轮廓或是外形的偏好会导致对某一方面的加强。对于同一图形，一些人偏向于花瓶，一些人则更容易将其理解为脸庞。这幅两可图形清晰地表明了视觉并不是仅仅由视网膜上的图像决定的，其中大脑的参与对视觉信息的组织有着至关重要的作用。

（4）知觉模糊。在图 6-18 中，你看见的是一个老妇人还是一个年轻的少女？她们都存在在于图中，但你不可能同时看见老妇人和少女。

图 6-18　知觉模糊

这是怎么回事？

这是因为大脑对同一静止图像赋予了不同的意义。只要你的注意力不发生转移，知觉对每一种图形的认知总是会保持稳定。

当图中少女的脸部轮廓变成了老妇人的鼻梁的轮廓时，脸部的其他部分也就随之发生相应的改变。鼻梁之下的轮廓线被感知为嘴巴，嘴巴之下的轮廓线被感知为下巴。这些局部的轮廓线的感知联系在一起，就组成了一个稳定的知觉形象。当整体和局部的知觉相应联系后，图形就具备了一定意义的知觉形象。这也是视觉系统总是趋向于将类似的或相关的图形区域知觉为一个整体的原因所在。在这两种图形（少女和老妇人）之间不存在任何中间图形。因此，呈现在视网膜上的影像并没有变化，但大脑高级神经中枢赋予了图像不同的意义，图形的暧昧程度越高，意义越不稳定。这进一步证实了大脑对图像的加工过程。

（5）伪装错觉。这图画的是什么？在看到图 6-19 时，开始人们说不出它是什么意思，但经过仔细的观察或给出提示后，把图形的细节组织起来，就会发现它是一条狗。

图 6-19　伪装错觉

这是怎么回事？

知觉的整体性是视觉系统始终关注一个物体时所产生的效果。伪装就是利用了这种整体性。人类发达的颜色辨认能力是原始人在绿叶中寻找彩色果实上进化而来的，这种能力是反伪装的作用。

当试图把图形从背景中分离出来时，必须考虑明暗、对比、线条等作用的规则。如果处理不当，分离图形和背景就非常困难。

分析这幅图时，你要极力试图去寻找它的意义。经过别人的提示和自身的努力后，视觉系统就形成足够的线索辨认出原本的影像。这时，大脑在语言的刺激下，主动为图像加上了一些明暗、对比、线条。

第二个实验：当你已经看到这只狗的影像时，你会发现再把这幅图理解成完全无意义的，简直是难上加难。而对于你，这幅图却变得永远有意义了。这恰好与那种双意义图形相对，由于双意义图形永远在两种意义之间变化，从而影响着你的决定。而视网膜上的物象是不会改变的，你的大脑总会试图给图像找出一个合理的解释，直到找到某种意义与之对应为止。这说明你的大脑主动承担着加工功能。

（6）Fraser 螺旋错觉（见图 6-20）。第一幅图就是 Fraser 螺旋。黑色的一圈圈的弧看起来是一个螺旋，实际上它们是由一组同心圆构成。

图 6-20　Fraser 螺旋错觉

这是怎么回事？

这是因为背景上每一个带有方向性的小单元格产生螺旋上升而形成的知觉。另外，黑色内切的线条起到了重要的引导作用。

再看第二幅图，这种幻觉就不明显了。比较一下两者的黑色线条，看看有什么不同。

第一幅图中，每一小段黑线是内切螺旋的，但整体却不是，许多小段的螺旋影响了大脑对整体的判断，从而产生了 Fraser 螺旋错觉现象。

（7）侧抑制。图 6-21 中，看看左边的图，你是不是觉得，左边的灰色方块要浅一点，亮一点？

其实，两个灰色方块是完全一样的。如果不信，你可以遮住周围的区域再看看。这就是典型的侧抑制过程。

图 6-21 侧抑制

从物理角度来分析，这两个灰色方块的明暗程度是一样的，由于邻近的区域不同，从而形成被更亮的区域包围的方块显得暗，而被暗一些的区域包围的方块显得亮。从生理学的角度去解释，认为视网膜是由许多小的光敏神经细胞组成的。许多科学家研究发现，单独的一个细胞是不可能激活的，其中某个细胞的激活总会影响着邻近的细胞。如果刺激某个细胞能得到较大反应时，再刺激它相邻的细胞，反应则会减弱。也就是说，周围的细胞抑制了它的反应。这种现象就是“侧抑制”，它发生在视网膜上一种叫做侧细胞从的结构上。

图 6-22 Hermann 栅格

魔术师通常用这种对比效应来隐藏其道具。比如，想要隐藏黑色的支持物时，魔术师必然会在周围使用明亮的物体，金属物或白布等，从而使黑色背景下的道具变暗。图 6-22 是 Hermann 栅格。

二、色彩对比的错觉效应

在纷扰多彩、形式多变的视觉世界里，视觉信息常常被扭曲，所谓的“眼见为实”并不一定可靠。也就是说，视觉效应中存在错觉。通过研究视觉艺术的规律，我们可以理性分析某些被扭曲的视觉信息。研究视觉错觉现象，对处理好图形的形式关系具有重要的意义，特别是对于研究和利用视觉心理现象有重要启示。

1. 幻觉和炫目效应

在“对比中的幻觉”图中，有两种由于色彩强对比作用形成的幻觉效应（参加彩图 6-12）。A 图在黑色斜块“挤出”的白色条带里，交叉之处成了黑色从四方聚集的对比焦点，因此在白色中出现了微弱的灰色幻觉；B 图中，在等宽的蓝黄相间的条纹中，两色冲突的最前沿出现金边的幻觉。王令中解释这种现象为：因补色对比的强烈刺激，视觉去主动寻求一种调和、缓冲色调，求之不得时，便产生一种倾向性的色彩幻觉。色彩学告诉我们，两种色彩的交界处就像战争中的前线，是冲突、对比作用最强烈的地方。这个特点被美术设计所利用，经常采用的勾线或者加边的方法，实际上就是在两色的交界处加上一道隔离带，可以起到加强作用或缓冲作用，这是局部调整色彩的有效手段。

对比效应中如果色彩之间的关系不和谐，可以造成视觉生理上的不安适感；和谐则产生一种视觉生理上的舒适感，也就是悦目。所以，设计中要避免极端对立的相异因素按同等面积相邻并置的冲突现象，这会导致视觉的紧张和不适。从心理学上说，成互补关系的各种颜色才是令人满意的颜色。

2. 对比关系中的色彩变异

在彩图6-13中，A图的同一种绿色，被蓝色包围后，色相偏黄，而被黄色包围后，则色相偏蓝。这是因为绿色所含有的蓝色成分在纯蓝色的对比之下被弱化，而黄色的特性被突出；绿色在纯黄色的对比之下，蓝色因素显得突出，而微弱的黄色成分在饱和的黄色中便悄然引退。同样的道理，B图中的同一种灰色，当它在暖色的包围时，呈现微弱的青色，而在冷色的包围中又略偏红色。这种在对比之后的色相变化告诉我们一个重要道理：占主导地位的大面积对比色，可以使对方的色相朝自己的补色或对比色的倾向转化。

3. 图形和色彩的诱导变异与同化

形式因素在对比关系中，我们的视觉感受可以使对方朝着自身性质的相反的方向转化。比如，灰色在黑色的包围下显得更白。但是，当我们改变一下它们的面积、位置时，这种反向趋向的对比效果则得到缓解。相反，在相互的影响下，又产生向自身的性质趋同的诱导效果，形成一种叠加性的同化效果。

在诱导色的同化作用（参见彩图6-14）中，玫瑰红色作为这两副招贴设计的主色调，其他色彩则在相互的影响下，产生了向自身的性质趋同的诱导效果，形成一种叠加性的同化效果，即其他色彩也让人感受到玫瑰红的趋向。我们发现，小面积的诱导色可以在底色上产生用自身性质叠加上的正面效应；而大面积的对比色则可以使被包围的对象产生向自身性质反向加强的色彩效果。色彩之间如果有色彩间隔，可以缓解色彩搭配的不和谐。

因此，我们在一般的艺术设计中，图形与色彩之间如果能恰如其分地创造出色彩间隔，就可以解决设计工作中色彩搭配不和谐的问题：既要色彩产生强烈的视觉冲击感，又让受众产生一种视觉生理上的舒适感。前面我们已经看到图形因对比作用而发生的大小变化，这种变化在另一种条件下也出现了相反的情况。

三、错觉效应的应用

了解视错觉现象的基本规律，将有助于我们的设计实践。在艺术设计中，可以通过矫正视错觉来避免出现不良效果，也可以利用错觉来创造新颖独特的艺术效果。所以，这不仅是设计心理学研究的理论问题，也是设计艺术的一个实践问题。

首先，在了解固有的错觉效应的基础上，可以通过设计避免一些不必要的错觉。类似的体验在生活中也常常碰到。例如，黑色衣服可以使人看上去明显的偏瘦，浅色衣服则会显得偏胖。根据张力产生的错觉效应，还可以追求特定的视觉效果。图6-23中，A图，水平放置的正方形，在旋转45°之后，会因为张力作用而显得大一些。如果把昂贵的香水包装瓶设计成近似的形状，就可以得到容量加大的感觉。条纹的不同趋向，可以用来调整服装对胖瘦和形体的印象。此外，还可以根据张力的倾向性原理，根据各种脸型的需要，将发型向上耸起、向两侧展开、向下垂摆，来改善对脸型的感观。例如，对于那种脸宽脖子短的人，发型向上耸起对“拉长”脸型、弥补缺陷，效果就非常明显。

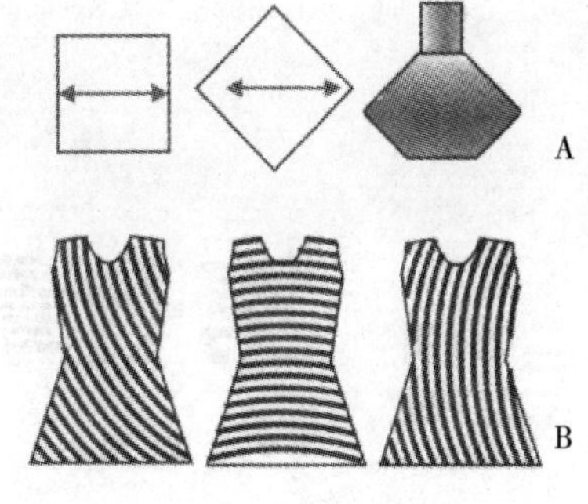

图6-23 错觉的修正与利用

关于形式诱导因素的同化、叠加作用，采用诱导色线对几幅画面进行处理，可以观察到它的艺术效果。彩图6-15中，画面上平涂的底色只有三种，图中的三个部分都是采用同一种颜色。根据表现形式的需要，在这种单调的色块上加上各种不同色彩、不同方向的诱导线，就形成了色块分割、变化含蓄、效果丰富的画面。在原本单纯的底色上，可以表现出色调统一、变化丰富、明快的装饰效果。

在诱导色的错觉图中，如果色彩的冲突关系形成对等的矛盾，矛盾的激化可以形成的炫目效果和波形效应。比如，两种面积相等的条状分割线，分别以不同的对比色彩交错在一起的效果；或者将色彩对比的强度适当调控，还可以形成具有闪烁感的光效应效果（参见彩图6-16）。炫目效应是一种有效的艺术表现形式，诸如舞厅中刺激的音响和灯光效果，广告设计所要追求的视觉和谐效果，这些和谐或刺激的效果都是一种需要，这也是各种错觉效应的用武之地。

视错觉就是当人或动物观察物体时，基于经验主义或不当的参照形成的错误的判断和感知。我们的生存空间也是一个有序和错乱并存的世界，艺术形式的各种视觉调节作用都具有广泛的应用价值，错觉效应也是可以利用的有效手段。

第七章 情感化设计

情感化设计是以遵循人的情感活动规律为基础，以受众的体验层次和情感需求为切入点，设计出具有人情味的设计物，让受众获得内心愉悦的体验，使生活充满乐趣和感动。本章介绍了产品的情感化设计、广告的情感化设计、城市生态的设计心理。

第一节 产品的情感化设计

产品从生产—购买—使用再到回收，每一阶段都体现出产品与人之间的交流。当人与人之间通过语言来实现情感交流的同时，产品与人之间的沟通则通过产品的色彩、形态、材料等语言来传达其特定的情感。

一、产品设计的色彩情感

产品设计中的色彩是从色与彩两部分来理解的，色即单色，是指赤、橙、黄、绿、青、蓝、紫等各种单一的色；彩即彩度，是色的组合与对比关系。当用距离等明度无彩点的视知觉特性来表示物体表面颜色的浓淡，并给予分度时就形成了产品的色彩，即颜色的鲜艳程度。

在产品设计中，任何一种色彩都包括色相、纯度和明度三种要素，三种要素共同作用从不同角度影响着人的心理感觉，从而带给人们不同的情感体验。

1. 产品色彩的情感特征

色彩是产品设计中最重要的视觉信息传达因素，往往起着先声夺人的视觉效果。人们通过色彩感受由它带来的无穷魅力，实现设计师与消费者情感的交流与互动。通过这种人性化的交流与互动，以符号语言的形式和独特的象征带给人们追求和谐而理想的生活方式。

（1）产品色彩的象征性。色彩本身没有特定的情感，其情感因素的形成是人类在漫长的劳动过程中所积累的审美经验逐渐演化而成的。当色彩与特定的文化紧密结合形成一种社会观念，就获得了约定俗成的象征意义。黑色象征庄重、深沉、肃穆、魅力、悲哀、严肃、恐惧或死亡，是明度最低的非彩色；白色象征着纯洁、真理、清白和圣人神灵。虽然白色有时具有畏惧、胆小、投降、茫然以及死亡的象征，但白色仍具有善的象征意义，与黑色搭配构成简洁而又朴素的视觉效果；红色是中国人最喜爱的颜色，它具有极强的视觉穿透力，很容易让人联想到太阳、火焰，从而使人感到兴奋、炎热、活泼、热情、充实、饱满，并带有一种挑战的意味。蓝色象征无限、永恒、真理、奉献、忠诚、纯洁、和平以及精神生活；在所有颜色中，黄色是最骄傲的颜色，象征着高贵、明朗、欢快等。在中国古代，黄色一直被认为是帝王的象征，被皇家专属。例如，北京的紫禁城金碧辉煌，而普通老百姓居住的胡同则是以灰色调为主。

在产品设计中色彩象征着不同的寓意。劳斯莱斯汽车（见图 7-1）一直深受各国富豪的追捧和喜爱，自从被定为英国皇室御用专车的那天起，黑色的劳斯莱斯便成了特殊身份地位的象征，只有总统、元首以及皇室成员等人才能购买。

（2）产品色彩的审美性。产品的色彩美能给人带来视觉上的和谐与舒适感，使人产生赏心悦目的情绪。反映在产品的色彩设计中就是和谐与秩序的多样性的统一，这种统一主要通过产品的色彩对比与调和来实现。产品的色彩设计如果能让消费者产生共鸣的审美心理就是和谐的。由于人们所身处的社会文化、地域以及教育背景的不同，形成人们对色彩的审美要求、审美理想很难达成一致。不同的色彩搭配后便会形成各种不同的感觉，往往表现出兴奋与沉静、温暖与清冷、前进与后退、明快与忧郁、华丽与朴素等各种情调。如果人的情绪与配色获得的情感达成一致时，人们将不由自主地感受到色彩对比和调和所带来的和谐与愉悦，下意识地对产品产生强烈的占有欲。因此，设计师要研究和熟悉不同消费对象的色彩喜好心理，运用崭新的配色理论去表现产品色彩的特色，从而带给人们清新的感觉。

图 7-1　劳斯莱斯 200EX

2. 产品色彩的情感表达

“色彩能够表现情感，这是一个无可辩驳的事实”。色彩通过对色相和色阶的组合，就能形成各种各样的色彩情调和情感。当色彩毫无保留地展现在人们的眼前时，色彩本身的心理效应会引起人们的心理变化和情感反应，这就是色彩情感。

（1）产品色彩的情感表现方式。色彩与人们的心理以及生理有着紧密的联系。在这一过程中，色彩的共感起到了很重要的作用。色彩的共感是人们接受外界光的刺激之后，在视觉形成色的同时往往还会伴生出种种非色觉的其他感觉。常见的色彩共感有温度感、距离感、重量感、硬度感等，这些常常能引起人们对色彩的情感变化。

1）产品色彩的温度感。色彩分为暖色系和冷色系两种。暖色系以橙色为中心，橙色最暖，离橙色越远温暖感就越低；冷色系以青色为中心，青色最冷，离青色越远寒冷感表现越弱。色彩的温度感表现出强烈的共感觉现象，不仅表现为冷暖感，还会影响人的情绪和生理的变化。这种冷暖感的变化与人们的视觉与心理联想有关，是视知觉的常规反应。它的表现与人们的需求一致。例如，在热烈氛围和欢快的场面，暖色的使用极其符合人们的心理需求，可以调动人们的情感和渲染氛围，让人感到亲近。相反，冷色让人感到冷漠和疏远。例如，人们日常生活中的使用的冰箱（见图7-2）和电风扇（见图7-3），就是根据产品的功能和使用环境来确定其外观色彩的，在颜色的处理上多用冷色调，以此带给人清凉的感觉。

图7-2 冰箱

图7-3 电风扇

2）产品色彩的距离感。不同色彩处于同一视距离时，色彩会产生远近不同的感觉。色彩的距离感与色相、明度和彩度属性有关。从色相上来说，暖色比冷色在感觉中的距离比实际距离显得近；从明度上来说，高明度的色彩比低明度的色彩在感觉中的距离比实际距离显得近；从纯度上来说，凡是暖色则纯度越高越显得近，凡是冷色纯度越高越显得远。但是色彩的近与远不能一概而论，色彩的前进、后退与背景色密切相关。

3）产品色彩的重量感。色彩的重量感的产生是由于人眼对于不同色彩的联想所产生的，一般来自于人们生活中的体验。例如，白色的物体感觉轻飘；黑色的物体感觉沉重。色彩的这种轻重感主要决定于它的明度，明度越高感觉越轻，明度越低感觉越重。因此，要想使色调变轻，可以通过加白来提高明度，利用加黑来降低明度。同时，色彩的重量感与知觉度和纯度有关。暖色往往具有重感，冷色具有轻感，纯度高的亮色感觉轻，纯度低的灰色感觉偏重。

在产品色彩设计中，为了使产品显得稳定，产品上部设计多用轻感色，而下部则用重感色；如果要使产品获得轻巧感，宜在产品下部采用轻感色的色彩，让产品视觉重心上升；如果产品既要稳定又体现生动的效果，这时产品色彩设计就要考虑上部分采用轻感色，下部分采用重感色。例如，图7-4中所设计的电话机，为了给紧张生活的人们带来愉悦的情感，设计师在色彩处理上大胆运用了鲜艳的黄、蓝两种色，用仿生学原理设计成俏皮的卡通模样，产品下半部分用了重感色——蓝色，既起到了支撑作用，又带给人们视觉上的享受。

4）产品色彩的硬度感。色彩的硬度感与色彩的重量感几乎是同一时间形成的。凡是感觉轻的色彩给人的感觉都表现为软而膨胀的感觉；凡是感觉重的色彩给人的感觉均表现为硬而且有收缩的感觉。色彩的硬度感主要受明度的影响，明度越高感觉越软；明度越低感觉越硬。同一明度，暖色显软；冷色显硬。这就说明同样一件物体，当它的色彩鲜艳明亮时，就会给人以轻盈的感觉；当其色彩变得阴沉、暗淡时，就会带给人以沉重的感觉。因此，色彩的轻重感随时会波及人的情绪。在产品色彩设计中，人们可利用色彩的软硬感来创造宜人、舒适的色调。例如，图 7-5 中便携式烟灰缸的设计中，产品采用鲜艳的软感色，加上时尚的造型，既方便携带又避免烟灰弄得到处都是，同时带来明快、柔和、亲切的感觉。

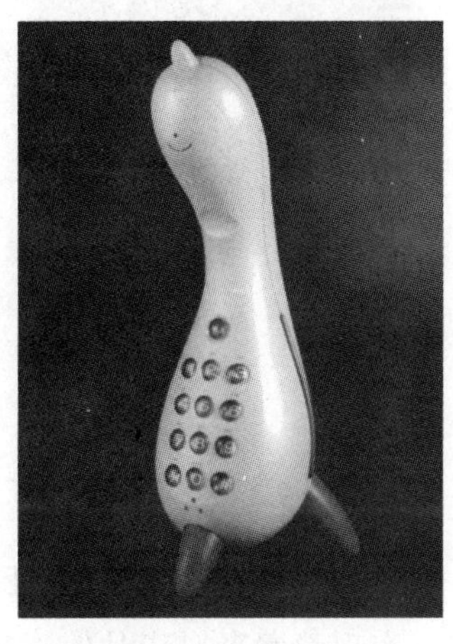

图 7-4　电话机

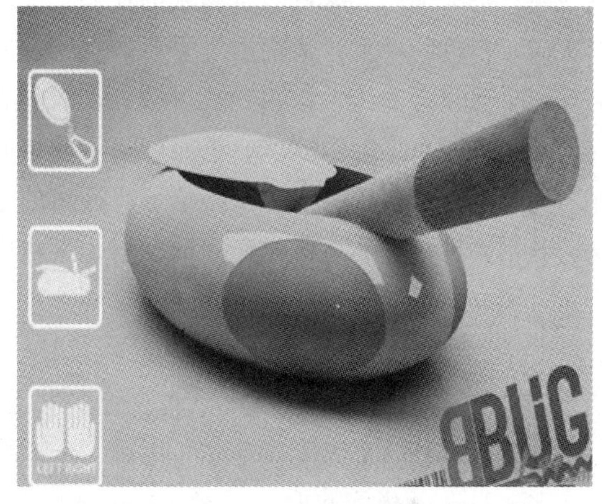

图 7-5　便携式烟灰缸

（2）产品情感设计的色彩搭配。优秀的色彩搭配不仅能使产品具有美感，满足消费者的审美需求，还能起到美化环境，使人产生愉快的心情，从而有效地提高日常生活质量的效果。色彩的搭配情感主要通过其对比与调和来实现。

1）产品色彩的对比情感。色彩对比是指两种以上的颜色，以空间或时间关系相比较而产生的明显差别。在人的视觉感受以内，没有一种颜色会是孤立存在的，受光照的制约，它会与周围邻近的色彩产生一种比较关系，从而影响周围的色块，改变着自身的色相、明度和纯度效果。例如，韩国设计师所设计的儿童语音设备（见图7-6），该设计运用儿童偏好纯度和明度较高的色彩心理，采用纯度较高的黄绿色作为基本色调，中间以橙黄色加以点缀用以互补作为视觉的兴奋点，通过强烈的色彩对比，不知不觉中提高了儿童的注意力和兴奋

图 7-6　儿童语音设备

程度。

2）产品色彩的调和情感。产品的色彩调和是指两种或多种颜色统一而协调地组合在一起，能使人产生愉快并能满足人的视觉需求和心理平衡的色彩搭配关系。产品的色彩调和在产品中的表现方式往往是以一种色调为主，添加辅色。在消费时代的时尚产品中，产品的色彩调和的有效表现形成了独特的消费情感。例如，图7-7中的空气干燥器，设计师选用了介于黑白两极色度的类似金属灰的色彩为主色，搭配黑色、绿色。金属灰的使用，一方面既突破了白色的稳重，又跳出了黑色的沉闷，完全打破了金属原有的给人以粗糙、斑驳、苦涩的心理感受；另一方面，用粉红、黄色加以点缀成鱼的眼睛，宛如两条鱼儿在亲吻，顿时给了产品新的生命力，让消费者在享受高科技产品的同时，又从中感受到了科技所带来的产品亲和力。

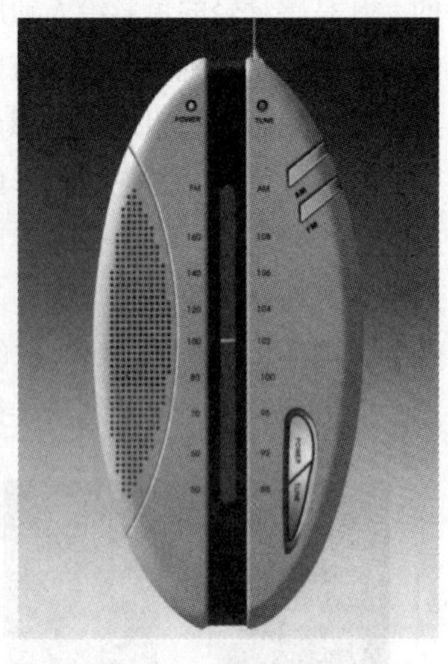

图7-7 空气干燥器

二、产品设计的形态情感

产品形态是一系列视觉符号的传达。在产品形态的设计中，形态的设计任务着重于产品功能符号的表达，通过其传递产品信息，实现消费者对产品的感知，进而满足消费者的精神需求，提高消费者使用产品的满意度。

1. 产品形态及其情感特征

在产品设计中，产品形态是一种说明性的识别符号，是沟通产品和使用者之间的物化形态识别艺术语言，通过其内在本质因素上升到外在的表象因素，在人的视觉上产生的一种生理、心理的过程。

（1）产品形态的分类。

1）具象形态。具象形态也叫自然形态，透过眼睛构造的生理上的自然反应，诚实地把外界形状映入视网膜，刺激视神经后感觉到的客观形态。具象形态的形成都能在自然中准确找到它的存在物，或与之相对应的形状或形态。由于具象形态具有很好的情趣性、可爱性、有机性、亲和性和自然性，受到消费者的普遍追捧，尤其在玩具设计、工艺品和日用品的应用中比较多。

2）抽象形态。抽象形态是在自然形态的模仿基础之上，经过再度提炼和简化而形成的。它以自然规律与运动为基础，以形态要素点、线、面的运动与演变而形成的多种多样的几何形态。这类形态既具体又不具象，有时表现出规律，有时又以无规律的形式存在，不管怎么变化，总能让消费者产生无穷的联想。

3）象征形态。象征形态是在自然形态基础之上而产生的，经过一定的艺术提炼与升华，运用夸张和变形等手法进行艺术处理，从而形成既具有自然形态的某些特征，但又不以自然形态来真实表现产品的一种艺术形态。对这类形态造型的运用极易让人产生某些联想和情感的暗示，表达产品较为深刻和含蓄的意义。例如，图 7-8 中的飞利浦剃须刀的设计，从侧面来看，其所采用的曲线与男性颈部曲线是非常的相似，设计师从形态的角度寓意该设计是男性使用的产品。

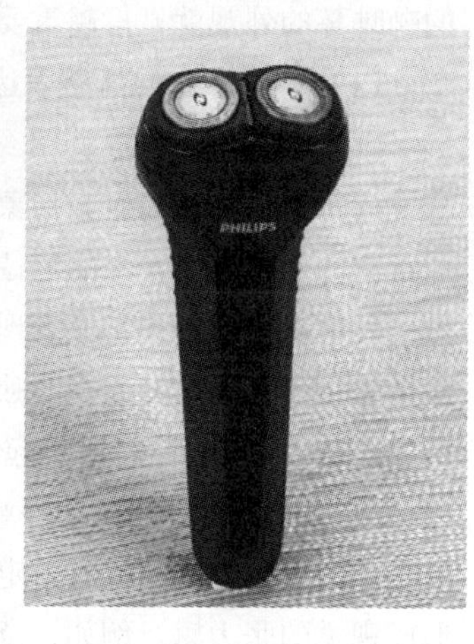

图 7-8 飞利浦剃须刀

4）模拟形态。模拟形态是把自然形态作为模仿对象，但又不是真实地加以完全模拟，仅在某些形态的表现上突出某些自然形态的特点，从而实现产品功能的需要。例如，图 7-9 中的水母灯具的设计，就是对自然形态进行了抽象处理后形成的独特效果。

（2）产品形态的情感特征。

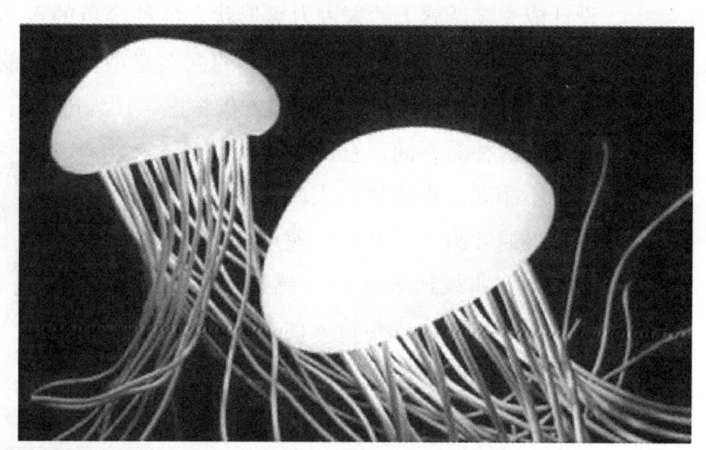

图 7-9 水母灯具

1）产品形态的符号性。产品形态的符号性表明了产品独特的身份，它的符号特征主要通过点、线、面、体等反映出来，并充当着解释和传播产品信息的重要角色。比如，圆形让人联想到圆满，直线让人联想到速度。就产品的形态符号而言，设计师必须超越产品“物”的层面，将产品符号的功能提升到“事”的层面上来，从而挖掘出产品形态符号中潜在的功能性意义。产品形态的这一特性需要转换设计师和使用者的立场来考虑产品的设计，并由此实现产品与使用者的情感共鸣。

2）产品形态的审美性。产品形态具有自己独立的审美价值。人们在使用一件好的产品时，常常侧重于对产品形态本质的审美，透过形态所体现的生活内容和思想意义并以此决定取舍，对产品产生喜悦和快慰。产品形态的审美特征还体现在其结构上，反映在产品形态设计中就是统一与变化、对称与平衡、分割与比例等。设计师在产品形态设计中，应打破产品形态设计的单调与乏味，在对称的均衡中求得安定和轻巧，在比例与尺度中求得节奏和韵律，在主次和同异中求得层次和整体。

2. 产品形态的情感表达

设计师卡里姆（Karim Rashid）曾说：“你待在计算机屏幕前的时间越长，你的咖啡杯的外观就显得越重要。”它形象地揭示了产品形态与人之间情感的关系。

（1）产品形态的情感表达方式。

1）产品形态中，点和线的情感。从设计符号学理论去研究抽象形态中的点，它的外延表现着点的定位功能；从另一角度来分析点，它又表现为一种空间形态，占有相对的面积。独立的点在产品形态中常常能起到唤起注意的作用，给人的感觉是独立、停顿和游离；两个点由于彼此之间具有一定的吸引力形成视觉的张力感。例如，意大利设计师 Matteo Thun 设计的糖果沙发（见图 7-10），小垫子巧妙地以点的形式出现，设计成充满诱惑力的朱古力豆形状。各种颜色的点的出现一下子打破了家具形态设计的单调感，不仅丰富了沙发的立面造型，形成韵律和节奏的美感，又给陷入视觉疲劳的人们带来振奋和激发的情感，让人随时有一种想跳上去的感觉。

图 7-10 糖果沙发

线的种类不同，它所表达的情感也各不相同。直线带给人鲜明的视觉感知，通常给人以紧张、速度和力度等感觉。曲线所表达的情感最丰富，圆的曲率在曲线中是最大的，它所表现出的隐忍、含蓄、暧昧的感觉最为强烈。从另一角度来看，倾向于圆满的曲线又代表了一种成熟和包容的态度。例如图 7-11 中的台灯，设计师把台灯设计成耳机造型，配以绿、黄和黑三色，打破了一般台灯的沉闷设计，灯头与底座用优美的抛掷轨迹线相连接，既能将光线抛射到一定的距离之外，又使之带有一种女性含蓄、温和、成熟的情感特质，赋予人们精神的愉悦与美感。

图 7-11 耳机造型的台灯

2）产品形态中，面的情感。面是由几何形面和自由形面构成的，两者在产品形态设计中赋予了不同的情感表达方式。几何形面能带给人强烈的视觉刺激，给人以单纯、明朗、理性、秩序、端正和简洁的感觉，但有时候也会产生一定的消极的情感，给人以乏味、单调的感觉。自由形面表现出的活泼、大胆的个性，水平面带给人杂乱无章的感觉；有时候带给人平静、稳定，引导人的视线向远处延伸的视觉效果；而垂直面会带给人庄重、严肃、雄伟和刚强的感觉。

由于受人的心理体验的影响，不同产品的尺度、形状、比例及层次关系让人们产生拥有感、成就感、亲切感，同时还能营造出相应的环境氛围，使人产生夸张、含蓄、趣味、愉悦、轻松、神秘等不同的心理情绪。例如，图 7-12 中的躺椅设计，设计师充分运用了自由形面的自由度，创造出活泼、流畅、动感的造型，整个产品自然又具有亲和力，充满着生活气息，创造出的空间富有节奏、韵律和美感。

图 7-12　躺椅

3）产品形态中，体的情感。体在产品形态设计中以几何体和非几何体的形式存在。体带给人的情感一般与其体量大小有关，厚的体量有庄重、结实之感，薄的体量产生轻快、活泼、丰富的情感。例如，图 7-13 中的灯具设计是体在产品形态设计中虚与实两者巧妙结合的完美设计。设计师通过材料的巧妙编织形成虚实通灵的空间对比，在诗一般的境界中向人们传递出体所带来的虚与实的设计理念，完美的空间感和飘逸的艺术设计风格，让人在享受高科技体验的同时，产生一种空灵虚幻的神秘感。

（2）产品情感设计的形态整合。人类对产品产生的情感反应可以通过产品形态表现出来，这种独特的感知认识充分说明了产品的使用方式以及产品所适用的人群，由此形成产品形态设计特有的人文色彩。

1）产品形态的文化情感。传统文化在产品形态设计中的传承，不仅为产品形态设计增强了视觉感染力，而且使产品拥有了厚重的文化感、民族性、愉悦性。例如，图 7-14 中的阴阳椅，整个设计由两个高分子聚合纤维编织的座椅组成，古铜为阴，银白为阳。沿着阴阳的交界，传统与现代和谐交融。坐具可以分也可独立，根据个人喜好又能组合一起，让使用者在谈笑风生之余，尽情领略中国传统文化的魅力。

图 7-13　灯具

图 7-14　阴阳椅

2）产品形态的象征情感。一件优秀而成功的产品形态，不仅需要美丽的外形，更需要一个与之相匹配的精神蕴涵其中，才能生产出形神兼备的产品。当产品形态在特定的文化熏陶下，就具备了人们所熟悉的象征意义。例如，图 7-15 中的篆书椅，椅子造型有如书法里的两笔，笔锋之间的衔接位于座椅的中下部，当人坐下去之后，腰部和臀部的位置形成一个着力点，让人可以稳稳当当地坐在椅子上。这个既简单又繁复的篆书椅在有意无意中折射出“取半舍满”的半木哲学，通过东方式的审美与自我设计语汇相结合的方式，教会人们如何在进退各半的维度里与自我进行对话。设计师运用了抽象形态中具有生命体的流畅线条和体量的关系，微妙地采用曲线过渡，运用奔放的红色表现了对自然生命形式自由的高度赞美。

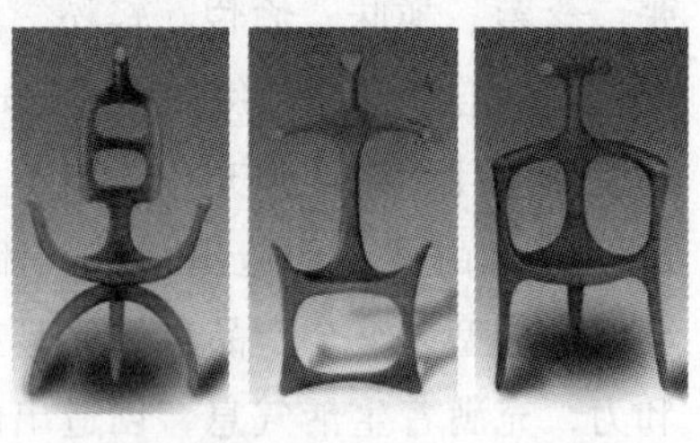

图 7-15 篆书椅

三、产品设计的材料情感

产品设计中的材料通过视觉、触觉和嗅觉对人们的感官产生不同的刺激，从而产生不同的生理和心理的感受，因此，材料的情感特征能够在很大程度上影响产品的整体感觉。

1. 产品材料及其情感特征

在产品设计中，材料是不依赖于人的意识而客观存在的所有物质。人类在充分利用材料和制造材料的过程中，一方面让材料成为制造物的物质基础和构成物品的基本内容，另一方面又成为人类实现自身目的和理想的中介物和对象物。

（1）产品材料的质感语义。材料的质感是人通过知觉系统第一时间从材料的表面所捕获到的信息所产生的生理和心理的活动，并通过人的感觉器官对材料所产生的综合印象。消费者通过对产品的色泽、肌理、软硬、轻重、糙滑等生理感觉，体验材料本身独特的审美情感。例如，玻璃的透彻带给人干净和明快的情感；金属的光泽给人以高贵、厚实以及自身本质的清纯和坚强感，因而形成可靠的信任度；木材的自然纹饰一览无余地呈现出轻松、纯粹的情感，传递着一种有理有节的人格精神，也就有了仁与智、勇与义的象征意义。

材料的质感语义是指产品材料本身的性能，借助于质地与肌理的信息传递，造成的语义区分。由于使用者的文化背景、社会意识形态、区域环境及自身审美习惯的差异性，对材料质感语义的认知与理解也会产生分歧。材料依附于产品形态完成产品设计，材料的外观表现通过人的感性认识便具备了符号意义，从而确立了产品质感所要表现的意图，通过人的认知体验服务于产品的功能。

（2）产品材料的情感特征。材料的发展与应用，是人类社会进化的标志，人们对材料的认知和利用能力通常会影响社会的形态变化和人类生活质量的提高。因此，设计师应把握材料的情感特征，巧妙地运用合适的材料，充分发挥材料自身色泽、肌理与质地的美，从而赋予产品材料丰富的设计语言。

1）产品材料的知觉特性。材料的知觉特性是由人的感觉器官的各种分析器对材料进行诠释和处理后而形成的综合印象，在信息获得的过程中，既有人的感觉系统由于受到生理刺激而对材料产生的反应，又包括了人的知觉系统从材料表面所感受到的信息，它的形成依赖于人们知识和经验的积累。产品材料的知觉特性与其美学特征和象征意义构成了产品特有的个性。材料的知觉性是产品个性最抽象的表现，是产品说服消费者购买的最好体现，通过产品材料的知觉特性，消费者往往能够设身处地地体验出产品的情感，从而对产品形成深刻的印象，促使消费动机的产生。

2）产品材料的肌理性。产品材料的审美特性一般通过材料的肌理表现出来。材料的肌理是材料的外观表现形式之一，是物体表面的组织构造，细致入微地反映着不同材质的差异，体现产品材料的个性和特征。任何产品的材料表面都有其特定的肌理形态，不同的肌理表现出不同的审美品格和个性，隐含着与人们心理对应的审美情感信息。例如，有的肌理表现出粗犷、坚实、厚重、刚劲，有的肌理则表现出细腻、轻盈、柔和、通透。这些丰富的肌理表情对产品形态的设计有着很大的影响力。

2. 产品材料的情感表达

材料本身是没有情感的，它的情感表现主要来自人们对材质所产生的心理感受，也就是通常所说的质感。不同质感的材料带给人不同的感知，这种感知使人们对材料产生了联想层面的情感。

（1）产品材料的情感表达方式。

1）金属情感。不同金属材料的质感由于自身所具有的差异性，带给人们的情感体验各不相同。例如，澳大利亚日裔艺术家船木麻里认为：“我使用黑色的软钢或者金，软钢给人冷峻和锋利的感觉，金则华丽而柔和。”其中最具代表性的是铂、金、银等贵金属，贵金属特有的质感属性，自古以来就被当做权势和财富的象征（见图7-16）。由于这些贵金属能唤起拥有者潜在的渴望和愉悦，即使是一般的老百姓也想以拥有贵金属制作的器具或装饰品而感到无比的骄傲，这是因为这些贵金属在使用时不仅赏心悦目，还能由于其所附带的价值、文化内涵以及象征意义引诱着人们炫耀的情感。

图7-16　黄金饰品

2）玻璃情感。玻璃材质的情感体验在于它具有的流动感，这种流动感来自于光线，与周围环境对玻璃所产生的视觉效果有关。在明亮的环境中，玻璃璀璨夺目；黑暗中散发着幽光，充满着神秘色彩；当玻璃处于光源的包围时，则表现出晶莹剔透、闪闪发光。因此人们喜欢使用玻璃作为盛纳液体的容器，当光线透过玻璃坚硬而光滑的表面时，玻璃天然的透明性充分展现出变化无穷的色彩感，美妙的自然形态和色泽的完美组合给人妩媚、动态、轻盈的女性美（见图7-17）。

3）塑料情感。塑料是至今使用时间最短、应用最广、形式最多的材料之一。相比其他材料，塑料柔软而富有弹性，质地轻盈，具有良好的质感和光泽度。部分塑料在一定负荷或一定温度之下可弯曲变形。由于塑料的可塑性非常大，可以根据需要塑造出线条流畅、起伏极大的自由曲面，这种自由曲面形成的自由形体带给人雕塑般的美感，给人一种柔软、温和、轻巧、灵活的情感体验。例如，1960 年丹麦著名设计师维纳·潘顿以自己名字命名设计的塑料椅（见图 7-18），是世界上第一张用塑料一次模压成型的 S 形悬臂椅。它运用抽象的几何造型，线条流畅，动感十足，是一件带有浓烈的未来主义梦幻空间色彩的家具。

图 7-17　玻璃饰品

4）木材情感。木材有着丰富多彩的肌理和色泽，美丽的自然纹理，使人们不再愿意对其进行多余的装饰，只要稍涂些清漆，就能让木材重现当年强盛的生命力，木材柔和而温暖的视觉和触觉表情给人以生命的韵律，自然和原始的情感体验。在欧洲上流社会，一些珍贵的木材如檀木、橡木等，往往被看成是地位的象征。在明代的家具设计中，由于黄花梨木独特细腻的表面纹理，常被用来制作、雕刻成各种高档家具，以此体现主人特殊的身份和地位（见图 7-19）。

图 7-18　潘顿椅

图 7-19　黄花梨木家具

（2）产品情感设计的材料整合。在不同的地理环境、气候的影响下，材料必定形成不同的区域性特征，而这种特征是自然规律发展的结果。好的材料往往能成为一个地区的象征，形成特殊身份的符号。

1）产品材料的象征情感。玉是一种特殊的材料，一直被世人所钟爱。从符号学角度来认知，它又是被符号化了的概念。孔子根据玉材相应的特征来比喻君子的优良品德；儒家将美玉的品德用来规范君子品德的标准。因此玉成了美学追求歌颂自然的象征。在维护皇权君威的古代，材料的象征作用被发挥得淋漓尽致，有时甚至成了至高无上的官方等级的象征。例如，诺基亚公司旗下的奢侈品牌 Vertu Signature Dragon 全球限量版手机（见图 7-20），设计师采用了华美珍贵的钻石和红宝石，龙头及龙尾各有一颗菱形切割的钻石点缀，结合高档材料，通过精湛的工艺技术打磨而成，整个手机充满了高贵的气质，手机一问世就被社会高层消费者所青睐，这足以说明材料对产品定位的决定起着关键作用。

图 7-20 Vertu Signature Dragon 手机

2）产品材料的文化情感。材料的发展是人类文化进步的标志，记载和传达着特定的历史文化。在产品设计中，材料与文化相互渗透、相互影响，从而设计出充满生命力的产品。正如格罗皮乌斯所述："从历史的发展的角度来看，美的观念是随着思想和技术的进步而改变的。产品设计在为人创造新物质和新模式的同时，还在创造一种新的文化。"

竹在材料中是最普通的一种，但却具有特殊的肌理美、光泽美、质地美和形态美。在几千年的中华文明进程中，人们为了满足各种需要，结合竹文化创造出各种完美的产品。华硕"Eco Book"笔记本电脑的出现高度概括了高科技与竹文化的融合（见图 7-21），设计师以生态环保为设计理念，采用了精致打磨的竹子材质，利用竹纤维压制成外贴面，然后把它覆盖在塑料底材上，竹子质感的贴面经过染色而形成，经过特殊处理之后的表面，虽然触摸不出明显的竹子纹路，但是表面所形成的深浅相间的竹纤维纹理，让整台笔记本显得格外温暖而平易近人。银白色的触控板与四周温暖朴实的竹材贴面形成强烈的对比，让使用者在享受电子产品带来的高科技的同时，又能让使用者品酌蕴含经典的竹文化，有如在大自然中呼吸着初春的新鲜空气，感受着和暖的阳光美景，从视觉和感官上带给消费者别样的惊喜。

图 7-21 华硕"Eco Book"电脑

第二节 广告的情感化设计

广告设计感性诉求中，色彩、文字和图形是平面设计的三大设计要素，从视觉传达角度来看，文字是在原始图形的基础上演变而来的，是一种抽象的符号、静态的语言，其本身就具有图形之美。此外，文字还具有独特的形式美感，尤其是中国的汉字，它的方形结构、笔画特点都体现出中华民族古老、悠久的文化内涵。而文字图形化使文字的特征得到了升华。本节着重阐述了广告设计的原始情感、体验情感、文化情感和其他情感（时尚和艺术）及其在广告设计中的应用。

一、广告设计的原始情感

1. 传统图形的情感化设计

原始绘画中的图形符号，表达了一种需求或期盼。例如，新石器时代的人面鱼纹彩陶盆（见图7-22），鱼和太阳组合，双鱼构成双耳，以鱼尾做人面的唇须，复合为人类祖先；道教太极图（见图7-23），由黑白鱼形纹构成，寓意阴阳轮转。这些都投射出中国古代人类对祖先的崇拜之情。历史中的大量图形体现着人类从原始到文明的情感，以及人与人的交流和沟通，图形蕴涵着文化内涵。

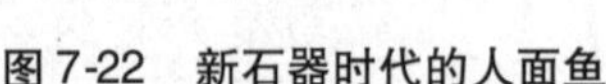

图7-22　新石器时代的人面鱼

图7-23　道教太极图

平面设计图形是情感信息的载体，在传播上其信息量比文字语言有较强的优势。具体的图形语言包含形象、色彩、质感、量感等因素及它们之间的构成关系，图形语言在情感信息传达上有以下特征。

（1）直观性和生动性。图形语言在信息传播中以简洁真实、直观生动的形象承载着大量的信息，让人识别、记忆并产生影响。通过写实的图像，尤其是摄影、电视等实物图像，直接展现事物的形状、颜色、材料、质感等特征，使人对图形所提供的信息一目了然。文字语言因为在传播中的抽象性和接受者的理解差异性，若在信息传播中用图形来配合，则确保了信息的准确性，准确生动的图文表达使人们的情绪受到感染，产生共鸣，从而接受了图形传达的信息。

（2）个性化和象征性。快节奏、高效率的现代社会，人们行色匆匆，若平面设计图像无趣，无新鲜感或无利害关系，则很难引人驻足观看。平面设计力求创意明确，构思新奇，视觉生动流畅，个性化鲜明。平面设计中，图形越简练、单纯，效果会越集中强烈，形成符号化是一种表现优势，寓繁于简，一目了然，在远距离内依然保持了单纯而强烈的形式感正是深入浅出的表现方式。形式简略而内涵丰富，也许一个渴望的眼神，更能让人内心产生悸动，一个优美的侧影更能让人感觉到暗香的浮动，这是平面设计中图形情感传达的魅力所在。

图形在信息传播过程中，以视觉经验为基础，简洁、生动的图形除了直接表述主题外，还传达一种深层次的精神内涵，勾起了观众的心理感应之弦，激发联想，达到情感融合及思想的沟通。当然这种心灵的沟通有别于纯绘画作品，受众对图形信息的正确认识需要与视觉经验信息联系起来。

（3）说服性和感染性。图形是最具说服力的语言形式。任何时候，我们想说服别人接受某种思想观念，最好的方式莫过于用事实说话，展示出它给人以益处的事实例证，用“耳听为虚，眼见为实”的原则，大大增强说服力。创意图形的构图、色彩能直接刺激人的眼球和大脑，感染人的情绪，打动人的心灵。

平面设计图形是最具情绪感染力和精神浸透力量的信息传导形式。创意图形中的象征、比喻所产生的寓意，能让人产生一些特殊的心理感受和体验，对人们的心理影响作用是文字无法替代的，如红色让人感到兴奋，产生食欲，蓝色让人安静，产生遐想，这种心理变化是情不自禁的。图形的形状、色彩、质感、情节等诸多因素刺激人的心理。例如，一个即将掉在石头上的鸡蛋，会让人产生紧张、危险的感受；一张用刀片正在切割肌肤的画面可以将疼痛传达给观众，产生出类似亲身体验的触动。所以，图形语言在情感信息传达上具有独特的功效（见图7-24）。

图7-24　蓝色广告

平面设计图形类型随着技术的发展，出现了摄影、摄像以及数字化处理等形式，现代技术带来的是真实性美感传达。但是，平面设计中绘画图形应用仍较为广泛，不同风格和手段的绘画图形有各自独特的审美价值，显示出各自的魅力和灵气。平面设计图形运用拟人等修辞手法，如漫画和卡通，是当今流行的具有夸张和幽默感的艺术形式，诙谐风趣、生动活泼使人印象深刻（见图7-25）。图表类图形形式也较为活泼，有较强的理性说服力，多用于解释某些工作原理。

图7-25　卡通广告

传统艺术中的图画、书法、民间美术等形式在平面设计图形中的运用体现了本土化的艺术风格，富有人文气息和民族气息的平面作品才能立足于世界民族之林（见图7-26、图7-27）。

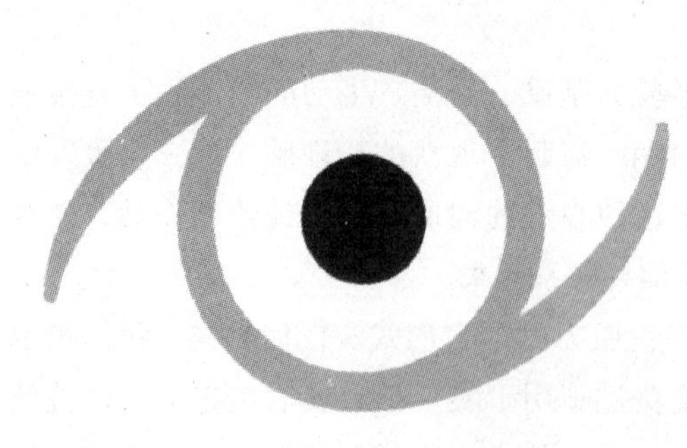

图 7-26　眼睛广告图

图 7-27　古代书法刻字广告图

2. 文字图形中的民族个性

人类进入现代文明的信息社会，在现代科技与文化艺术综合的今天，许多有远见卓识的艺术家和设计师，将注意力转向自己本民族的文化，极力将其与现代艺术融为一体，这种回归意识、寻根意识和民族意识与设计意识相结合，体现了民族心理的延续与发展，同时也体现了民族审美特征的强化。在现代平面设计中，创造本土化的设计风格，真正属于本民族的现代设计往往能够为国际社会所认同。我国传统书画及民间美术在平面图形中的表现运用可以使图形增添人文艺术气息，体现本土化的平面艺术风格，激发大众的民族自豪情感。图形中出现传统艺术形式是现代与传统、时尚与原始的符号组合，是传达情感的一种有效手段。

（1）中国画及书法艺术的融入。在平面图形中，中国画及书法艺术使作品具有传统文化的审美情趣。中国画的工笔与写意，以特有的造型手段表达了“气韵生动、骨法用笔、应物象形、随类附彩、经营位置、传移模写”的审美要义，诗情画意，美得天成。越来越多的设计师认识到对于传统形式的认识和利用，在海报中除了运用水墨表现图形设计外，更多的是对汉字的设计。中国香港著名平面设计师靳棣强先生设计的《文字的情感》海报以书法文字与文房用具组成意向：“水”字与纸，如鱼得水；“山”字与笔，恩重如山；“云”字与墨，闲逸如云；“风”字与砚，如沐清风。该海报运用了中国水墨画技法，融合了现代设计技法的肌理效果，现代而不失传统。作品没有机械的冷漠，而是融入了情感，将诗意融入了图形设计之中。西班牙画家塔皮埃斯就是在 20 世纪 80 年代从中国书法中得到感悟，格外注重从挥洒中宣泄感情。他说：“我们多亏中国书法家们，才懂得了借运笔方式而产生的这种情感语言。”现代文字设计正是受书法字体的“墨象”或“书象”中对线条的抽象形式美的启发，利用了这种气势奔放、笔墨飞溅的艺术效果；通过文字用笔所产生的墨迹线条，或追求字体在快速行笔运墨中的飞白苍劲之美；或追求原始之美等（见图 7-28）。

书法与艺术字体组合显示了独特的艺术美价值，书法以形写意，舍形求神，造型符合美感。书法艺术在图形中的组合扩展了现代设计的思路，增加了趣味性和情感性。传统书法抽象的点、线、面、色和骨力，使作品个性、神韵、雅趣得

图 7-28 中国书法艺术广告

以充分体现，对传统书法体以及现代字体进行图形创造，给人以强烈的现代感，又显示出中国民族风格。

（2）民间艺术及传统图案的融入。民间艺术及传统图案对文字图形设计起到了启示和发展的作用。合理借鉴民间艺术中丰富的视觉表现形式是当今平面图形设计中经常使用的手段，它们能传达民族个性和岁月的悠远感，手工制作的朴实感、民风的淳朴厚道感等独特的艺术情感。民间美术形式多种多样，民间年画、农民画、剪纸、漆雕、陶艺、皮影、玩具等质朴天真，富有生活气息，多用表号、谐音、象征等手法，类似《诗经》中的“赋”、“比”、“兴”手法，质朴无华，返璞归真，符合现代设计理念和现代人的心态。民间美术和传统图案有较强的生活气息，生动活泼，乐观向上是其基本格调（见图 7-29）。

图 7-29 奥运公益广告

传统文化中，吉祥文字的表现是较为典型的，所有的吉祥寓意都能通过汉字图形进行表现。驱邪除灾的吉祥观念在民间艺术的表现中有太平有象、竹报平安、岁岁平安、百事大吉、平安如意等。纳福招财的吉祥观念表现有：恭喜发财、五谷丰登、玉堂富贵、招财进宝等。延年增寿的吉祥观念表现有寿比南山、福寿延绵、松鹤延年等。结婚子嗣的吉祥观念表现有百年好合、龙凤呈祥、喜相逢、子孙万代等。张道一将这些题材概括为十个字“福、禄、寿、喜、财、吉、和、安、养、全”，这些都充满了生命活力和生活气息。

借鉴传统不是照搬照抄，而是对传统的再创造，以现代审美对传统元素的改造、提炼和运用，同时要传承和发扬传统背后的意，吉祥寓意的运用，使现代设计多了文化气息和亲和力。传统造型的神似与不似更增加了现代设计特有的文化风采。靳棣强设计的中国银行标志（见图7-30），主体形象为圆，里面为一“中”字，采用中国古钱币外圆内方的形象，设计简洁明了，不同文化背景的人都很容易理解。创意图形蕴含着不同民族文化、宗教信仰以及时代特色。

传统因创新而发展。在现代平面设计中要提炼传统的符号。人类的传统文化营养丰厚，从传统文化中吸取营养，把握传统精神与内涵，注重自然情感和人类情感的表达。在传统与现代之间架设桥梁，使现代平面艺术设计更具人文精神和情感。中国联通标志，就是从“盘长”（中国结）演变而来（见图7-31）。

图7-30　中国银行标志

图7-31　中国联通标志

二、广告设计的体验情感

情感在审美心理活动中，一方面，诱发各种心理因素积极参与创造活动；另一方面，融入其他各个环节的心理活动中，使整个创作活动都染上情感的色彩。正是由于情感的诱发，审美表象才升华为审美意象。在审美感知时，情感就会诱发形象记忆和情绪记忆以及形成一定的情感体验。

情感化的设计传达在现代产品同质化的时代发挥着不可替代的作用，同样，情感化的营销方式也成了现代市场的秘密武器。星巴克被视为美国当代文化不可或缺的象征。因为它不只是喝咖啡，更在传播一种经验、文化，提供新的交流氛围。

商品广告的情感设计应该引起消费者喜、乐、爱和亲切等良好的、肯定的情绪，如果产生厌恶、愤怒或悲哀等否定情绪，是很难使消费者产生购买行为的。因此，商品广告中情感设计的表达一般采用抒情、趣味、幽默等手法，以唤起人们愉悦情绪，触发人们肯定的情感。因此，设计师应该全面贯彻“以人为本”的设计精神，提高设计的亲和力，在情感化设计的细致层面上更注重满足人们情感上的需求，给人们带来更多轻松快乐、幽默新奇的心理感受和情感体验。

情感中较为深刻和复杂的层次——心境及性情，往往是简单的造型或单纯的形式所未能实现的。越是复杂的情感，越需要更加丰富和细腻的艺术表现手段，创作者的品格和修养也往往需要更具有深刻意义的情景来体现，这就需要上升到艺术中意境的层次。用审美心理学的观点来解释：知觉会由于各种心理期待和经验，将事物的关联以一种主动的态度解读和理解，以一种崭新的方式将各因素相互连接和作用，由此产生一种超越知觉形态本身的情境。

我们将其理解为一个包含着时空内涵的、内在联系的复杂场面和心境。这种意境并非悬乎其悬，自然界中就存在着这样的情境：欢快愉悦的心情与宽厚柔和的兰叶，激愤强劲的情绪与直硬折角的树节；树木葱郁一片生机的春山与欢快的情绪；木叶飘零的秋山与萧瑟的心境；站在一泻千丈的瀑布前那种壮阔感，停在潺潺的小溪旁的灵动与温情；观赏暴风雨时获得的气势，在柳条迎风时感到的轻盈……，它带给人一种难以名状的复杂的情感运动，这就是艺术中寻求的一种较高的境界——由整体画面的塑造给人带来类似的审美感受。金龙鱼广告给受众传递一种民族精神和爱国情结（见图7-32）。

图7-32　金龙鱼广告

意境的重要性在于它是一种具有相互联系而具有情感指向性的整体环境，如果缺少了相互联系，又缺少了一致的情感趋向，就自然很难产生意境的深层情感。所以，无论我们怎样去进行时空和整体画面的组织，其中必然应以一种情感主线贯穿在其中，由这种线索指引人们去寻找不同时空中类似的情感结构和意象，这才能产生出完整的共鸣效果，生成产生强大审美情感的意境。

在视觉传达设计的发展过程中，由于绘画艺术表现方法对视觉传达设计的影响和消费行为中情感消费的客观存在，情感设计观念和方法成为一种独特而充满魅力的视觉传达设计方式；感性设计方法对丰富视觉语言，以及建立与消费者之间的亲和力等方面都具有重要的意义。

三、广告设计的文化情感

现代广告创意的感性诉求的情感价值不是一个空洞虚无的大概念，它主要体现在设计中的人文关怀精神。在此，让我们通过解析人文关怀精神的内在因素，来把握感性诉求的情感价值的命脉。近年来，“人文关怀”成为人们使用最多的词汇之一，它频频出现在各种媒体上，大到各阶层人的讲话，小到老百姓的杯碗茶筷间，无不透露出人们对人文关怀的关注与向往。在潘婷深层护发素的广告中淡化了浓浓的商业味道，注重人们内心世界对健康美的一种深深的向往与追求（见图7-33）。在现代广告创意的感性诉求的情感价值中，以人文关怀为支点，关注人、关心人的生存状态，也将成为现代广告创意中的重点诉求内容之一。

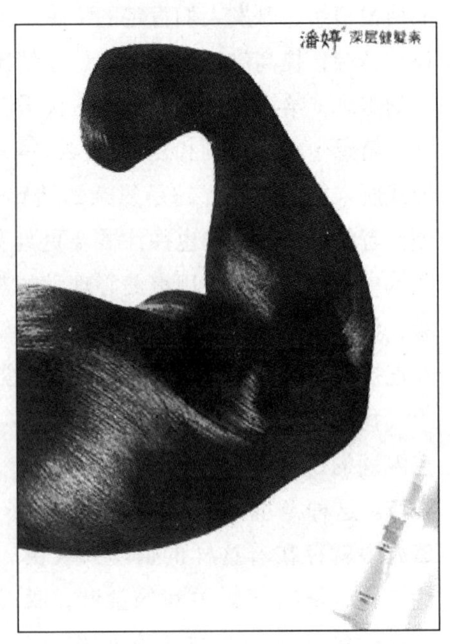

图7-33　潘婷广告

在现代广告创意中，我们所强调的人文关怀就是体现对人的关爱和尊重，通过创意改善提高人的生存环境质量，创造美好的生活环境，让人们感受到生活的美好和幸福。现代广告设计的意义与价值就在于它为人们的生活创造了优美的环境，这种优美的环境在满足人们审美要求的同时，还激发了人们认识真理的信心和改造世界的热情，促进了人们征服自然的能力。在征服自然的同时，如何以正确的态度去对待自然，一直是现代广告创意在感性诉求的情感价值研究中最值得深思的一个问题。

另一重要方面是将中国数千年以来的人文成果渗透在现代广告创意的感性诉求的情感价值中，使广告创意中的感性诉求的情感价值充满中国人文精神，创造一种中国人文境界，以体现对中国人文的精神关怀和尊重。中国人文精神的一个突出特色就是强调“天人合一”，注重保持人与自然界的和谐关系，要求人的活动应尊重自然界的状态和规律，不断调整人与自然的平衡关系，不能超越自然界本身的承载能力，任意地破坏自然界的平衡，只有这样，自然界才能更好地为人类服务。在今天这样一个科学发达的时代，我们对自然界及其规律的认识就比较清晰和深刻，建立在科学技术基础之上的“天人合一”，就更能显示出其巨大的理论价值和现实意义。例如，图7-34中宣传自然保护的广告，突出的就是人与自然的和谐。

正是在这样的背景之下，北京2008年奥运会明确提出了“绿色奥运”的理念，就是要把环境保护作为奥运设施规划和建设的首要条件，制定严格的生态环境保护措施，广泛采用现代环保技术和手段，大规模、全方位地推进环境治理、城乡美化绿化和环保产业的发展，努力提高人们的环境保护意识，鼓励公众自觉选择绿色消费，积极参与各项改善生态环境的活动。在整体设计方面，积极倡导绿色设计，提倡具有人文关怀因素的环保设计。

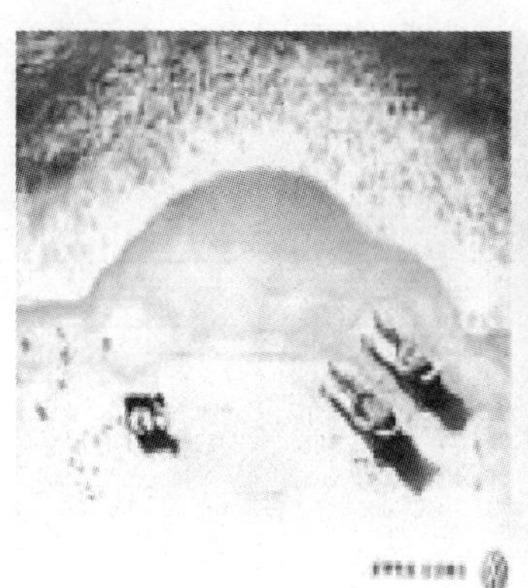
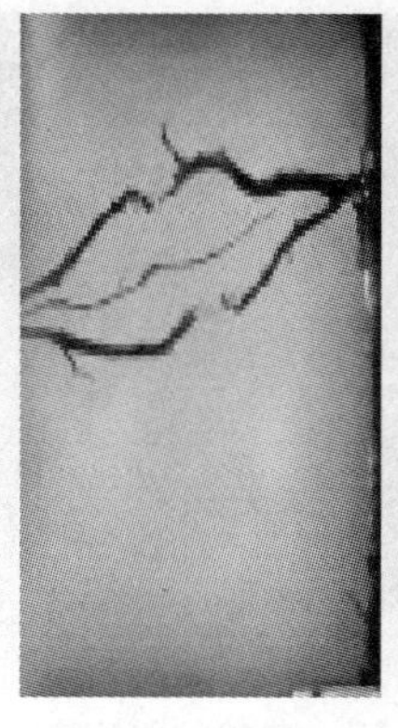

图 7-34　宣传自然保护的广告

四、广告设计的时尚情感

时尚就是时间与崇尚的相加。时尚在特定时段内率先由少数人实验，而后来成为社会大众所崇尚和仿效的生活样式。需要指出的是，时尚绝不能和肤浅、庸俗画等号。对于落后的生活方式与僵化的理性结构，它们总会给以强有力的打击，同时，又举起旗帜，引领新的生活方式、观念的方向，从而赋予人的个性以崭新的内涵。关于时尚，意识形态广告的前任创意总监许舜英讲得更为透彻：“时尚已经不是一种产业，它是生活方式的核心影响中枢。”

颠覆，是后现代主义广告创意的又一重要特征。颠覆意味着反叛和超越，意味着创新和建构。它是一种反叛和超越已有的理性结构和传统文化，释放情感、直觉、情绪、追求，建构新感性方法。“让热情奔放，让激情燃烧，这是‘颠覆’的核心精神。”

从创意角度出发，广告业界总结出一套实施颠覆的法则。这种法则包含三个步骤：对比传统，进行颠覆，预设前景。颠覆的起点便是传统。传统既是过去文化的积淀，也是维持现状的想法。对比传统就是“以传统为触媒，为颠覆催生”。接下来是颠覆传统，首先便要辨认传统，然后挑战传统。在创意实施中对传统进行改造，让人们用不同的眼光和不同的心境面对同一事物，“广告必须让不奇怪的变成奇怪，熟悉的变成不熟悉。”预设前景也就是企业所要达到的目标。后现代广告与过去的物本观广告的重要区别之一，就在于后现代广告所宣传的企业预设的前景“从人的整体需要出发，关切人的生存状态，在满足其物质需要的同时，更注重其精神生活的充实和精神需求的满足。”

图 7-35 为迪奥的服饰广告，斑驳破旧的背景与模特身上的点点喷洒的油彩混搭成一体，男女模特一改以往广告中姿态幽雅，面带撩人浅笑的表情，而用一反常态的造型和视觉处理，整个广告充满浓浓的时尚气息和对传统男权威严的挑战与颠覆，女性主义的张力得到尽情的释放，加上整个画面强烈的视觉冲击力，给人以酣畅淋漓的感受。

对“性感”的展现可以说在服饰广告中是永不厌倦的创意源泉，在图 7-36 迪

图 7-35 迪奥的服饰广告

奥的两幅广告中，创意和拍摄手法让人叫绝。在此广告中，展现性感的方式彻底颠覆了以前千篇一律地用穿着暴露的模特搔首弄姿，非常表面直白地兜售“性感”。在这两幅广告中，朦胧的暖调光线，局部的特写，没有暴露的部位，然而模特那只会说话的手，充分展现其动态美，撩起人无限的欲念和想象空间，这样的广告使人看后，除了对其画面久久不忘，也会对表现性感有了重新的诠释。

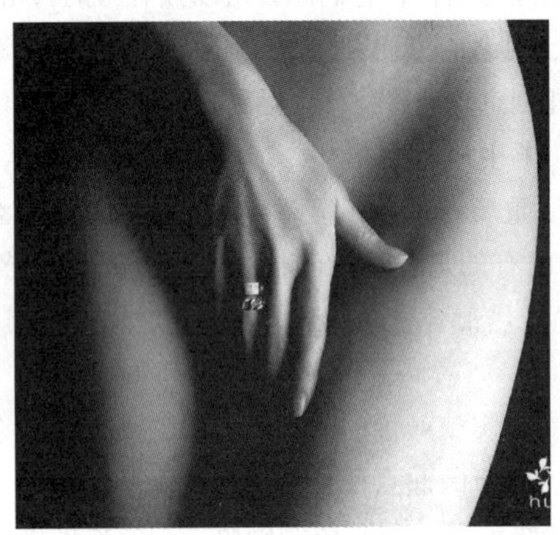

图 7-36 迪奥的广告

第三节 城市生态的设计心理

在城市环境中，相较于其他任何环境，人与自然环境更应该亲密和谐共处，但有时候，事实并非如此。世界上一半的人口居住在城市里，但在城市以外更广阔的区域里，生物多样性却在相继减少，自然环境在城市发展和社会可持续性方面变得越发重要。但是，城市绿地作为一项资源，要研究其价值，我们需要采用加权而不是叠加的方法来评估和管理这些城市绿地。

从生态学的观点来看，城市绿地主要由地区和国家两个生物多样性保护网组成。但是，几乎没有城市生态学者专门研究人与生态物种之间的互动性，这就在两个方面阻碍了我们对城市生态系统的完整理解。第一，许多对城市生物多样性格局是由于人类的明确保护活动而形成的。因此，了解城市生态系统必须了解人类对生物多样性的动机和反应，以及人类与其相互影响的相关知识。第二，人类干涉不仅仅破坏了原有城市生态系统的多样性，同时也在发展新的城市生态。在城市中，人类对其保护所取得的进步主要依靠个体行为，生态学家还缺乏足够的力量让人类群体都明确生态系统的重要性并且鼓励人们为保护生态而努力。

从社会心理学的角度来看，城市自然生态系统是城市居民生活质量的重要组成部分。研究人员通常只是通过研究人们与自然的亲近度和绿地总面积，来关注人们“亲近自然”的程度。而生态学家常常把各种生物组成按照同一个标准测量，诸如城市绿地中的“绿度”。但是，并不是所有的绿地都能简单地用同种标准去测量。有证据表明，如果这样做，将难以发现人们对绿地中某些生物组合的重要反应。另外，诸如野生花园、野生鸟类的喂养和人类对其栖息地的破坏与干扰等，这些较多的人类行为与城市生物体互动的影响也没有得到相应的重视。自然环境本身的属性是否能影响这些互动的强度尚不得知。但为了更好地使城市中人与自然能和谐共处，我们需要研究城市空间的生物构成和功能。

涉及城市绿地研究的文献很少相互借鉴，仅有少数的合作研究项目涉及综合性资料的收集，问题的研究也没有统一定式。本章涉及在公共城市绿地空间中，研究生物多样性、人类福祉和城市中人口分布三者之间的联系。

一、人与城市自然景观

1. 人类对城市自然景观的影响

（1）都市化进程对自然景观的影响显著。戈登（Garden）等人对影响城市景观中的生物物种空间分布的因素进行了较好的评估，他们发现城市形态中一些特定元素影响了生物多样性格局，其中包括：生物种类的进化，不透水表面的总量，中心城区间的距离，林木植被和住房密度。但重要的是，麦克金尼（McKinney）的研究表明，生物的种类数量（物种丰富度）或者个别动植物的数量（多度）与日益增长的城市化进程强度并无直接联系，却受生物有机体群组的显著影响。

（2）许多城市面貌是由于大规模的规划用地决策造成的。个别土地所有者的决策结果影响并不十分明显。当千万户主共同决策时，就能严重影响景观尺度。加斯顿（Gaston）等人认为，树、灌木、鸟饲养站、肥堆、池塘、喷淋器和鸟巢等花园中的物理要素，能够存在于高密度的城市环境中，并为城市生物多样性提供具体资源。此外，花园的大小，林木覆盖范围，灌木的总量和植物的物种组成与无脊椎动物的物种丰富程度都是息息相关的，而且，花园特征也会影响鸟类群体的组成。

（3）城市公共绿地的使用和滥用受人为因素的影响严重。鲍雷特（Pauleit）等人发现，在这种填充式的城市开发中，房屋密度的增加也导致了花园规模的减少，同时也相应减少了林木覆盖量，造成生物栖息地生态状况的变化。例如，喂养野生鸟类的人口比例由于社会经济的持续衰退而下降了，野生花园的普及度随着户主年龄和就业状况的改变而发生了变化，虽然上述两个因素还会受城市空间尺度和文化环境的影响。人们过度娱乐、犯罪和废物处理等活动都会扰乱和破坏生物栖息地，导致城市日益扩张，生物种类日益减少。

2. 城市绿地对人的影响

人们认识到城市绿地还有更多的价值，政府资助修建大型城市公园，为人们提供娱乐消遣，并且鼓励社交活动。自然环境能够缓解生活在城市中的人们面临的诸如噪声污染、拥挤和交通废气排放等环境压力。自然环境有益于人类的观念由来已久。

然而，如今自然环境却频繁地暴露出各种负面效益（如哮喘、癌症等）。2002年尔湾（Irvine）和华伯（Warber）的研究表明，人们亲近自然和其生活质量存在着互利互惠的关系。亲近自然对人类健康有着积极的作用，多种健康隐患包括：来自生理影响下的压力，压力的自我描述，手术后康复时间，心理疲劳，儿童认知能力，心境障碍，自我约束力和自我反省体验的感受。亲近自然还有利于推动社会互动和增强人们的归属感。2007 年，贝纳尔迪尼（Bernardini）和伊尔卫讷（Irvine）的研究再次表明，人们通过亲近自然能够形成情感依附，人们置身于自然空间里更能获得自我认同感。

玛斯（Maas）等人的研究发现，街区中的绿地数量和人们的健康状况有着紧密联系，而这些影响在老人们身上表现更为明显，在社会经济群体和妇女身上却不那么明显。在日本，麦金太尔（Macintyre）等人调查发现，长寿的老人们都生活在“绿地步行带”（里面有绿色植物，并可通行和逗留）附近，绿地似乎能抵抗市民们周围有害健康的物质的影响。这些研究表明，城市绿地可以作为测量人们健康水平的一个因素。根据这些发现，近年来，各国政府在其颁布的国策中强调，将高质量的城市绿地计划纳入城市规划的组成部分。

因此，城市绿地带来的益处能够广泛地为人们所体验，各种各样的不同种类的“绿地”（包括荒地，花园住宅或者公园，公寓大楼周围的草木和盆栽植物）都能使人们获益。但人们常常忽视文化或者民族特征随意构建自然元素，特别是水文特征、大片树木或者林地。目前，几乎没有研究涉及城市景观中生物种类的具体组合与人居生活质量的直接联系等方面的研究。

二、城市绿地与心理价值

在上述讨论中，我们着重强调应普及跨学科研究城市中人与自然的相互作用。接下来，我们将在跨学科合作的背景下，通过对城市规划中对街区的调研和对城市绿地的深入调查，并依据地理信息系统中人口水平的统计数据，对人与绿地之间相互作用所创造的心理价值进行深入的分析和探讨。

1. 公共绿地与心理价值

我们可以通过对公共绿地舒适功能、如何减少犯罪、鼓励人们锻炼身体和社会交流等几个方面因素的分析，来研究使用和设计公共绿地。对绿地使用的改变也影响了城市居民和绿地在“质”和“量”上的接触。通过这个角度，我们可以发现城市公园通常位于居民住宅和工作区附近，成为人与自然接触的重要场所。居民们到城市绿地通常是为了运动、放松、社交、陪孩子娱乐、遛狗和亲近自然。

2007 年，瑞特罗斯（Tratalos）等人对街区的调查结果表明，娱乐是人们常去附近公园的最主要的原因。这些调查结果已被正在使用英国谢菲尔德（Sheffield）公园的市民们所证实，促使被访者到公园最经常的动机是步行（遛狗、散步，或者中途路过）。周期性的锻炼和运动（如板球、足球、滑板运动）通常也是人们带孩子来公园游玩的理由。其他的活动还包括野餐、读书、小坐、拍照和社交活动。对于一些特殊的绿地，因为它的设施（如游乐场）、场所的类型（如墓地），或者由于它是距离最近的地方，人们只会在持有特定的目的时才去。而一些没有这么多具体功能的绿地空间却能让人们感到宁静、放松并在此休憩。但是，后者的功能与它的品质及城市公园绿地的范围有着密切的联系。

因此，在绿地公园的城市设计中，“环境友好型”城市设计不仅意味着只有绿化、公共设施布置和景观塑造，还应当因地制宜，以人为本，在注重城市美观的同时，也突出其实用性。广东省佛山市千灯湖公园的规划设计（见图 7-37），是这方面的一个典型案例。2000～2001 年，凯文·杉雷（Kevin Shanley）主持了南海千灯湖中轴线地区的城市规划与设计，并详细设计了千灯湖公园。千灯湖公园及千灯湖地区优秀的规划设计对南海中心区的规划建设起到了很好的指导作用，一方面使该地区成为南海城市建设的标杆，多个专业技术团体到此参观；另一方面，促使土地价值和整体环境提升，吸引了广东金融高新技术服务区、多个大品牌住宅、商业项目落户。2007 年，凯文·杉雷（Kevin Shanley）主持了千灯湖公园二期（虫雷岗公园）改造设计，使改造后的虫雷岗公园与千灯湖公园连成一体，进一步提升了千灯湖地区的整体环境，促进了广东金融高新技术服务区及周边地区的发展。

图 7-37　广东省佛山千灯湖公园鸟瞰图

公园中的被访者们在绿地中通常能体会到身心放松、神清气爽、宁静与祥和的感觉。人们在置身于绿地的同时能感受到独特且强烈的情感依附和支撑力，唤起曾经的回忆。公园能带给人们两大无形的情感体验，思考的体验和地方归属感。然而，福勒（Fuller）等人研究发现，人们心里受益程度也会随着绿地面积、绿地中的各种栖息地，以及植物的物种丰富度等因素的增加而增大。这表明了城市的绿地性质与生物复杂性有着直接的联系。

2. 生物多样性与心理价值

当我们想要调查人们访游绿地的一致理由时，我们就无法获悉什么样的自然要素组合对人们来说是意义非凡的，以及这是否和生物多样性有关。城市规划中对街区案例的调研显示，69% 的人到当地公园是为了亲近自然；55% 的人是为了观看野生动植物；36% 的人是为了喂养鸭子。同样，公园中的被访者也强烈认同公园活动中自然体验很重要，且至少有 2/3 的人认为，动植物的多样性是很有价值的。有趣的是，当我们要求被访者在给出具体的建议时，尽管他们提到很多自然的元素（如新鲜空气、户外、宁静、开放性空间和地形）却很少直接谈到有关具体动植物方面的要素（包括绿色植物、饲养鸭子、采种、观鸟和松鼠）。这表明了目前人们对生物多样性价值的具体内容（如物种丰富度和生境异质性）的认知尚且不足，正如人们亲近绿地的原因是由于自然景色，而自然景色也是由生物多样性组成的，所以生物多样性也是人们亲近绿地的部分原因。

城市绿地中对生物多样性的管理，传统的观点或许强调要排除人为干预，让植物自由生长和减少对特殊动植物种类的破坏。公园和原生植被的遗留地也都是以这种方式来管理的，目的在于保护更多在城市景观中不常见的生物种类。而公园中的动植物可用栖息地和现存公园面貌，如野草地等，会随着物种丰富程度的增多而改变。但是，也有证据表明，生物多样性价值和人们幸福感的程度紧密相关，使用者对自然的情感体验也很重要。因此，为了使人与自然能和谐相处，我们应同时考虑到以上两个问题，甚至应当制定详细计划来提高生物多样性的价值，这样做也有益于形成人与自然双赢的局面。

要保护生物多样性势必会引出一系列关于公园娱乐性方面的争议，娱乐性是公园的一个重要特征。自古以来，人们就把公园视做一个正式的场所，它的功能就是带给人们舒适感（如植物园），它包括为运动和娱乐专用的平整草地（美观的跑马场）和无树木合围的开敞空间。这使维护生物多样性面临了挑战。此外，人们对公园的使用必然会影响到生物多样性的管理，应考虑到人们在公园中的活动范围和强度。

然而，还是有许多被访者不反对使用栅栏或者野草区，因为这存在一些潜在的好处（如教育机会，人们能为大自然服务）。多数持反对意见的人们，建议应采取人与自然和谐相处的管理措施。而和谐相处共存的关键就在于控制好人们娱乐活动的范围与生物多样性分布的范围。栖息地会随着生物多样性的丰富而扩大，就像林地和野草区不如草地和砖石地面的娱乐性强。尽管被访者们还没意识到，但事实上在他们的回答中也反映出了这个问题：复杂多样的自然地理特征对人们的造访动机有着至关重要的影响。

瑞特罗斯等人认为，要保护生物多样性，只有实施区域性战略规划，才能避免因盲目开发而带来的负面影响，从而真正意义上增强人们的绿地体验。虽然这些体验或许会因为文化和地域的不同而不同，但公园的被访者一般都提到一些他们所认同的环境要素——沿着田地的边缘围合的区域、文化因素和有序且有目的性等。因为，大家认为，使用这种“文化提示”能够改善由于较多的自然主义管理模式下造成的乱糟糟的局面。

另外，伴随天然景观的开发而出现的安全隐患也上升为一个热门话题。有证据表明，城市公园中高密度的植物会导致安全问题。当人们认为植物是危险的象征时，植物本身就没有出现的必要了，并且这些区域确实很僻静，光照弱且能为人们遮阴（如林荫树道、林地、灌木丛）。植物会影响人们的视距或者掩声盖迹，这或许也给人们带来了不安全感。尽管如此，对景观偏好观点持否定意见的人认为这意味着某种“神秘”，好的设计在于其运用植物组合和公园结构来弥补这一不足，这也就说明了为什么有些景观深受人们所喜爱。因此，我们应对城市绿地中的安全概念给出更明确的定义，研究人员已经着手研究自然主义设计、绿地的安全性和人们对景观的偏好和使用者之间的关系。例如，布杰克（Bjerke）等人发现受过教育的个别中年人和野生动植物爱好者以及环保拥护者们都偏爱植物相对密集的公园。比如，中国的景观设计就偏好自然主义的设计，并且自然主义和人工修剪的设计都是被用于观赏的。

三、城市景观生态设计

人们一致认为，花园能增加社区和街区的满意度。人们的健康自我报告中显示，花园有益于身心健康。人们通过社交、玩耍、远离尘世、观赏花园、接触自然、家庭聚会或者表达自我等方式利用花园。同时，花园似乎也对人们的心理行为（如自尊、自信和个人认同感）有积极影响。园丁们认为花园对人们的意义非凡，人们通过花园能感受宁静，持续享受自然，并且减少压力。此外，花园带来的其他好处还包括成就感，在辛勤耕耘后的美好期待和在自家花园播种和收获的乐趣等。

1. 野生花园

在花园管理中，想要得到持久的效益，就必须引入野生的动植物种类。全球大多数国家都是通过此方式给鸟类和其他动物提供资源。例如，有 1/5 的欧洲和北美家庭以及 1/3 的澳大利亚的家庭都以此为野生鸟类提供食物，人们从事这项活动的一个动机大概是能够在观鸟中获得乐趣，同样这也使鸟类本身获益。诸如此类行为都被称做“野生花园”，广义上来讲，一切有益于野生生物的个人花园也可看做是野生花园。因此，它是一种既有益于花园管理又有益于野生动植物管理的方式。花园看起来可能像荒野草地，杂草丛生，里面或者有诸如喂养站或鸟巢给鸟类提供资源，有为无脊椎动物准备的肥堆或木堆，或者为野生生物建造的池塘。如果这些花园特征能够扩大且贯穿到整个城市景观中，这或许会为提高城市生物多样性水平提供充足的资源，并且带来实际效益。比如，厦门集美大学就保留了一个专门为每年迁徙的白鹭栖息的池塘，每年7~8月都有3 000多只迁徙白鹭来这里栖息。尽管白鹭留下了大量的粪便，引起了一些学生的反感，但是，3 000多只白鹭形成的生态景观，让更多的学生流连忘返，感叹不已，并津津乐道，以此为豪。

目前还没有证据能证明野生花园对无脊椎动物的丰富度和多样性的增长有重大影响，但对鸟类的影响却很明显。此外还有一个有趣发现：我们为鸟类提供的食物会影响城市中鸟类群体的组成结构，从而影响到城市的景观。野生花园的发生率会随着城市规划的变化而改变。城市规划中的街区案例研究中显示，有56%的家庭通过室外空间提供一个或多个“野生生物友好型”的花园。这类型花园的出现率与提供食物给鸟类和其他动物的家庭数量，以及花园在当地的覆盖率和花园平均规模成正比，但不依赖于家庭密度和非花园绿地的数量。

2. 生物多样性的空间配置

绿地中关于生物多样性的方面，如植物结构或者栖息地异质，将会影响人类的活动状态，而被改变的人类活动状态再反作用于它们，形成交互影响。人类活动和管理模式将会改变生物多样性的模式（如踩踏、散布种子、喂养鸟类）。因此，当城市格局能对生物多样性分布造成很大影响时，生物多样性格局也会限制和改变人们接触自然的方式。

城市中的绿地覆盖范围（它们是乡村土地、公园、园林、路边或其他块状地表植被）与生物多样性价值有重要联系，它既依赖于生物物种的丰富度，有时又和物种的数量多少有关。梅勒斯（Melles）等人认为，对于许多生物群组来说，物种丰富度会随着绿地覆盖范围的减少而减少。此外，在本地和区域间的绿地覆盖率的影响下，生物多样性能形成不同的空间尺度。换句话说，生物多样性水平或许不仅依赖于当地绿地覆盖率，也有赖于邻近接壤区绿地范围覆盖情况。

因此，瑞特罗斯等人认为，绿地覆盖面积与鸟和植物种类的多样性有关。绿地覆盖面积是由城市中，以所有绿地观察点为圆心，半径100m所围合的圆面积组成，我们发现鸟类的物种丰富程度与此面积成正比。而鸟类的数量最初的增加是因为绿地面积的增大，但最后却随着绿地覆盖面积的增大呈下降趋势。鸟类的数量最初的增加很可能是因为栖息地异质性增加了，因为早期地区城市化造成了栖息地分布不均。反之，植被地区（如森林栖息地）有利于乡土植物生长。绿地覆盖范围和本土植物的丰富程度紧密相关，而和非本土植物的丰富程度的关系曲线则呈驼峰状形式。

城市生物多样性可视为人们品质生活的指南，它能增强人们生理和心理上的幸福感。显然，亲近自然在城市规划中已成为一个热门话题，但对于城市人口亲近自然的真实水平，我们知之甚少。尽管这只是管理机构为了保证人们在城市中能亲近自然而作出的一些引导政策。欧洲环境署（EEA）建议人们应该与绿地保持15分钟步行路程的距离（大于等于900m），欧洲几个小型城市采用了此政策。英国政府认为“生活在城镇的家庭住宅应和绿地保持300m的距离”。此外，人与人之间的亲近度开始显著改变，原本在富裕街区的人们开始迁往离公共绿地更远的街区，迁往相对贫困街区的人们较少，而住在相对富裕街区的人们或许更容易接近花园。

在城市规划方面，人们亲近绿地的方式主要依据绿地的位置和绿地景观。同时，绿地分布不均可能会导致上面所说的社会中人们亲近度的不平衡。因此，城市规划中，合理的空间配置与区分非常重要。例如，2007年12月，长株潭城市群被批准为全国资源节约型和环境友好型社会建设综合配套改革试验区，株洲市的城市发展面临前所未有的契机和挑战。在株洲市的生态环境发展规划中就包括以下五个方面：

（1）构建“一环四楔”的生态空间格局。“一环”即主城区城市环形绿带，“四楔”即渗入主城区东北部的大京—仙庾岭、东南部的漂沙井—花园岭—象石、西南部的雷打石—群丰和西北部的白马垄—九郎山四大放射状楔形绿地，作为城市发展的生态屏障。

（2）执行空间管制。将城市发展区域划分为禁止建设区、限制建设区、城镇建设区，执行严格的城市空间管制，加强对土地利用的控制和引导。

（3）倡导生态文化建设。针对株洲市的实际，建设特色生态文化，以引起共鸣，呼唤人们生态环保意识的建立。

（4）发展循环经济。“两型社会”社会背景下的株洲应主要发展生态安全型工业和构建良性循环的农业生态系统。

（5）采取科学的环境污染整治措施。全面实施城市环境综合整治的“四个工程”，即：实施以大气污染防治为主要内容的“蓝天工程”；以水环境综合整治为主要内容的“碧水工程”；以城市环境噪声污染防治为主要内容的“宁静工程”；以城市保洁为主要内容的“洁净工程”，特别是要重点加强清水塘老工业区的环境整治，按照循环经济理论，优化产业结构调整，改变传统工业流程，使用新型清洁能源。

总之，一个城市中的绿地数量只是衡量生物多样性水平的一个重要方面。因此，如果认为加强栖息地连通性很重要，那么，使城市中植被覆盖面积最大化就应是规划城市生物多样性的重要手段。同样的道理，可以说绿地为人们提供了与大自然充分接触的场所，人们也不应该只是为了保护生物多样性而管理城市绿地。有时候，已经增长的城市密度和此后被分离出来的小片城市绿地或许缓解了别处的景观压力。

人们对绿地的开发和管理缺乏战略思想，长期的不合理措施导致许多地块由于各种原因至今仍然闲置。这就需要制定一个关于绿地规划的临时政策。但是，设计出满足所有使用者需求或者建立一个具备如此标准的绿地，或许就从根本上就无益于生态和社会健康。因此，我们在研究各界与绿地的交互关系时，有必要把地方差异的价值和重要性等微观因素也考虑进去。由于绿地使用和其方式的改变会改变人们与绿地在地理上的距离，在对空间进行战略性规划时，就必须考虑到此点的重要性。考虑到人们的心理健康会随着生物多样性水平的增加而增加，那么在测量城市绿地的同时，势必应把生物多样性的因素考虑进去。在进行城市规划时，解决这些问题是至关重要的，既能增强人们自然体验，同时还保护了生物多样性。

保护城市生物多样性和加强公众健康都建立在深入了解城市居民与自然的相互作用的基础上。我们逐渐认识到，城市绿地是实现其可持续发展建设的价值资源。这些绿地不仅对保护生物多样性有帮助，同样也是城市中人们获益于自然的主要途径。人与城市绿地的相互作用经过双向回馈呈现出惊人的和谐。因此，要实施战略型管理，必须调整生态价值观和人们对城市绿地价值的不健全的认识。由于生态受益和人类受益之间存在着高度协调的关系，因此两者的管理方法也会存在共通性。

第八章 设计尺度心理评价

“设计评价”历来是设计界关注的综合性、系统性问题，回答这个复杂问题，显然要依据多学科的知识和各方面专家的协同参与，方能找出比较科学和令人信服的结果。随着设计管理理论和顾客价值理论的兴起，设计界对消费者满意度导向设计的理念日趋认同，人们对“体验经济”和主观感受指标越来越重视，但主观体验的指标如何变成可操作性，变成设计师的设计元素和导向机制，因此，本章我们主要研究设计尺度的心理评价问题，包括满意度导向的品牌设计、产品设计、广告设计，以及设计心理的眼动评价等。

第一节 品牌设计心理评价

众所周知，成功的品牌是企业在市场竞争中最有力的武器，也是最宝贵的资产。但是品牌有一个建立的过程，在品牌开发之初，它属于制造商或服务提供者，最终根植于品牌与消费者的关系之中。品牌的成长过程就是品牌与消费者之间关系的发展过程。这一关系的发展程度可以从品牌知名度、品牌联想度、品牌美誉度和品牌忠诚度四方面得到体现。“四度”是品牌资产部分的构成要素，也是品牌设计心理评价的要素。它们代表的品牌价值具有层级意义，依次升级，呈金字塔状见图 8-1。针对它们形成和发展的心理机制和评价要素，国内学者袁登华将其大致概括为：

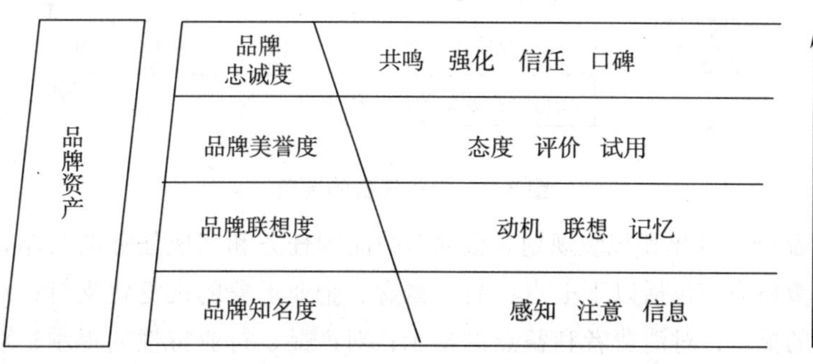

图 8-1 品牌资产要素结构

心理机制：品牌信息→注意→感知→记忆→联想→购买

评价要素：动机→试用→评价→态度→口碑→信任→强化→情感共鸣（忠诚）

下面我们以南京卫岗乳品的品牌规划设计为例，从品牌知名度、品牌联想度、品牌美誉度和品牌忠诚度四方面，谈谈品牌设计的心理评价。

南京卫岗乳品是具有悠久历史的本土品牌，随着消费者消费心理和行为的变化，面对光明、伊利、蒙牛等强势品牌对市场份额的争夺，但是，品牌老化的问题日益突出，品牌形象不鲜明，竞争力有下降的趋势。通过品牌的重新规划和设计，卫岗乳品品牌形象逐渐鲜明，竞争力不断增强。

一、卫岗乳品的品牌策划

1. 品牌形象和概念规划

南京卫岗乳品作为本土品牌，有近100年的历史，其企业精神是“百年事业、亲情卫岗”，新的品牌形象和概念的规划，应该从“奶龄”找到“奶酪”，品牌概念创新——“奶龄”，因此，新的卫岗品牌口号是“新鲜好味、代代相传”。

2. 品牌视觉和包装规划

品牌视觉和包装规划的步骤：①发现问题和确定品牌任务、策略；②提出解决的方案，以及品牌视觉包装策略与表现；③后续工作的展开和传播建议。

（1）新的品牌任务：传承、落实、转化和提升品牌精神——“新鲜好味，代代相传”。

因此，完成任务的策略包括：①传承情感化的品牌形象，明确说什么（Say what）；②落实产品的利益支持点，确定怎么去说（How to say）；③提升品牌，品牌视觉的重新策划，知道怎么去展示（How to show）（见图8-2）。

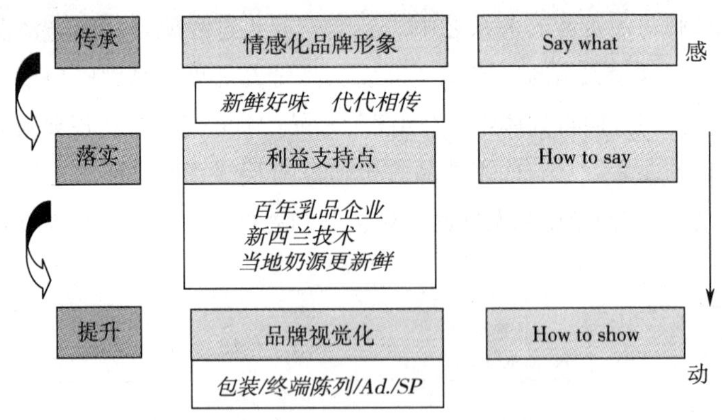

图8-2　完成任务的策略

（2）品牌视觉化和包装规划。根据新的品牌任务和完成任务的策略，可以确定新包装策略应该包括以下七点：品牌概念、企业形象的视觉化支持；对产品功能、原料的提示；对消费者利益点的提示；对产品、行业特性的提示；对消费者视觉的吸引力、卖场区隔性；系列性、统一性视觉规划；独特视觉符号的贯彻使用。

品牌视觉化和包装规划的具体实施步骤如下：

1）吸引。品牌视觉设计和终端展示的效果突出整体感、冲击力和个性（见图8-3）。

图8-3　终端展示的效果

2）引发兴趣。突出品牌和产品名称的同时，视觉设计充分强调新包装利益点支持（见图8-4～图8-6）

图8-4　品牌和产品名称的视觉化

图8-5　品牌利益点的视觉化

图8-6 产品利益点的视觉化

3. 品牌传播和市场推广

（1）终端展示。

1）隔板：将超市/卖场的大型冰柜中多品牌奶品区隔出独立的卫岗乳品区域。

2）健康形象立牌（等高）：在货架/冰柜旁，树立等人高的健康形象立牌（见图8-7）。

图8-7 健康形象立牌

3）冰柜、奶屋：根据奶品的特性制作专门的冰柜、奶屋（见图8-8）。

4）弹簧贴：突出设置（见图8-9）。

5）堆头、盒子、压纸：增加品牌宣传的外立面。

（2）推广活动。品牌概念从“感知”到“体验”；不断进行实效销售（见图8-10）。

图 8-8 冰柜和奶屋设计

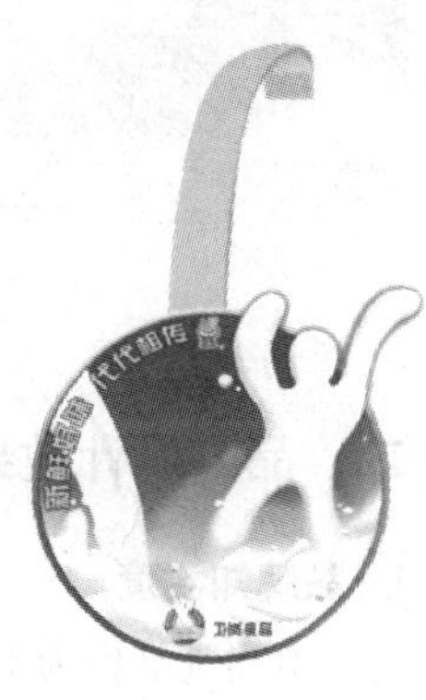

图 8-9 弹簧贴

图 8-10 时机促销

（3）广告策划。活化奶人形象，多角度诠释卫岗品牌；落实品牌利益支持点（见图 8-11）。

图 8-11 上市海报

二、品牌设计效果评价

1. 品牌知名度

南京卫岗乳品作为本土品牌，有近 100 年的历史，其企业精神是“百年事业、亲情卫岗”，面对南京市场，具有较高的知名度。

2. 品牌联想度

新的品牌形象和概念的规划（见图 8-12）。

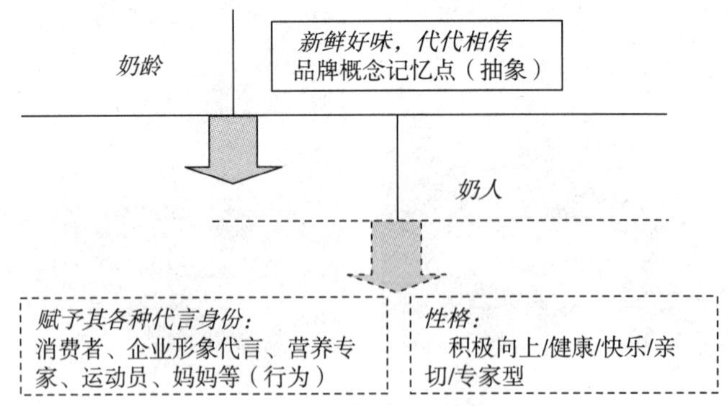

图 8-12 品牌视觉形象规划

（1）从“奶龄”找到“奶酪”，品牌概念创新推出“奶龄”的概念，又由“奶龄”的概念提出新的卫岗品牌口号是“新鲜好味、代代相传”。

（2）如何把“新鲜好味、代代相传”的抽象品牌概念记忆点，转化为视觉化的形象是整个设计的关键。这里，设计师推出“奶人”的概念和形象，非常符合“新鲜好味、代代相传”的品牌概念，同时也与其他竞争品牌也有非常鲜明的区别。

（3）根据品牌概念，赋予“奶人”特有的身份和性格：

1）赋予其各种代言身份，利用消费者、企业形象代言、营养专家、运动员和妈妈等的行为方式，暗示其主要的消费群体。

2）明确其性格特征，如积极向上、健康、快乐、亲切和专家型的等，彰显“新鲜好味、代代相传”的品牌概念。

3. 品牌美誉度

比较竞争品牌，伊利和蒙牛强调“奶源好”，光明强调“牛好”，它们的品牌视觉形象都为奶牛形象，它们突出的核心利益点是原料利益；而卫岗则强调的是人好，视觉形象为“奶人”，突出的核心利益是使用利益。从这些年奶制品的卫生和质量上看，“人”的因素是最关键的因素，由此卫岗乳业的品牌美誉度得到了大幅提升（见图8-13）。

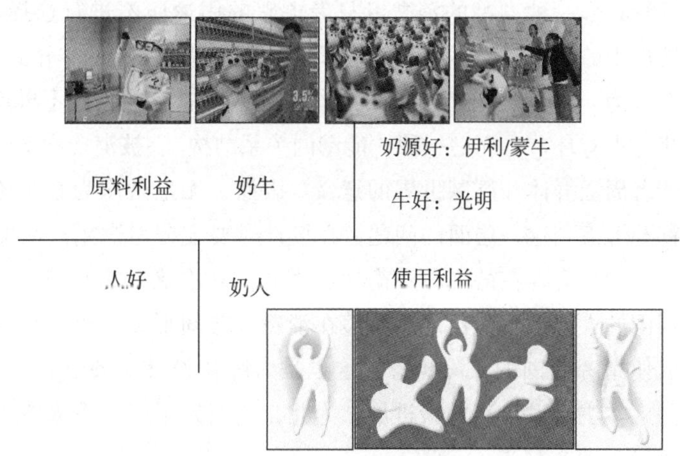

图8-13　比较竞争品牌视觉形象规划

4. 品牌忠诚度

经过品牌传播和市场推广活动，卫岗乳业的品牌形象在消费者中广泛传播，并初步形成新的品牌忠诚：

（1）顾客重复购买次数增加。由于卫岗乳业的零售终端广布（超市、销售点），通过送货上门等营销方式，增加产品的曝光频率和顾客购买次数。尤其是南京市的老年人与家庭主妇，经过与其他乳制品的比较，对卫岗乳制品的忠诚度不断提高，购物选择的时间大大缩短。

（2）顾客对竞争产品的态度。在乳制品市场中，竞争是比较激烈的，光明、伊利、蒙牛等品牌具有很强的竞争力。正确的品牌策划、设计和实施战略使顾客对卫岗品牌与设计理念产生了浓厚的兴趣，对本地的品牌更具有好感和偏好，这也使卫岗乳业能够在强手如林的市场中独树一帜。

(3) 顾客对产品质量问题的态度。卫岗品牌在顾客中的声誉较好，因此，即使出现一些产品质量问题，顾客最终还是会以宽容的态度对待，而且，卫岗乳业也以非常严肃的态度对待此类问题，并且能够以非常快的速度给顾客以满意的答复。这种对待问题的策略也使顾客相信，企业会更加严格地进行管理，避免此类问题的发生。

第二节　产品设计心理评价

商品在真正进行使用时是脱离厂家和商家控制的，此时的产品往往会形成消费者之间的一种互动关系，形成消费者之间一种最直接的接触和沟通。此时产品最大的功能是它的媒介作用，由这种媒介产生了一种新的人际认知和人际交往，这种新的人际关系往往能代表一种新的生活方式。如果在产品设计定位这个重要的环节上，企业与消费者不能很好地进行沟通，将会大大降低消费者的满意度，而使整个产品的运作功亏一篑，进而影响到以后的销售状况。

如今，已没有哪一种商品的消费者只考虑它的用途而不进行选择就被购买。商品的功能性作用的重要性正逐步下降，而非功能性因素所起的作用正逐步上升。让·鲍德里亚认为，“消费”有着它特定的含义，现代社会的消费不再是与生产相对应的商品流通占有环节，而是一种“能动的关系结构”，被消费的不仅是物品本身，还有消费者周围群体和周围世界的意义。因而，无论是作为企业还是作为一名设计师，都要考虑到这一层面的问题，在设计时要充分考虑到产品的非物质功能。产品作为一种社会存在的客体和沟通的媒介，它不仅影响到使用者，更会影响到使用者周围的人和世界。让产品能够在消费者之间形成一种积极、良性的互动关系，形成使用者周围的人际满意，这也是人际化设计所要真正关注的问题。人际化设计是人本主义设计观的新进展，为此，我们先了解一下人本主义设计观的内涵和外延（见图8-14）。

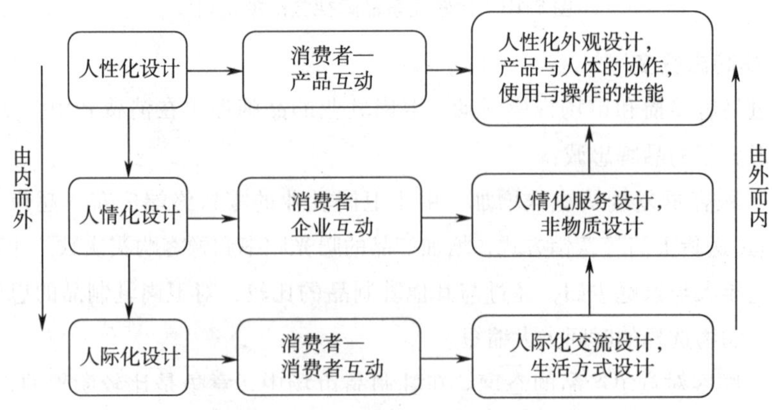

图8-14　人本主义设计观的内涵和外延

人际化设计观念实际上是人本主义设计观的一种体现。它是人性化设计的一种延续和发展，与人情化设计一起，由内而外共同组成了人本主义设计观的三个层次。在人性化设计中，作为设计师主要考虑的是产品的外形、机能与人的协调关系，主要评价的是产品的宜人性，其理论依托主要是人机工程学。在人情化设计中，要求企业和商家提供的服务要充满人情味，处处为消费者提供方便，以达到双赢的目的，最终实现消费者忠诚。在人情化服务设计中所提供的产品不是实物化的产品，而是一种非物质化的"服务产品"。而在人际化设计中，要求设计师要优先考虑消费者群体内和群体间的互动关系，以及消费者的沟通途径和方式、兴趣点等；还要评价产品是否能带来消费者之间的互动，产生的互动是积极的还是消极的，这种互动关系是新型的还是旧式的？所以它设计的不是具体的产品形态，而是一种生活方式。

一、产品色彩情感的评价

在现代产品设计中，色彩往往联系着人与产品之间的情感，通过情感的语言传递信息、蕴神寓意，让人产生情感的共鸣与变化而形成深刻的印象。英国著名心理学家格列高里认为，"颜色知觉对于我们人类具有极其重要的意义——它是视觉审美的核心，深刻地影响我们的情绪状态。"

产品的色彩作为一种情感的设计语言，能唤起人的各种情绪，表达一定的感情，甚至会影响到人们正常的生理感受。在产品设计中，色彩与形态恰到好处的配合，结合各种材料和新技术，就能给消费者带来独特的视觉享受及心理上的全新体验，同时还会产生出许多意想不到的美妙结果。尤其在小型家用产品的设计中，这种多样化的色彩被更多地运用。例如，斯沃琪 2009 新款腕表（见图 8-15）的设计，将丰富多变的色彩、夸张的造型、精致珍贵的材质以及精巧别致的饰物完美地融合在一起，使产品随处散发着优雅与活力，难以抗拒的创意魅力尽在不言中。设计师把手表的目的由计时转变为情感，通过鲜艳的色彩，令人振奋的信息，夸张而具有艺术的造型，带给人们今天和明天的梦想，在设计与信息的融合中，不知不觉地满足了人们的情感需要。

图 8-15　斯沃琪 2009 新款腕表

色彩就像一种语言可以传达给消费者细微的情感，这种情感可以是兴奋、愤怒、喜悦、恐惧，也可以是非常细微的心理变化，细微复杂程度让我们无法用语言形容。产品的色彩情感语言与感性设计相配合，不仅体现在悠闲的生活中，给人们的生活增添了情趣，而且通过与形态和材质的结合，带给人们独特的情感体验，把它特有的魅力表现在其味觉的能力上。德国 KAHLA 瓷器公司的时髦（up-date）系列餐具（见图 8-16），产品都可以被叠放和连接，就像积木一样，可以随意地组合，盖子可以当做侧碟使用，而水壶和碗可以作为装饰品被放在浴室和橱柜里。时髦系列餐具为在外就餐的人们提供了与众不同的生活体验，用五彩缤纷的色彩，创造出自然清新的画面，有一种与自然的融合感，即使在郊外也能让人们感受到潮流的气息。

图 8-16　KAHLA 时尚系列餐具

在产品设计中，色彩的定向往往反映着潮流的方向，产品色彩搭配的多样化反映了产品需求的多样化，是消费者实现自我个性需求的具体体现。不同的色彩搭配可以使同一产品表现出不同的特质，从情感上满足不同消费者的需求，而对于设计师来说，产品设计的目的始终是“以人为本”的设计，必须把满足人们内心深处的情感作为产品色彩设计的一个重要因素，实现产品设计中色彩情感的表达。

二、产品形态情感的评价

产品的形态通过产品的性能、使用和特质等功能与消费者产生对话，起着传情达意的功能。产品形态的性格如同人的性格一样多姿多彩。在产品形态设计中，产品形态有时给人可爱的感觉，有时又以严肃的形态出现；有的是强壮的体格中透出豪迈的气质，有的则表现出女性纤细窈窕的体格，呈现出小巧玲珑的气质；有的表现出拒人千里的冷酷，有的则给人以邻家小妹的亲切感；有的传递着具象的生命力，有的则呈现出抽象的美感等。

设计师与消费者情感的共鸣是产品成为商品的基础。因此，设计师必须通过产品独特的形态设计和消费者进行沟通，让自身的情感和消费者的情感产生共鸣，用自己的灵性冲动实现产品形态的传达，通过产品外观形态刺激获得某种情绪感受，满足其特定的感情需要。在科技高速发展的今天，消费者对产品的精神追求日益突出，而产品形态设计成功的关键是产品与消费者的内心和情感必须非常的一致。消费者在使用产品过程中，不仅可以满足自己的物质需求，还可以通过产品形态设计满足审美和精神生活的需求。

由富通慧（北京）科技有限公司设计的 OU-FS8 音乐小机器人（见图 8-17）的核心就是围绕着生命的存在以及情感的表达而设计的。设计师把 OU 设计成大眼睛、大脑袋、小胳膊小腿的可爱形态，胖乎乎歪着头静静地看着你。当人们烦闷的时候，一个不经意地触动，OU 便会伴随着音乐缓缓起舞，在节奏、灯光等多种手段的配合下，自由地表达出不同的情感，塑造不同人的性格和形象，展示无数复杂的心境和情感的冲突，带给人们富有生命力的情感传递，激发了人们无限的关爱。在整件产品的设计中，无不体现出产品形态的对称平衡、分割与比例的结构美感。

图 8-17　OU-FS8 音乐小机器人

三、产品材料情感的评价

材料的表情是一种审美情感，这种表情特征注入产品后，就像镶在产品上的微笑，触动着人类将其纳入相应的表情氛围与情感环境之中。材料的表情通过知觉赋予材料的情感体验，将视觉物质材料的形状与人的情感体验相对应。当材质展露出它的表情时，也就和人之间有了一种情感沟通，不知不觉地在人们心中留下了一个故事。

如图 8-18 所示的妈妈的宝贝，是由法国艺术家玛迪厄·曼区设计的插座。该插座材料的使用打破了传统材料的设计理念，充分发挥其独到的鉴赏力，采用了替代肉体的假肢材料，而这种材料的应用一般用于弥补损坏或失去的人体部件。设计师运用充满生命的材料将插座处理得具有人的肉体肌理，使其看起来就好像是一个刚从妈妈肚子里出来的婴儿，唤醒了一种关于细胞分裂生殖的有机图景。

材料是一种能够触摸到人的心灵的语言。通过它自身的质感，如色彩、纹理、结构、光泽和质地等特点表现出独特的美，不仅传递着和谐与自然的力量，更能够代表着一种关爱和一份祝愿。人们通过视觉和触觉，感知和联想来体验其带来的别样情感。例如，著名松下设计公司设计的凝胶遥控器（见图 8-19），充分说明了设计可能性的广度已经扩展到了人们意想不到的领域。设计师采用硅胶作为设计材料，打开遥控器开关，遥控器好像从睡梦中苏醒过来，肚子随着呼吸一起一伏。当有人要取用它时，传感器即刻感觉到手的接近，遥控器通体发亮，继而变硬，为便于使用而准确地调节到完美的硬度，关上后遥控器便会瘫软下来，看上去就像睡着了一般。虽然此设计目前只是一个概念模型，但是设计师设计的目的不是遥控器吸引人的外观、按钮的分布或标志的位置，而是通过材料的触摸方式传达给人们的特殊体验。

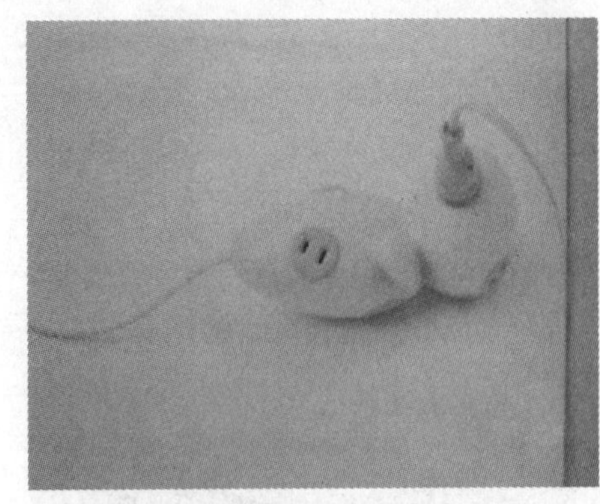
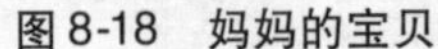
图 8-18　妈妈的宝贝

图 8-19　凝胶遥控器

第三节　广告设计心理评价

面对接受个体的无意识状态，广告创作人员必须使出浑身解数来吸引个体的无意注意，此时情感诉求信息能有效引起受众无意注意的效用便得以彰显。本节对广告设计感性诉求的情感价值进行评价，主要包括情感价值的评价原则和情感价值的评价尺度两个部分。

一、情感价值的评价原则

澳大利亚莫纳什大学教授马克斯·萨瑟兰（Max Sutherland）博士于1993年出版了著作《广告与消费者心理》（Advertising and the Mind of the Consumer），该书被马克韦尔大学的斯坦·格拉教授评价为"心理学与实践的完美结合。它破译了广告'巫术'之谜，浅显易懂，是应用心理学的杰出案例。"而新南威尔士大学的约翰·罗斯特教授则认为："此书使经理及商业人士更深层次地思考广告与消费者的关系，并为广告发布商提供行之有效的建议。"其实，该书最成功之处在于，把人们关注广告整体效果的眼光，引导向人们通常忽略的单次广告暴露在消费者心理所引起的"羽毛效应"。因此，探索情感价值对个体的心理效应产生的评价原则成为设计师关注的重点。

1. 诉求是否符合"情"的需求

在一个商品极大丰富、受众神经麻木的世界里，为了避免受众对广告狂轰滥炸的排斥和反感，一则好的商业广告会通过艺术塑造品牌形象，增加产品宣传的可接受性，诱发受众的购买欲望。广告设计用美学手段树立品牌在两个纬度上进行：一是通过广告设计与受众的情感关联，赋予产品以精神内涵；二是通过广告设计风格和意向的视觉形式，塑造品牌与众不同的外观。这两个纬度上的作用又是同时存在，相辅相成的。广告设计情感内涵是消费者对广告外观进行感知、记忆的重要心理因素，而独特的品牌外观又是创设品牌情感内涵的方法之一，外观以视觉的形式表达内涵，二者共同构成了品牌形象。

因此，广告的情感诉求过程中，应该处处以人为中心，关注和尊重芸芸众生在社会生活中的丰富多彩的情态，体现人的感情，契合人的道德规范，深刻挖掘和弘扬社会大众的普遍而规范的人性，这样才能充分增强广告面向大众的亲和力和恒久力，进而最大限度地强化广告的诉求效果。在加强道德建设的今天，为了促进社会的和谐发展，加强社会公益事业的情感诉求，是贯穿人文关怀精神的重要任务（见图8-20）。

图8-20　人性化广告设计

同时，诉求的重点在是否体现人与自然和谐相处的关系，这也是情感价值评价的重要方面。例如，以下是几幅广告分别表现保护动物、环境污染、呼吁人类停止破坏树木与乱砍滥伐现象，其创意诉求发人深省（见图8-21）。

图8-21　公益广告

人文关怀的核心是以人为本，既关注人的现实生存状况、疾苦、哀乐、精神欲求、思想感情，又重视个体及族类的全面发展，重视提升人的精神生活和道德境界，弘扬真善美，鞭挞假恶丑，呼唤重视人的价值和尊严，提高人的物质生活，改善人的情感生活，完善人的道德情操，从而达到人与自然、人与社会的和谐。

（1）能否把握人性的基本点，抓住消费者的情感。感性诉求的情感价值要从消费者的心理需要出发，从消费者的利益着想，把产品与消费者的需要紧密联系，以充满情感的语言、形象作用于消费者的兴奋点。因为消费者的需求决定着其心理活动的方向和结果，而且消费者的需求是情绪、情感产生的直接基础，客观刺激必须以消费者的需求为中介才能发挥其决定作用。所以紧紧围绕消费者的情感需要进行诉求，才能产生巨大的感染力和影响力，取得良好的促销效果。例如，利用很不起眼的土豆，对其注入深深的情感诉求，因为在第二次世界大战结束后，处于饥饿的德国人奇迹般地发现从美国引进的土豆经过 20 天的种植就可以食用，是土豆救活了德意志民族。正是由于这段特殊的历史，使土豆在德国成为能够让大众心灵感应的种植文化、储存文化、烹饪和交流的文化，由此引发了兰堡的一系列土豆文化作品（见图 8-22）。

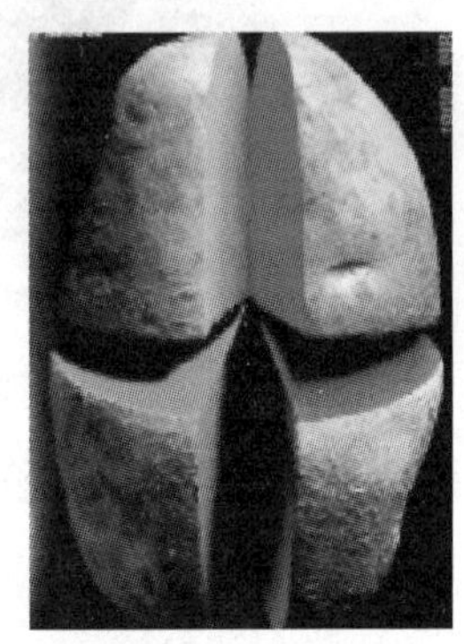

图 8-22　兰堡的一系列土豆文化作品

因此，如果企业想要成功的运作一个广告，就要善于挖掘人性的最深层面，满足人们心灵深处的渴求与祈盼。因此它是尊重人类自身价值的一种诉求。按广告心理学的分析，情绪是同有机体生理需要相联系的体验，而情感是与人类社会历史进程所产生的社会性需要相联系的体验。

（2）能否营造受众向往的氛围，与受众进行心灵对话。美国文艺心理学家阿恩海姆认为，艺术创造的基础是对对象的表现性的知觉，他说："我们必须认识到，那推动我们自己的情感活动起来的动力，与那些作用于整个宇宙的普遍性的力，实际上是同一种力。"所以，在现代广告中，企业要把受众向往的很难拥有的东西融入到广告中去。广告只有以情动人，才会有强烈的感召力，从而使消费者产生身临其境并与之心灵对话的境界，使消费者产生情感上的共鸣，进而唤起消费者潜意识的欲求。我国台湾的中华汽车运用情感广告，试图把人们对商用车的联想转为家用车的概念，调查中发现，100 个台北人中 90% 以上不是土生土长的台北人，他们一定忘不了家乡青青的草香，忘不了泥泞乡间的小河，而那时父亲背着孩子下山看病的事情时有发生，于是一句"阿爸的肩膀是我的第一部车"的广告语扣住了为人子女的思亲心弦，画面中的老屋、旧街又勾起了无数游子的年少往事。广告因而取得了极大的成功，成为大家心中家用车的代表。

（3）能否增加产品的心理附加值。本来作为物质形态的产品与服务，是不具备心理附加值的功能的，但是通过广告的包装与宣传，会给产品人为地赋予这种附加值，甚至使该产品成为某种意义或形象的象征。广告与纯艺术不同，无论是商业或公益性广告都是一种带有实际功利性的传播活动，这种影响主要体现创意带给消费者的需要的预期或超预期的满足。满足需要是广告魅力产生和发挥作用的心理基础，在广告传播过程中，创意的魅力主要来自对人的认知、情感、审美等方面的心理需要的预期或超预期的满足。产品的质量是基础，附加值是超值，购买这类商品时可以获得物质上和精神上的双重满足。人类的需要具有多重性，既有物质性需要，也有精神性需要，并且这两类需要常处于交融状态。一方面，物质需要的满足可以带来精神上的愉悦；另一方面，精神上的满足又可以强化物质需要的满足，甚至会代替物质需要的满足。所以消费者在进行购物时，如果能够得到双份的满足，心理的天平自然会向这类商品倾斜。比如，阿玛尼就是有品位的男子的象征，奔驰就是成功的标志，劳斯莱斯就是身份的象征。

2. 诉求是否注重“情”的传播

简单地说，情就是人的思想感情。俗话说，“天老情难老”，情感是人类永远不老的话题，以情感为诉求对象来寻求广告创意，是当今广告发展的主要趋势。现代消费者的消费意识日益成熟，广告创作人员只有在广告创意中融入浓浓的情感因素，让消费者觉得自身是作为事件的参与者、感染者，才能达到彼此心灵的沟通和灵魂的对话，真切地和消费者交流，才会让广告具有无限的生命力和生机，也最终才会实现消费者消费行为的目的。那么，在现代广告创意中，如何在商品和消费者之间“展开一段长久真挚的友情”，又如何进行这种情感性的传播呢？人的情感可从以下几个方面来分析：

（1）能否在广告设计中注入民族情。民族情是一个人对自己的民族所寄予的一种深深的满腔热情。从传统文化影响艺术创作的角度来讲，任何偏离本民族文化精神底蕴的艺术都只能是苍白的和没有灵魂的。人们也期盼着充满人情味的广告佳作，呼唤沉积在社会文化深处的民族情结和精神需求（见图8-23）。

图8-23　民族情广告

（2）能否在广告设计中注入朋友情。在广告设计中的情感价值体现出的友情方面也十分重要。如果一则广告未能挖掘产品深层的文化意义，未能表现消费者寄予产品的情感因素，这种广告表现很难引起人们的共鸣。

（3）能否在广告设计中注入亲情。在人类感情世界中，亲情是一种最无私、最诚挚的感情。它的诉求范围更广，是伴随人们一生的感情，可以是广告对任何年龄段的消费者的诉求重点。如果在广告

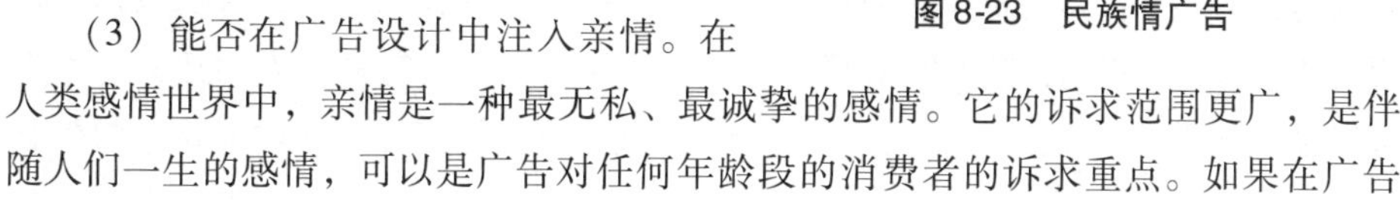

的文案中阐述了“爱”的含义，那么企业就在销售商品的同时，为消费者与亲人进行情感交流搭桥。如果广告以亲情作为诉求对象，必将产生感人肺腑的力量。广告创作人员若能抓住商品与家庭间的或多或少的联系，在广告中淋漓尽致地展现家庭情愫，同样可以引起人们的共鸣和认同，达到其预期的效果。

（4）能否在广告设计中注入爱情。爱情几乎是各种文艺形式最为永恒的主题，广告创意，虽然带有商业成分，但它仍然是文学的一种存在形式，自然也就属于文艺的范畴。表明对于爱情的态度，期待共鸣，或是体现爱情中的相互感觉是广告创意中屡试屡爽的表现手法。

情感诉求在广告中的应用应该是有感而发、水到渠成的，是一种真情流露，广告创作人员不应生搬硬套，为了达到自己的目的，而无病呻吟，不该抒情的时候乱抒情，不该感慨的时候乱感慨，结果既让受众看了很不自然，也损坏了产品的品牌形象。

二、情感价值的评价尺度

1. 主观尺度

感性诉求的情感价值广告通常不包含有关商品特征方面的信息，但却更加注重广告的制作和表现。情感广告从头到尾不提及商品质量、特点，而是用声、色、形等各种手段一次又一次地刺激受众的主观视觉、听觉，使之动情。

（1）视觉、听觉刺激。根据现代信息论的含义，广告信息由三方面组成：①语义信息——广告主形象、产品信息与消费信息、公共事务、活动和服务；②符号信息——广告视觉、听觉传达设计的艺术语言符号，包括动作符号、图形符号、文字符号、音乐符号等综合符号；③表现信息——广告视觉、听觉传达的内在情感和思想内涵。由语义信息、符号信息、表现信息三方面组成的广告信息是个矛盾的整体，它们相互作用，彼此影响，组成整体的感知结构。

感性诉求的情感价值广告尤其凸现广告的符号信息功能和广告的表现信息功能，运用具有强烈刺激效果和具有原创性的视、听符号信息吸引受众主观注意，激发受众对广告的兴趣，引导受众了解语义信息，强化受众对广告的记忆。同时，简洁、冲击力强的视、听符号信息具有美化社会环境，给人以高尚、优美、诙谐、幽默、奇特、轻松、恢弘、健康等艺术享受的审美功能。感性诉求的情感价值广告的表现信息功能在符号信息的成功刺激基础上得以展示，以情动人，使受众增加对广告和商品的好感，提高广告品位。感性诉求的情感价值广告通过独特的视、听符号信息和使人倍感亲切的表现信息给人以强烈的吸引力、震撼力，达到“先入为主”的效果，留下同类广告难以匹敌的难忘印象。

（2）独特利益点的迎合。主观注意虽然主要是由外界刺激物所引起的，但人本身的状态也是引起主观注意的重要原因。同样的一些客观事物，由于感知它们的人的本身状态不同，就可能引起一些人的注意而引不起另一些人的注意。人本身的状态包括人的需要和兴趣，人的情绪状态和精神状态等。一切事物，如果它们跟满足需要（不论是机体的、物质的需要或者是精神、文化的需要）有关，如果它们跟人的兴趣相符合，如果人对它们持有积极的、特别是有感情的态度，那么，这些事物就很容易成为主观注意的对象。因此，感性诉求的情感价值广告除利用刺激性广告元素作用于受众的视觉、听觉外，还注重感性诉求的情感价值信息与受众独特利益点的迎合。凡是能满足受众精神、文化需要或符合其兴趣的情感广告，都能使受众产生肯定的或积极的主观体验。

2. 客观尺度

（1）诱发受众对诉求信息的好感。社会心理学中的认知一致性理论分许多具体的模式或学说，其中弗里茨·海德在1946年和1958年提出的认知平衡理论对分析个体受众接受感性诉求的情感价值信息的心理态度变化有着重要意义。认知平衡理论认为，在日常生活中，人们总是倾向于建立和保持一种有秩序、有联系、符合逻辑的认知状态，也就是说，力求保持自己的认知体系处于平衡状态。所谓平衡状态，则是表示这样一种情境："在这种情境中，被知觉的单位和情绪无应激地共同存在着，因此，不论对认知组织的变化还是情绪表现的变化都没有压力。"根据认知平衡理论，当个体认知体系处于不平衡状态时，也就是被知觉的单位与心理定势不一致时，会产生心理上的压力、焦虑或痛苦。这种压力、焦虑或痛苦的体验将会驱使个体改变其认知体系，使其重新达到平衡，从而消除心理上的压力等。相反，当被知觉信息与知觉主体的心理定势一致时，即知觉主体的认知体系处于平衡状态时，知觉主体的感情关系（态度关系）就处于正向，会对知觉信息表示出喜欢、爱、赞成、尊重、褒奖等评价。

感性诉求的情感价值广告信息由于与个体受众的知觉定势保持着高度的一致性，这样的一致性势必诱发个体受众对诉求信息产生正向的好感。明代祝允明在《送蔡子华还关中原》说，"身与事物接而境生，境与身接而情生。"感性诉求的情感价值信息取材于广告受众所熟悉的文化最深厚的情感积淀中，让受众从中倾注和咀嚼自己的情感，并在主客体交融的审美情境中形成自己独特的情感体验，从而对广告产生精神层面的好感。

（2）高好感度广告从客观上使受众产生深刻记忆。记忆与感知觉不同，感知觉是人对当前直觉作用于感官的事物的认知，相当于信息的输入，而记忆是人脑对外界输入信息进行编码、存储和提取的过程。人们感知过的事情，思考过的问题，体验过的情感或从事过的活动，都会在头脑中留下不同程度的印象，其中有一部分作为经验能保留相当长的时间，在一定条件下还能恢复，这就是记忆。现代心理学认为，只有经过编码的信息才能记住。但是，人们对外界信息的接收并不是全盘接受，是有选择性的，只有那些对人们的生活具有意义的事物，让人们产生好感的信息才容易被有意识地进行记忆。个体受众对感性诉求的情感价值广告的好感程度与受众对广告的记忆程度通常成正比。

3. 情感拓展尺度

（1）记忆度广告使受众情感拓展。情感拓展是审美活动中的一种情感移置现象。具体来说，就是主体在对客观事物进行审美观照时，把自己的情感、意志、心境、移注到对象中去，使对象获得生命和意义。美学上把这种情感移置现象称做情感拓展或情感拓展作用。情感拓展在审美活动中是极为普遍的，有对物的情感拓展，也有对人的情感拓展。广告受众对高记忆度感性诉求的情感价值广告的情感拓展属于前者，广告受众将自己的主观情感和情趣赋予无生命、无感觉、无意识的广告客体，使之人格化、意义化。

我们不仅可以用情感拓展作用中的“审美同情说”来分析受众对高记忆度广告的情感拓展心理，还可以用情感拓展作用中的“心境说”解释此现象。心境是使人的所有其他情绪体验都染上某种色彩的、比较持久的一种情绪状态。它具有弥散性和相对持久性。当一个人心境愉快时，他倾向于以肯定的眼光看他所看到的一切；反之亦然。感性诉求的情感价值信息与受众知觉定势的一致性诱发了受众的好感，也就是诱发了一种肯定、愉悦的心境。这样的心境状态势必影响受众对此情感广告的喜好程度，个体受众的愉悦之情必然移注于广告客体。所以，高记忆度感性诉求的情感价值广告使受众情感得以拓展。

（2）情感转化激发受众对广告品牌的信任。广告态度影响品牌态度。一项调查发现，同既不喜欢也不讨厌某个电视广告的受众相比，那些喜欢、欣赏该电视广告的受众对广告品牌的接受率比前者高出两倍。此研究表明，受众的广告态度将直接影响广告效果。个体受众积极的情感转化表明他们对此情感广告持有良好的广告态度，那么此态度容易激发个体受众对广告品牌的高度信任。

感性诉求的情感价值广告通过经典条件反射作用，将个体受众对广告的肯定、愉悦之情与广告品牌联系起来，从而影响受众的品牌态度。因此，具有人物、场景、音乐、广告词等元素的感性诉求的情感价值广告表示无条件刺激，情感广告所要激发的个体受众肯定的、愉悦的情感就是无条件反应，而广告品牌或品牌使用场景被视做条件刺激。由于广告品牌或品牌使用场景这一条件刺激的表现必须借助广告元素符号来承载，所以从此意义上说，广告品牌或品牌使用场景这一条件刺激与感性诉求的情感价值广告本身这一无条件刺激总是出现在同一时空里，也就是二者有规律地联系起来。此广告经过若干次重复之后，就会产生经典条件反应。在没有感性诉求的情感价值广告的刺激之下，受众一看到该广告品牌或使用该品牌商品时就能产生接受情感广告时的情感反应，对广告的肯定、愉悦之情也就转化为对品牌的信任之情。

第四节　设计心理的眼动评价

眼睛是心灵的窗口，透过这个窗口我们可以探究人的许多心理活动的规律。人类的信息加工在很大程度上依赖于视觉，来自外界的信息约有80%～90%是通过人的眼睛获得的。因此对于“人是如何看事物”的科学研究一直没有间断过。关于这一点，对于眼球运动（以下称“眼动”）的研究被认为是视觉信息加工研究中最有效的手段。研究表明，眼动的各种模式一直与人的心理变化相关联。近年来，一些精密地测量眼动规律的仪器（以下称“眼动仪”）相继问世，为心理学的实验研究提供了新的有效的工具。这使心理实验的客观性、科学性又向前迈进了重要的一步。

一、眼动研究的发展

近年来，随着国内一批“眼动仪实验室”的建成，眼动心理学的实验研究成为国内实验心理学的一个新热点。目前，心理学中的眼动实验研究主要集中在阅读和图形认知方面，就设计心理研究领域来说，研究最多的还是图形认知的眼动特征（见图 8-24）。

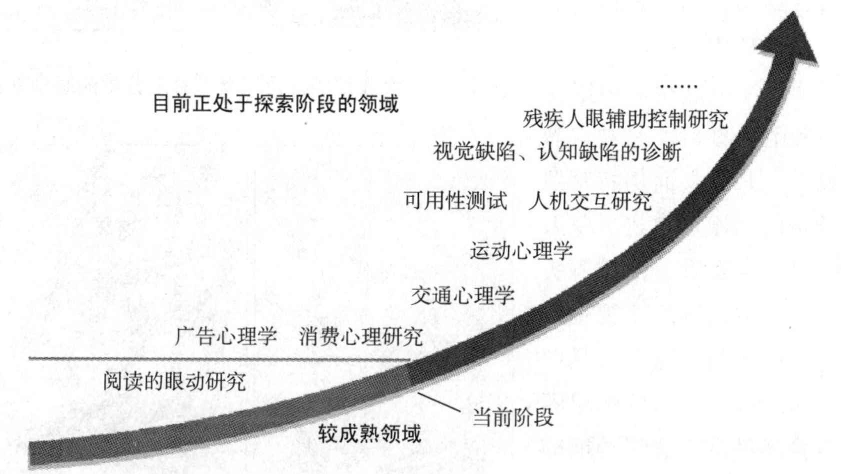

图 8-24　眼动实验研究的成熟领域和探索领域

图形又称形，是指物体的形状、图画、图表和符号等。这里的图形认知的眼动研究主要是指图画观看和模式识别中的眼动特征研究。关于这方面的研究已经积累了一些基本的数据：①人在图画观看和模式识别中，眼动平均注视时间为 300～350ms，比阅读的注视时间长；②人在观看简笔画时，眼动注视持续时间的范围是 125～1 000ms，注视时间的分布为偏态分布，大多数注视时间少于 333ms；③人在观看图画时的眼跳距离为 3. 5°（大约 15～16 个字符空间），这比阅读时的长（大约 2°）；④人在图画观看和模式识别中，有 85% 的时间眼动被用于注视。

人在观看一幅图画时，眼睛先看什么地方、后看什么地方、眼动轨迹怎样、图画内容与眼动有何关系等，一直是图画观看研究的重要课题。

1. 眼动与图画观看的信息量

博斯韦尔（Buswell）认为，人在观看图画时，大部分注视点都集中在感兴趣的区域上。他在实验中要求被试者观看一幅教堂的图画，并记录其眼动。结果表明，他们的眼动轨迹与教堂的圆柱和拱形结构基本吻合。

麦克沃茨（Mackworth）和莫然迪（Morandi）在一项研究中，首先把一幅图画分割成大小相等的若干小块；其次一一呈现给被试者，让他们评定每块图画所含信息量的大小；最后则让另一组被试者看这幅完整的图画，同时记录其眼动。

结果显示，眼睛注视的位置大都集中在被评为信息量大的区域。马克沃茨的研究还证明，被试者对信息量大的区域注视时间早，注视次数多，注视持续时间长。亚巴斯（Yarbus）在一项实验中，记录被试者观看表现人物群像的图画时的眼动轨迹，结果表明：人脸是被注视最多的地方。在观看人脸时，眼动的注视点相对集中在眼睛和嘴上。图 8-25 是被试者自由观看一张少女面部特写照片三分钟时的眼动轨迹。令人惊奇的是，当观看一幅雄狮头部图片时，被试者的注视也集中在狮子的眼睛和嘴上（见图 8-26）。亚巴斯认为，人的眼睛和嘴是脸部最富于表情功能的部位，信息量大，所以被注视的次数较多。

图 8-25　少女面部照片及观看照片三分钟的眼动轨迹

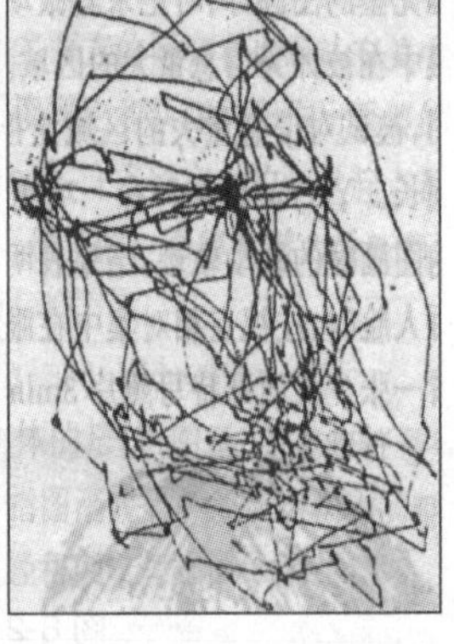

图 8-26　雄狮头部照片及观看照片时的眼动轨迹

2. 图画观看与扫描轨迹

诺顿（Noton）和思塔克（Stark）提出了一个视觉模式知觉理论，认为模式特征的加工是一个系列过程，具有固定的顺序性。第一次注视这个刺激与再认这个刺激的顺序相同。他们的实验显示，当被试者观看图画时，眼睛常按一个固定的路线间歇地、重复地去扫描，从而形成了一个系列扫描路线。

不同被试者对同一幅图画的扫描路线不同；同一被试者观看不同图画时的扫描路线也不同。后来诺顿和思塔克又提出了“特征环”的概念。他们认为，当被试者第一次看一个物体用眼睛扫描它时，会形成一个固定的扫描路线，即建立了一个特征环的记忆。当他随后再见到同一物体时，就会利用记忆中对该物体的内部表征去与它匹配，从而达到再认。他们用实验验证了这个观点。结果表明，在学习阶段被试者看图画时，明显地表现出固定的扫描路线。在再认阶段，被试者看图画时的眼动轨迹与学习阶段的大致相同。他们认为，被试者在学习阶段形成了扫描轨迹的特征环，在再认阶段，又将特征环和这张图画相匹配，于是发现学习和再认阶段表现出大致相同的扫描轨迹。

3. 眼动与图画记忆

罗弗图斯（Loftus）在一项考察眼动与图画再认关系的实验中，首先给被试者呈现单独的图片，呈现时间为300～500ms；在被试者识记图片时，记录其眼动；随后进行图片再认测验。其结果如下：①在呈现时间一定的条件下，再认成绩同被试者对图片的注视次数有紧密的函数关系，即在图片呈现时间相同的条件下，注视次数越多，再认成绩越好；②在注视次数相同的条件下，再认成绩与图片的呈现时间没有关系。实验结果显示，当注视点离关键细节的距离越远，再认成绩越差；当这个距离大于2度视角时，则再认成绩不高于概率水平。

4. 图画观看的眼动顺序性

顺序性是指视觉信息加工过程中的时间和空间序列特性。我国研究者在一项研究中，用眼动实验方法考察了被试者在观察不同形状和不同颜色几何图形时的眼动的顺序性。

总结两部分实验结果，可得到如下结论：

（1）人在观察不同形状和颜色时，视觉上的选择表现出顺序性的规律，即对视觉信息的认知具有系列加工的特点。在时间上有先后之别，在空间上有上下左右之别。在观看几何图形时，对三角形的注视点和首次注视点多；在观看颜色时，对黄色的首次注视点多。这说明三角形和黄色更具有诱目性。

（2）对一个目标的注视点的分布，观察者的注意从一个注视点移动到另一个注视点的顺序，观察者的认知模式等均与目标的特性有关。

（3）对形状和颜色的注视点和首次注视点在第二象限都是最多的，其次是在第一象限，在第三、四象限则是最少的。这说明，视觉刺激的位置，即空间序列在视觉的顺序性中具有强烈的效应。这提示我们在研究视觉顺序性问题时，空间位置可以作为一个重要变量。这也为视频信息的应用领域研究提供了一个重要的原则。

（4）从实验结果来看，首次注视点这一变量，比注视点次数和注视停留时间更为灵敏。

通过对图画观看的眼动研究，发现图画与文字材料相比较，一个突出的特点是图画的整体性，这种整体性暗示着理解意义的直接性。也许正因为如此，才造成了图画观看和阅读这两种信息加工过程的差异。

二、设计尺度的眼动评价

在设计尺度评价的硬指标同质化的今天，人们对体验经济和主观感受的指标越来越重视，但主观体验的指标如何变成可操作性的，变成设计师的设计元素和导向机制。在设计尺度心理评价的研究中，设计心理研究的眼动实验的测量研究方法和实验设计也越来越受到国内外学者的重视。

1. 眼动追踪技术有了越来越多的进步

新一代全自然状态下的眼动追踪系统包括：完全自然状态下的眼动追踪，无须头套和头托；眼动仪嵌入于特制的显示器之中；全自动眼追踪，双眼采集；定标快捷方便，只需10s即可完成；被试者在实验过程中可自由移动头部；可同步记录面部表情和声音；多功能分析软件，适合网页和视频眼动分析；适合从新生儿到成人的所有年龄段；适合科学研究及本科生教学。

2. 完全自然状态，高质量稳定追踪

新一代全自然状态下的眼动追踪系统还可以做到：高精度眼动追踪和头动补偿算法提供高质量数据；双眼追踪，数据冗余算法提供更可靠更精准的数据；被试者在测试过程中可说话和做各种面部表情（见图 8-27）。

图 8-27　被试者在做实验的场景

3. 适合各阶段人群

新一代全自然状态下的眼动追踪系统适合从新生儿到成人的所有年龄段，可选用动画作为定标视靶以吸引被试者的注意力，即使被试者离开后再回来也无须重新定标（见图 8-28）。

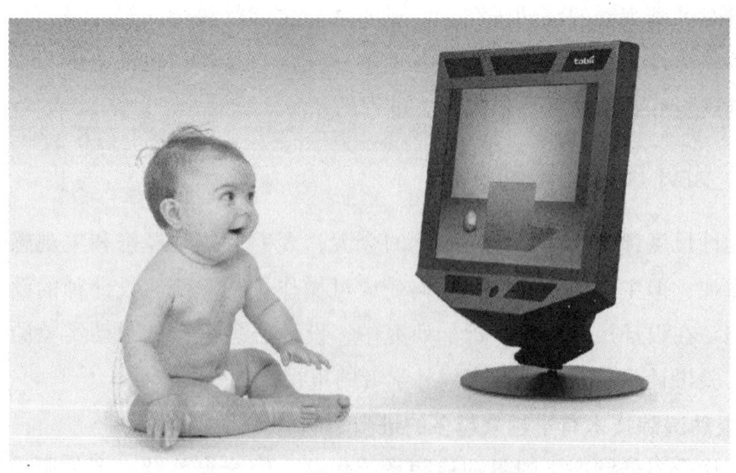

图 8-28　儿童被试在做实验的场景

4. 新一代全自然状态下的眼动追踪系统软件功能强大

新一代全自然状态下的眼动追踪系统的软件功能强大，可以做到：注视与扫视的静态或动态图；由多个被试者综合得到注视热点图（图8-29）；多种数据选择工具和统计图表（图8-30）；任意形状的兴趣区分析；鼠标和键盘的单击/输入；捕获外部视频，如VCR，场景摄像等；用户自己的摄像设备和音频输入；外部事件和触发信号；独有的屏幕记录功能和网页记录功能。同时，还可以对不同兴趣区域的结果进行统计分析。

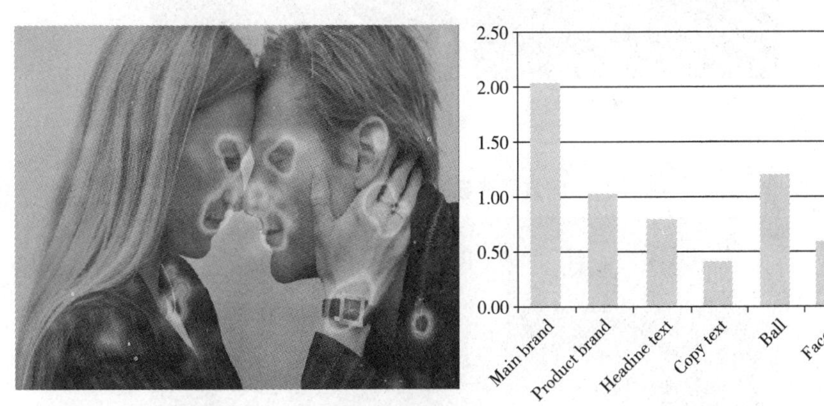

图8-29　由多个被试者综合得到注视热点　　图8-30　多种数据选择工具和统计图表

5. 刺激材料多样

设计的眼动研究的刺激材料多样，包括文本、图片、动画、视频、网页、游戏等多种方式（见图8-31和图8-32）。

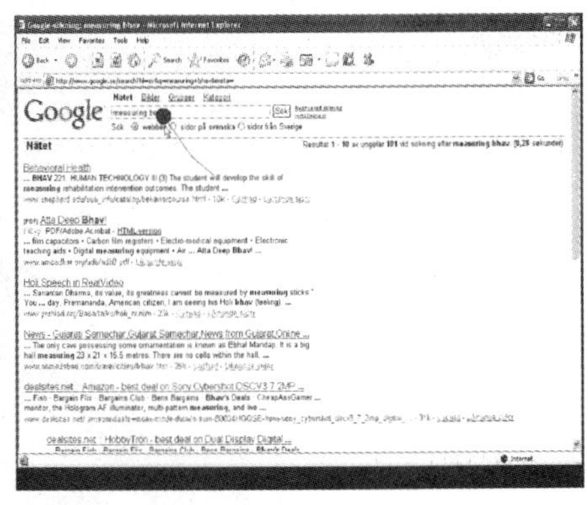

图8-31　视频刺激材料　　图8-32　网页刺激材料

同时，还可以测量最能吸引人们眼球的元素是什么（见图8-33）？什么可以保持我们的注意（图8-34）？人们看了什么？忽略了什么？（见图8-35）

图 8-33　测量最能吸引人们眼球的元素

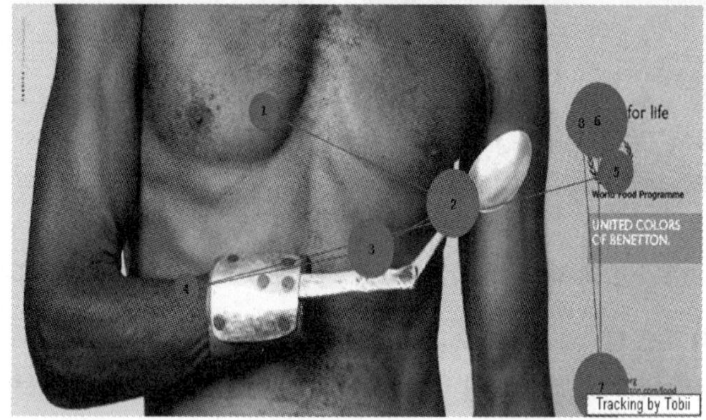

图 8-34　测量保持我们注意的元素

图 8-35　测量我们忽略的元素

参考文献

［1］赫伯特 A 西蒙．关于人为事情的科学［M］．杨砾，译．北京：解放军出版社，1987.

［2］唐纳德 A 诺曼．设计心理学［M］．梅琼，译．北京：中信出版社，2003.

［3］赵江洪．设计心理学［M］．北京：北京理工大学出版社，2004.

［4］李乐山．工业设计心理学［M］．北京：高等教育出版社，2004.

［5］李彬彬．设计心理学［M］．北京：中国轻工业出版社，2005.

［6］任立生．设计心理学［M］．北京：化学工业出版社，2004.

［7］柳沙．设计艺术心理学［M］．北京：清华大学出版社，2006.

［8］唐纳德 A 诺曼．情感化设计［M］．付秋芳，程进三，译．北京：电子工业出版社，2005.

［9］Peter Dormer. The Meanings of Modern Design：Towards the Twenty – First Century［M］. New York：Thames & Hudson，1990.

［10］朱滢．实验心理学［M］．北京：北京大学出版社，2000.

［11］李彬彬．设计效果心理评价［M］．北京：中国轻工业出版社，2005.

［12］杨国枢，等．社会及行为科学研究法．［M］. 13 版．重庆：重庆大学出版社，2006.

［13］邓铸．应用实验心理学［M］．上海：上海教育出版社，2006.

［14］彼得·哈里斯．设计和报告——心理学中的实验［M］．吴艳红，等译．北京：人民邮电出版社，2004.

［15］弗雷德里克 TL 梁，詹姆斯 T 奥斯汀．心理学研究手册［M］. 2 版．周晓林，等译．北京：中国轻工业出版社，2006.

［16］杨鑫辉．心理学通史第 1 卷：中国古代心理学思想史［M］．济南：山东教育出版社，2000.

［17］杨鑫辉．心理学通史第 2 卷：中国近现代心理学史［M］．济南：山东教育出版社，2000.

［18］杨鑫辉．心理学通史第 3 卷：外国心理学思想史［M］．济南：山东教

育出版社，2000.
[19] 杨鑫辉．心理学通史第4卷：外国心理学流派：上册［M］．济南：山东教育出版社，2000.
[20] 杨鑫辉．心理学通史第5卷：外国心理学流派：下册［M］．济南：山东教育出版社，2000.
[21] 戴维·迈尔斯．心理学［M］.7版．黄希庭，等译．北京：人民邮电出版社，2006.
[22] 库恩，等．心理学导论：思想与行为的认识之路［M］.11版．郑钢，译．北京：中国轻工业出版社，2007.
[23] 卡尔森．生理心理学［M］.6版．苏彦捷，等译．北京：中国轻工业出版社，2007.
[24] 考夫卡．格式塔心理学原理：上册［M］．黎炜，译．杭州：浙江教育出版社，1998.
[25] 库尔特·勒温．拓扑心理学原理［M］．竺培梁，译．杭州：浙江教育出版社，1997.
[26] 杜·舒尔慈，等．现代心理学史［M］.8版．叶浩生，译．南京：江苏教育出版社，2005.
[27] 张明．揭开无意识之谜［M］．北京：科学出版社，2005.
[28] R比尔斯克尔．荣格［M］．周艳辉，译．北京：中华书局，2004.
[29] 叶浩生．心理学通史［M］．北京：北京师范大学出版社，2006.
[30] 托马斯H黎黑．心理学史：下册［M］．李维，译．杭州：浙江教育出版社，1997.
[31] 车文博．人本主义心理学［M］．杭州：浙江教育出版社，2003.
[32] 王红卫．心理学通论［M］．重庆：西南师范大学出版社，2003.
[33] 周冠生．审美心理学［M］．上海：上海文艺出版社，2005.
[34] 斯腾伯格．超越IQ：人类智力的三元理论［M］．俞晓琳，吴国宏，译．上海：华东师范大学出版社，2000.
[35] 史密斯．超越模块性：认知科学的发展观［M］．缪小春，译．上海：华东师范大学出版社，2001.
[36] 珀文．人格科学［M］．周榕，等译．上海：华东师范大学出版社，2001.
[37] 勒弗朗索瓦．儿童心理发展［M］.9版．王全志，译．北京：北京大学出版社，2004.
[38] 林崇德．发展心理学［M］．杭州：浙江教育出版社，2002.
[39] JB贝斯特．认知心理学［M］．黄希庭，等译．北京：中国轻工业出版社，2000.
[40] Spencer L. M., Spencer S. M. Competence at work［M］. Chichester:

John Wiley & Sons, 1993.

[41] Spencer, L. M. Mc Clelland, McClelland, D. C., & Spencer, S. Competency assessment methods: History and state of the art [M]. Boston: Hay - McBer Research Press, 1994.

[42] Hair, J. F., Anderson, R. E., Tatham, R. L., Black, W. C. Multivariate data analysis [M]. Upper Saddle River, New Jersey: Prentice - Hall Inc. USA, 5th, 1998.

[43] 徐恒醇. 设计美学 [M]. 北京：清华大学出版社，2006.

[44] 章利国. 现代设计美学 [M]. 郑州：河南美术出版社，1999.

[45] 滕守尧. 审美心理描述 [M]. 成都：四川人民出版社，2004.

[46] 余秋雨. 观众心理学 [M]. 上海：上海教育出版社，2004.

[47] 赵伟军. 伦理与价值——现代设计若干问题的再思考 [M]. 合肥：合肥工业大学出版社，2010.

[48] GOLDMAN A. The Aesthetic [M]. GAUT B., McIVER LOPES D. The Routledge companion to aesthetics. London: Routledge, 2001.

[49] CSIKSZENTMIHALYI M., ROCHBERG-HALTON E. The meaning of things: Domestic symbols and the self [M]. New York: Cambridge University Press, 1981.

[50] LAKOFF G., JOHNSON M. Metaphors we live by [M]. Chicago: University of Chicago Press, 1980.

[51] SCHERER K R. Appraisc considered as a process of multi-level sequential checking [M]. SCHERER K R, SCHORR A, JOHNSTONE T. Appraisal processes in emotion: Theory, Methods, Research. New York and Oxford: Oxford University Press, 2001.

[52] DESMET P M A, HEKKERT P. The basis of product emotions [M]. GREEN W, JORDAN P. Pleasure with products: beyond usability. London: Taylor & Francis, 2002.

[53] LOEWY R. Never Leave Well Enough Alone [M]. New York: Simon and Schuster, 1951.

[54] HILDEBRAND G. Origins of architectural pleasure [M]. Berkeley: University of California Press, 1999.

[55] PINKER S. How the mind works [M]. New York: W. W. Norton, 1997.

[56] GOLDSTEIN E B. Sensation and Perception [M]. 6th Edition. Pacific Grove, CA: Brooks/Cole Publishing Company, 2002.

[57] BOSELIE F. Waarnemen en waarderen van kunst (Perceiving and appreciation art) [R]. Lecture for 'Het grote nationale smaakdebat', Amsterdam, 30 Maart, 1996.

[58] SONNEVELD M S. Tactual aesthetics [D]. Delft: Delft University of Technology, 2005.
[59] 卡纽克. 消费者行为学 [M]. 7 版. 俞文钊, 译. 上海: 华东师范大学出版社, 2002.
[60] JM 伯格. 人格心理学 [M]. 陈会昌, 等译. 北京: 中国轻工业出版社, 2000.
[61] 王甦, 汪安圣. 认知心理学 [M]. 北京: 北京大学出版社, 2006.
[62] 罗子明. 消费心理学 [M]. 2 版. 北京: 清华大学出版社, 2002.
[63] 彭聃龄. 普通心理学 [M]. 北京: 北京师范大学出版社, 2001.
[64] EH 贡布里希. 艺术与错觉 [M]. 林夕, 等译. 长沙: 湖南科学技术出版社, 2005.
[65] 王令中. 视觉艺术心理 [M]. 北京: 人民美术出版社, 2005.
[66] 丘星星. 视觉设计心理 [M]. 福州: 福建美术出版社, 2005.
[67] 金荣淑. 设计中的色彩心理学 [M]. 武传海, 曹婷, 译. 北京: 人民邮电出版社, 2011.
[68] 夏井芸华. 色彩设计 [M]. 北京: 人民美术出版社, 2009.
[69] 艾德丽安 · Chinn. 室内设计师专用色彩与材质搭配手册 [M]. 刘悦, 胡军丽, 译. 上海: 上海人民美术出版社, 2008.
[70] 日本建筑学会. 设计师谈建筑色彩设计 [M]. 张军伟, 等译. 北京: 电子工业出版社, 2009.
[71] 李鹏程, 王炜. 色彩构成 [M]. 上海: 上海人民美术出版社, 2003.
[72] 崔生国. 色彩构成 [M]. 武汉: 湖北美术出版社, 2009.
[73] 张凯, 周莹. 设计心理学 [M]. 长沙: 湖南大学出版社, 2010.
[74] 周昌忠. 中国传统文化的现代转型 [M]. 上海: 上海三联书店, 2002.
[75] 胡飞, 杨瑞. 设计符号与产品语意 [M]. 北京: 中国建筑工业出版社, 2003.
[76] 李砚祖. 工艺美术概论 [M]. 北京: 中国轻工业出版社, 2005.
[77] 江湘云. 设计材料及加工工艺 [M]. 北京: 北京理工大学出版社, 2003.
[78] 邬烈炎. 现代装饰艺术 [M]. 南京: 江苏美术出版社, 2001.
[79] Mary Douglas. The World of Goods: Towards an Anthropology of Consumption [M]. New York: Basic Books, 1996.
[80] 王志俊. 图形设计 [M]. 北京: 中国青年出版社, 2007.
[81] 截安娜 · 克兰. 文化生产媒体与都市艺术 [M]. 赵国新, 译. 南京: 译林出版社, 2002.
[82] 李光斗. 广告策划的基本原理 [M]. 北京: 作家出版社, 2002.
[83] 孟昭兰. 情绪心理学 [M]. 北京: 北京大学出版社, 2005.

[84] 让-马贺·杜瑞. 颠覆广告 [M]. 陈文玲、田若雯，译. 北京：中国财政经济出版社，2002.

[85] 王雁飞. 广告心理 [M]. 北京：机械工业出版社，2000.

[86] 雅科布松J. M. 情感心理学 [M]. 王玉琴，译. 哈尔滨：黑龙江人民出版社，1988.

[87] Alperstein, Neilm. Advertising in Everyday Life [M]. Cresskill: Hampton Press, Inc, 2003.

[88] Cagan, J. & Vogel, C. M. Creating breakthrough products [M]. Upper Saddle River: Prentice Hall PTR., 2002. 52 - 55

[89] KT. Strongman. The Psychology of Emotion [M]. London: J. Wiley, 1973.

[90] Longman Dictionary of Contemporary English [M]. Beijing: Foreign Language Teaching and Research Press, 2002.

[91] Mooij, Mariekek. de. Consumer Behavior and Culture: Consequences for Global Marketing and advertising [M]. Thousand oaks: Sage publications, Inc, 2004. 81 - 84

[92] Negus, Kaith & Pickering Michael. Creativity, Communication and Cultural Value [M]. London: SAGE publications Ltd, 2004.

[93] O'GUINN T C, CHRIS T A, SEMENIL R J. Advertising and Integrated Brand Promotion [M]. Dalian: Dongbei University of Finance & Economics Press, 2004.

[94] 菲利普·科特勒. 营销管理 [M]. 10 版. 梅汝和，梅清豪，周安柱，译. 北京：中国人民大学出版社，2001.

[95] 让·鲍德里亚. 消费社会 [M]. 刘成富，全志钢，译. 南京：南京大学出版社，2001.

[96] 阴国恩，梁福成，白学军. 普通心理学 [M]. 天津：南开大学出版社，1998.

[97] PLUCKER, J A, BEGHETTO R A. Why creativity is domain general, why it looks domain specific, and why the distinction doesn't matter [M] STERNBERG R J, GRIGORENKO E L, SINGER J L. Creativity: From potential to realization, Washington, DC: American Psychological Association, 2004.

[98] 闫国利. 动分析法在心理学研究中的应用 [M]. 天津：天津教育出版社. 2004.

[99] Just, M. A. Carpenter P A. The intensity dimension of thought: Pupillometric indices of sentence processing [J]. Canadian Journal of Experimental Psychology, 1993, 47 (2): 310 - 339.

[100] Müller J. Elements of Physiology [M]. Baly W (Translation). London: Continuum International Publishing Group, 2003.

[101] BUSWELL, G. T. How people look at pictures [M]. Chicago: University of Chicago Press, 1935.

[102] YARBUS, A. L. Eye movements and vision [M]. New York: Plenum Press, 1967.

后记

经过近一年的准备，终于在今年九月修改完成了这本《设计心理学》第二版的书稿。

本书第一版的部分内容偏重于心理学，与设计的结合不够紧密，对于设计专业学生的学习指导和老师的教学指导作用还不够强。与第一版相比，结合设计心理学的发展趋势，删除了部分章节，并修改了部分章节的主要内容。同时，第二版将本人近三年的实践教学总结和科学研究成果作为主要的修改内容，增加了“情感化设计”和“设计尺度心理评价”两章应用性较强的章节，突出本书的可读性，更方便学生课下自主性学习，通过对一些案例分析及设计展开的论述，对学生在设计实践中设计心理的了解和学习有着较重要的参考价值。

在第二版的修改过程中，受到了很多专家学者的帮助和指导。感谢朱和平教授、汪田明教授、刘宏教授、许超教授、胡俊红教授和刘文良教授等专家提出的宝贵建议和悉心指导。同时，感谢我的学生们所做的一些工作，其中，庞野营和廖翔参与了第七章和第八章的两章节部分内容的撰写工作；曾利参与了第六章部分内容的撰写和本书图片的制作、整理工作；张芳参与了第四章部分内容的修改工作等。

感谢机械工业出版社建筑分社对本书再版所做的一切工作。

赵伟军

2011年中秋之夜于株洲